单片机原理及应用

主编　王阿川　孙成启　张锡英

东北林业大学出版社
·哈尔滨·

图书在版编目 （CIP） 数据

单片机原理及应用／王阿川，孙成启，张锡英主编.
--2 版. --哈尔滨：东北林业大学出版社，2016.7 （2024.8重印）
ISBN 978－7－5674－0794－7

Ⅰ.①单… Ⅱ.①王… ②孙… ③张… Ⅲ.①单片微
型计算机 Ⅳ.①TP368.1

中国版本图书馆 CIP 数据核字 （2016） 第 150529 号

责任编辑：倪乃华

封面设计：彭 宇

出版发行：东北林业大学出版社（哈尔滨市香坊区哈平六道街 6 号 邮编：150040）

印 装：三河市佳星印装有限公司

开 本：787mm×1092mm 1/16

印 张：20

字 数：437 千字

版 次：2016 年 8 月第 2 版

印 次：2024 年 8 月第 3 次印刷

定 价：88.00 元

如发现印装质量问题，请与出版社联系调换。（电话：0451－82113296 82191620）

前　言

随着计算机技术在社会各个领域的渗透，单片微型计算机（简称单片机）已广泛地应用到工业控制、机电一体化、智能仪表、通信、家用电器等诸多领域，并成为当今科学技术现代化的重要工具。单片机的应用提高了机电设备的技术水平和自动化程度，成为产品更新换代的重要手段。因此，高等理工科院校师生和工程技术人员了解和掌握单片机的原理、结构和应用技术是十分必要的。

单片机不仅具有集成度高、结构简单，而且具有完整的计算机结构，随着机型的不断增多，功能越来越强大。因此，在内容安排上，力求体现从易到难、循序渐进的原则。全书共分 10 章。第 1 章、第 2 章和第 3 章介绍计算机的发展历史、计算机的运算基础和计算机的硬件电路基础。考虑到 MCS-51 系列单片机是我国目前使用的主要机型，第 4 章介绍 MCS-51 单片机的结构；第 5 章、第 6 章介绍指令系统和汇编语言程序设计；第 7 章介绍 MCS-51 单片机的输入/输出、中断系统及扩展应用；第 8 章介绍 MCS-51 单片机的接口技术；第 9 章介绍单片机系统的抗干扰技术；第 10 章介绍 C 语言与 MCS-51 单片机程序设计。书后附录给出了常用指令一览表，便于学习者编程时查阅。

本书由东北林业大学王阿川、孙成启、张锡英担任主编。王阿川编写第 4 章、第 5 章的 5.3~5.6 节及习题、第 7 章及第 8 章的 8.3 节；孙成启编写第 1 章、第 2 章的 2.1 节、第 8 章的 8.1，8.2，8.4 节及习题、第 9 章、第 10 章的 10.1~10.10 节；张锡英编写第 2 章的 2.2~2.3 及习题、第 3 章、第 5 章的 5.1，5.2 节、第 6 章、第 10 章的 10.11~10.13 节。全书由王阿川统稿。

在编写及修订过程中，我们参考了部分有关书刊、资料，在此对作者一并表示感谢。

限于编者水平和经验，书中不妥之处在所难免，恳请读者批评指正。

编　者

2016 年 6 月

内容简介

　　本书全面系统地介绍了 MCS – 51 系列单片机的结构、原理、指令系统、接口技术、系统扩展及单片机抗干扰技术等知识，主要内容包括：计算机基础知识、计算机硬件电路基础、单片微型计算机的组成原理、MCS – 51 系列单片机的指令系统、汇编语言程序设计、中断与输入/输出、MCS – 51 单片机的扩展应用、MCS – 51 单片机的接口技术。本书还概要地介绍了 C 语言与 MCS – 51 单片机程序设计，为读者进一步学习打下坚实的基础。附录中给出了常见指令一览表。本书在各章中对重点内容都结合实例加以说明，以利于读者理解、掌握和应用。各章还安排了思考题和习题，供复习之用。

　　本书适宜作为大专院校计算机、自动化等本科专业的教材，也是大专院校非计算机专业本科生及广大科技人员学习单片机的教材，还可作为工程技术人员的参考用书。

目　　录

1 计算机概述

1.1 计算机的发展及其特点

1.1.1 计算机的发展

世界上第一台电子计算机是 1946 年 2 月问世的，它的名字是埃尼阿克（Electronic Numerical Integrator And Calculator），简称 ENIAC。ENIAC 是由美国宾西法尼亚大学莫尔学院的莫奇莱教授研制的，它是现今功能齐全、品种繁多的各种类型电子计算机的先驱，为计算机技术的发展奠定了基础。

计算机自 20 世纪 40 年代发明以来，短短几十年经历了四代：

第一代（20 世纪 40 ~ 50 年代），电子管数字计算机。计算机采用的逻辑元件是电子管，主存储器使用磁性材料制成的磁鼓、磁芯，外存储器已经开始使用磁带，主要的软件是用机器语言编制的，后来逐渐发展了汇编语言。这一时期的计算机主要用于科学计算。

第二代（20 世纪 60 年代开始），晶体管数字计算机。计算机采用的逻辑元件是晶体管，主存储器使用磁芯，外存储器已开始使用磁盘。这个时期的软件已开始有了很大的发展，出现了各种高级语言和编译程序。这时，计算机的运算速度也有了明显提高，能耗下降，寿命提高。计算机的应用发展到用于各种事务处理，并且开始用于工业控制。

第三代（20 世纪 70 年代开始），中小规模集成电路计算机。计算机的逻辑元件采用小规模和中规模的集成电路。在这段时间内计算机的软件发展非常快，已经有了分时操作系统，计算机的应用范围也日益扩大。

第四代（20 世纪 80 年代开始），大规模、超大规模集成电路计算机。计算机的逻辑元件采用大规模和超大规模集成电路，使得计算机的体积减小，价格降低，可靠性提高，计算机的软件得到迅猛的发展，计算机的应用范围日益扩大到各个行业。

目前计算机正在向两个方向发展，一是向大型、巨型化发展，二是向小型、微型化发展。

1.1.1.1 大型、巨型计算机

为了适应现代科学技术的发展，人们要求提高计算机的运算速度，增加主存储器的容量，这样世界各国相继推出了大型和巨型计算机。我国的银河 Ⅱ 就是每秒 10 亿次的并行巨型计算机。美国的 Cray – 1，Cray – 2，Cray – 3 是比较著名的巨型计算机。目前，只有少数几个国家有能力生产巨型计算机，这标志着一个国家的科技实力。

1.1.1.2 小型、微型计算机

大型计算机的运算速度快，存储容量大，能解决过去无法计算的实时以及十分复杂的数学问题，但是由于设备庞大，价格昂贵，给其普及和应用带来了一定困难。同时，为了适应航天技术、导弹技术及一般应用的要求，需要设计体积小、造价低、高可靠性计算

机，小型机特别是微型机的出现，有效地解决了这个问题。目前，微型计算机功能已经很强，比如"奔腾"（Pentium）586 CPU 的时钟频率高达 7GMHz。由于结构简单、通用性强、价格便宜，微型计算机已成为现代计算机领域中的一个极为重要的分支，并且正在以惊人的速度发展着。

1.1.2　计算机的特点

（1）计算机具有运算速度快的特点，每秒可达 1 000 万亿次。

（2）计算机运算精度高。

（3）计算机具有记忆功能。可以把原始数据、结果、程序资料等信息存入内部的记忆装置中，并可根据存储的程序、数据等，自动地完成复杂的计算和信息处理任务。

（4）计算机具有逻辑判断能力。可以根据人们所提供的信息进行各种逻辑判断，并根据判断的结果决定下一步应执行的命令。利用这一功能不仅可以进行数值计算和分析，而且能对字母、文字、符号、表格、图形、声音等进行分析处理。在情报检索、逻辑判断、定理证明等领域这一功能得到广泛的应用。

（5）计算机自动化程度高。计算机在程序的控制下，可以实现高度自动化，在不用人干预的情况下进行工作，自动地对数据信息进行加工处理，并给出操作的结果。

1.2　计算机的用途

电子计算机是 20 世纪中期以来科学技术最为卓越的成就之一，是现代科学技术发展的重要标志。计算机促进了社会生产力的迅速发展，在社会生产的各行各业和社会生活的各个领域展现了它的才能，深刻地改变着人类社会的面貌。

目前应用计算机的领域已超过 5 000 个，概括起来，可以归纳为以下几个主要方面。

1.2.1　科学计算

计算机广泛地应用于科学技术方面的计算，这是计算机应用的一个基本方面，也是我们比较熟悉的。现代科学技术的发展，提出了大量复杂的数学问题，用人工计算是不能及时有效完成的。如人造卫星轨迹计算，导弹发射的各项参数计算，房屋抗震强度计算，24 小时天气预报等，通常需要求解几十阶微分方程组，进行大型矩阵运算。这些复杂数据的计算，用计算机可以迅速准确地得出答案。

1.2.2　数据处理和信息处理

用计算机对大批数据及时地加以记录、整理和计算，加工成人们所要求的形式，称为数据处理，又称为信息处理。通常，在生产组织、企业管理、市场预测、情报检索等方面存在着大量的数据，需要及时进行搜集、归纳、分类、整理、存储、检索、统计、分析、列表、绘图等。这类问题数据量大，而运算又比较简单，同时还包含了大量的逻辑运算与判断，其处理结果往往以表格或文件形式存储或输出。

不少国家的银行已采用了计算机管理，大大提高了工作效率，也把成千上万名职工从枯燥繁琐的计算中解放出来，在纽约、东京和巴黎之间支付一笔账目 1 分钟即可完成。

据统计，目前在计算机应用中，数据处理所占比重最大。它使人们从大量繁杂的数据统计管理事物中解放出来，大大提高了工作质量、管理水平和效率。

数据处理的另一重要领域就是图像处理，通过计算机处理，可以从卫星发回的大量数据中分析出地面上哪些是山脉，哪些是海洋，哪些是军事目标，哪些是城市等。

随着计算机的普及，其在数据处理方面的应用还将继续扩大深入。

1.2.3 自动控制

自动控制也是计算机应用的一个重要方面。计算机能及时采集、检测数据，按最优方案实现自动控制，美国的一个铁路系统通过计算机控制，能对运行在 22 000 多千米长的铁路线上 85 000 节车厢、2 300 辆机车的 1 000 多个乘务组的工作及时进行监控调度，使整个系统安全、快速、准确且高效率地工作。在生产过程中，人们采用计算机进行自动控制，就可以大大提高产品的数量和质量，提高劳动生产率，还可以改善人们的工作条件，减少原材料的消耗，降低生产成本。

1.2.4 计算机辅助设计

计算机辅助设计是借助计算机帮助人们完成各种各样的设计任务。

（1）计算机辅助设计（Computer Aided Design，简称 CAD），即用计算机辅助人们进行设计工作，如设计航天飞机、火箭、汽车、机床、木工机械、各种家具、房屋、室内装饰、服装、集成电路等，使设计工作自动化。这样不仅可以缩短设计周期，降低成本，而且使设计工作标准化、统一化，保证产品质量，实现最优化设计。

（2）计算机辅助制造（Computer Aided Manufacture，简称 CAM），即利用计算机直接控制零件的加工，实现无图纸加工。

（3）计算机辅助教学（Computer Aided Instruction，简称 CAI），即利用计算机可以进行辅助教学。它可以模拟某一物理过程，使教学过程形象化，也可以把课程内容编成计算机软件，不同学生可以选择不同的内容和进度。采用计算机辅助教学后有利于因材施教。

1.2.5 系统仿真

计算机仿真是指应用计算机来模仿实际的系统，这是新兴的计算机应用领域，有着广泛的应用前景。如大型电站仿真系统，是在实验室中按电站主控室设置，进行一比一的安装，只是热能部分、发电部分利用计算机网络进行系统仿真，这样学员在实验室中就能同在现场一样进行操作以及事故的处理，这在以前是无法实现的。航天飞机的仿真、火箭的仿真、汽车的仿真等也都是如此。在计算机仿真系统上进行实验、研究，可以节约大量资金，并且实验安全。目前飞机、汽车的驾驶员的培训已经开始使用飞机、汽车仿真系统，学员可以在仿真系统上进行各种训练。

1.2.6 智能模拟

智能模拟是用计算机软硬件系统模拟人类某些智能行为，如感知、思维、推理、学习、理解等理论和技术。它是在计算机科学、控制论、仿生学和心理学等基础上发展起来的边缘学科。像目前比较流行的机器人足球比赛就是利用人工智能技术。智能模拟包括专家系统，它是一种计算机软件系统，就是事先将有关专家的知识、经验总结出来，形成规律，抽象出模型，存入计算机，建立起知识库，然后采用合适的控制策略，选择恰当的规则进行推理、演绎，从而做出分析和决策。智能模拟还可以用于模式（声、图、文）识别、问题求解、定理证明、机器翻译、自然语言理解等方面。在一些特殊的场合，机器人可代替人类进行有害危险工序的现场操作、控制等。

1.2.7 计算机网络

计算机网络是计算机体系结构的一个重要分支，是计算机技术和数字通讯技术相融合的产物。计算机网络是指若干自治计算机的互连集合。它是一个计算机群体，指多个独立的计算机系统之间通过通讯线路、专用电缆、微波卫星、光导纤维等各种通讯介质进行数据通信、资源共享（软件、硬件、数据库等），而成为联系在一起的具有多种功能的网络系统。如 Internet（国际计算机互联网络）就是由国际上成千上万台计算机，遵循 Internet 的有关网络协议在物理上互相连接，为实现信息交互而组成的联合体。Internet 的服务包括电子邮件、信息查询、电子购物、健康咨询、电子报刊以及娱乐，还可以刊登广告，通过 Internet 进行公司的跨国管理。

1.3 微型计算机的硬件系统和软件系统

微型计算机简称微型机或微机。通常所说的微机都是指微机系统。

微机系统由硬件系统和软件系统两部分组成。硬件系统是指构成微机系统的全部物理装置，包括计算机的主机及其外部设备。其中主机由中央处理单元 CPU（CPU 由运算器和控制器构成）和存储器构成。外部设备出输入、输出设备组成。

只有硬件系统的微机称为裸机，不能做任何工作。硬件系统和软件系统相互配合才能实现计算机所能完成的任务。

软件系统是指计算机编制的各种程序及相应的文档。软件通常存储在各种存储介质上，如磁盘、光盘、磁带等。软件包括系统软件及应用软件等。

1.3.1 硬件系统

硬件系统由主机和外部设备组成。

1.3.1.1 主机

主机一般包括运算器（Arithmetic Logic Unit）、控制器（Control Unit）和主存储器（Main Memory）。

（1）运算器。运算器是进行算术（加、减、乘、除）和逻辑（与、或、非）运算的部件，它由完成加法运算的加法器、存放操作数和运算结果的寄存器和累加器等组成。

（2）控制器。控制器是整个计算机的控制中心，对存储器进行信息的存取操作，运算器运算，根据不同的指令产生不同的命令，指挥计算机有条不紊地自动地进行工作。

（3）存储器。存储器分为内存储器和外存储器两部分。

①内存储器，由大量的存储单元组成，每个单元存放一个字节，用以存储大量的数据及程序。目前的存储器一般是由半导体电路组成，称为半导体存储器。存储器是存储从输

入设备接收来的数据和程序、处理的中间结果和输出结果的设备，具有记忆功能。内存储器可以直接与 CPU 交换信息，特点是存取速度快，但容量小，内存中的信息在突然停电时将全部丢失。

内存储器由只读存储器（ROM）和读写存储器（RAM）构成。

读写存储器（RAM）：在计算机工作时，可以随时进行读出和写入的工作，但是一旦断电它所存入的信息就会全部丢失。

只读存储器（ROM）：在计算机工作时，只能读出它原来写入的信息，在断电时它所存储的信息不会丢失，这是因为只读存储器中的信息是用物理的方法固化到芯片上的。

②外存储器，由于计算机内存容量小，满足不了用户的需要，因此目前计算机上都配有大容量的外存储器，其使用方便，可以长期保留信息。外存储器主要由磁带、硬盘和软盘构成。

1.3.1.2　外部设备

（1）输入设备（Input Device）。输入设备的作用是把程序和原始数据转换为电信号，在控制器的控制下，按地址顺序地输入到存储器中去。常用的输入设备有键盘、软驱、磁带机、光驱等。

（2）输出设备（Output Device）。输出设备的作用是把操作的结果输出给用户，以人们容易识别的形式，在控制器的控制下，通过外部设备呈现给人们。常用的输出设备有显示器、打印机、绘图仪等。

1.3.2　软件系统

1.3.2.1　指令、程序和语言

计算机根据人们预定的安排，自动地进行数据的计算和加工处理。人们预定的安排是通过一连串指令来表达的，这个指令序列就称为程序。一条指令规定计算机执行一个基本操作。一个程序规定计算机完成一个完整的任务。

一种计算机所能识别的一组不同指令的集合称为该计算机的指令系统。

用二进制代码指令表达的计算机编程语言称为机器语言，是第一代计算机语言。用能反映指令功能的助记符表达的计算机语言称为汇编语言，是第二代计算机语言。高级语言，如 BASIC，PASCAL，C 语言等，是第三代计算机语言。有人将数据库系统语言单列，称为甚高级语言，是第四代计算机语言。20 世纪 80 年代后期，随着计算机软件领域的重大变化，面向对象的程序设计方法（Object – Oriented Programming，简称 OOP）得到发展。OOP 是一种全新的概念，它是关于数据、过程及其间关系的一种新的思考方法，这些概念可在现在和将来的任何一种语言中实现，如 C＋＋中实现，这种语言称为面向对象的语言，是第五代计算机语言。

1.3.2.2　软件的分类

软件系统包括系统软件和应用软件两大类。

系统软件是指用来实现对计算机资源管理，便于人们使用计算机而配置的软件，它一般是由厂家随计算机一起提供的。软件系统包括操作系统，各种语言的汇编、解释或编译程序，数据库管理程序，编辑、调试、装配、故障检查和诊断等工具软件。

操作系统软件具有特殊的地位，Windows 是目前最流行的微机操作系统。

应用软件是用户利用计算机以及它所提供的各种系统软件编制的解决各种实际问题的程序，如文字处理软件，图形处理软件，图文排版处理软件，辅助教学软件，游戏软件等。

1.3.3 硬件和软件的关系

硬件系统是人们操作微机的物理基础，而软件系统则是人们与微机系统进行信息交换、通信对话、按人的思维对微机系统进行控制和管理的工具。硬件和软件的关系可以用图 1 – 1 描述。

图 1 – 1　硬件和软件的关系

1.4　Intel 系列单片机的发展及应用

单片机是把组成微机的各种部件［中央处理器（CPU）、存储器、输入输出接口电路、定时器/计数器等］制作在一块芯片上，构成一个完整的微型计算机。

从 1976 年开始，Intel 公司便相继推出了 MCS – 48，MCS – 51，MCS – 96 三大系列单片机。

1.4.1　MCS – 48 系列单片机

MCS – 48 系列单片机是一个 40 引脚的大规模集成电路，在它的芯片内集成有：
- 8 位 CPU；
- 1K 字节程序存储器；
- 64 字节数据存储器；
- 一个 8 位的定时/计数器；
- 4K 字节片外程序存储空间；
- 256 字节片外数据存储空间；
- 27 根输入/输出线。

MCS – 48 系列的主要单片机及其特性如表 1 – 1 所示。

1.4.2　MCS – 51 系列单片机

Intel 公司于 1980 年推出了第二代单片机，即 MCS – 51 系列，这是一种高性能的 8 位单片机。和 MCS – 48 系列相比，MCS – 51 系列单片机无论在片内程序存储器、数据存储器、输入/输出的功能、种类和数量上，还是在系统的扩展功能、指令系统的功能等方面都有很大加强，其典型产品为 8051，其封装仍为 40 引脚，芯片内部集成有：
- 8 位 CPU；
- 4K 字节程序存储器；

- 256 字节数据存储器；
- 64K 字节片外程序存储空间；
- 64K 字节片外数据存储空间；
- 32 根输入/输出线；
- 1 个全双工异步串行口；
- 2 个 16 位定时/计数器；
- 5 个中断源，2 个优先级。

表 1-1 MCS-48 系列单片机产品的特征

型 号	片内存储器（字节）		I/O 口线	定时/计数器	片外寻址空间（字节）	
	程序	数据			程序	数据
8048	1K ROM	64RAM	27	1 个 8 位	4K	256
8748	1K EPROM	64RAM	27	1 个 8 位	4K	256
8035	无	64RAM	27	1 个 8 位	4K	256
8049	2K ROM	128RAM	27	1 个 8 位	4K	256
8749	2K EPROM	128RAM	27	1 个 8 位	4K	256
8039	无	128RAM	27	1 个 8 位	4K	256
8050	4K ROM	256RAM	27	1 个 8 位	4K	256
8750	4K EPROM	256RAN	27	1 个 8 位	4K	256
8040	无	256RAM	27	1 个 8 位	4K	256

MCS-51 系列单片机一般采用 HMOS（如 8051）和 CHMOS（如 80C51）这两种工艺制造，这两种单片机完全兼容。CHMOS 工艺较先进，综合了 HMOS 的高速度和 CMOS 的低功耗特点。表 1-2 列出了 MCS-51 系列单片机主要产品的功能特性。

表 1-2 MCS-51 系列单片机产品的特征

型 号	片内存储器（字节）		I/O 口线	定时/计数器	片外寻址空间（字节）		串行通信
	程序	数据			程序	数据	
8051	4K ROM	128RAM	32	2 个 16 位	64K	64K	UART
8751	4K EPROM	128RAM	32	2 个 16 位	64K	64K	UART
8031	无	128RAM	32	2 个 16 位	64K	64K	UART
80C51	4K ROM	128RAM	32	2 个 16 位	64K	256	UART
80C31	无	128RAM	32	2 个 16 位	64K	256	UART
8052	8K ROM	256RAM	32	2 个 16 位	64K	64K	UART
8032	无	256RAM	32	2 个 16 位	64K	64K	UART
8044	4K ROM	192RAN	32	2 个 16 位	64K	64K	SDLC
8744	4K EPROM	192RAM	32	2 个 16 位	64K	64K	SDLC
8344	无	192RAM	32	2 个 16 位	64K	64K	SDLC

1.4.3 MCS-96 系列单片机

Intel 公司于 1984 年推出了 16 位高性能的第三代产品——MCS-96 系列单片机。该单片机采用多累加器和"流水线作业"的系统结构，其最显著特点是运算精度高，速度快。它的典型产品是 8397，其芯片内集成有：

- 16 位 CPU；
- 8K 字节程序存储器；
- 232 字节寄存器；
- 具有 8 路采样保持的 10 位 A/D 转换器
- 40 根输入/输出线；
- 20 个中断源；
- 专用的串行口波特率发生器；
- 全双工串行口；
- 2 个 16 位定时/计数器；
- 4 个 16 位软件定时器；
- 高速输入/输出子系统；
- 16 位监视定时器。

表 1 – 3 列出了 MCS – 96 系列单片机的主要特性。

表 1 – 3　MCS – 96 系列单片机产品的特征

型号	片内存储器		I/O 口线	定时/计数器	片外寻址空间	串行通信	A/D 转换
	ROM	RAM					
8094	无	232B	32	2 个 16 位	64K	UART	无
8795	无	232B	32	2 个 16 位	64K	UART	4 路 10 位
8096	无	232B	48	2 个 16 位	64K	UART	无
8097	无	232B	48	2 个 16 位	64K	UART	4 路 10 位
8394	8KB	232B	32	2 个 16 位	64K	UART	无
8395	8KB	232B	32	2 个 16 位	64K	UART	4 路 10 位
8396	8KB	232B	48	2 个 16 位	64K	UART	无
8397	8KB	232B	48	2 个 16 位	64K	UART	4 路 10 位

目前由于低档的 8 位单片机在性能/价格上没有明显优势，已经被高档 8 位单片机所代替。16 位单片机虽然早已推出，但因价格偏高等原因，应用不够广泛。MCS – 51 系列单片机尤为我国工程技术人员所推崇，这正是本教材选题所在。今后单片机的发展趋势是：增加存储器容量，片内 EPROM 开始 EEPROM 化，存储器编程保密化，片内 I/O 多功能化及低功耗 CMOS 化。

思考题与习题

（1）计算机发展经历了哪几个阶段？

（2）什么是单片机？它与一般微型计算机在结构上有什么区别？

（3）微型计算机由哪几部分组成？

（4）Intel 公司的主要单片机产品有哪几个系列？

2 计算机的运算基础

计算机最基本的功能就是对数进行计算和处理，数在机器中是用器件的物理状态表示的，而具有两种物理状态的器件容易制造、稳定可靠，所以计算机中的数是用二进制表示的，即计算机只认识二进制数。把指令或命令、英文字母、符号、汉字存入计算机，都必须用二进制数表示，为了让计算机能区分它们，于是采用不同的二进制编码。

本章主要介绍计数方法、数的表示和运算方法。在计数方法中，主要介绍各种进位计数制及不同进位计数制之间的转换。在数的表示方法中，主要介绍真值与机器数、定点与浮点数的表示方法，原码、补码、反码以及数的编码方法。在运算中，主要介绍定点加减法运算及逻辑运算。

2.1 进位数制

2.1.1 进位计数制

按进位的原则进行计数的方法称为进位计数制，简称进位制。日常生活中多用十进制，而在计算机中则采用二进制。由于二进制不易书写和阅读，所以又引入了八进制和十六进制。

2.1.1.1 十进制（Decimal System）

十进制数的特点：在十进制计数制中，是根据"逢十进一"的原则进行计数的。一个十进制数，它的数值是由数码 0~9 这 10 个不同的数字符号来表示的。数码所处的位置不同，代表数的大小也就不同。整数时从右起的第一位是个位，第二位是十位，第三位是百位，……"10"称为十进制的"基数"，"10^0，10^1，10^2，10^3"等在数学上叫做各相应位的"权"，即十进制数的"权"是以 10 为底的幂。每一位上的数码与该位"权"的乘积表示了该位数值的大小。

例 2.1

$$238.51 = 2 \times 10^2 + 3 \times 10^1 + 8 \times 10^0 + 5 \times 10^{-1} + 1 \times 10^{-2}$$

"权"和"基数"是进位计数制中的两个要素。

十进制通常在数码后面用 D 表示，由于十进制数在日常生活中最常见，所以通常可以省略 D。

2.1.1.2 二进制（Binary System）

二进制数的特点：二进制是按"逢二进一"的原则进行计数的。二进制数的"基数"为"2"，数码只有 0，1。二进制数的"权"是以 2 为底的幂。二进制各位的值也是各位上的数字与权的乘积，各位值的累加和表示整个数的十进制大小。

例 2.2

$$(110111)_2 = 1 \times 2^5 + 1 \times 2^4 + 0 \times 2^3 + 1 \times 2^2 + 1 \times 2^1 + 1 \times 2^0 = (55)_{10}$$

二进制通常在数码后面用 B 表示。

2.1.1.3 八进制 (Octave System)

八进制数的特点：八进制是按"逢八进一"的原则进行计数的。八进制数的"基数"为"8"，它使用的数码有 8 个，即 0～7。八进制的"权"是以 8 为底的幂。八进制数的求值方法类似于二进制、十进制按权展开。

例 2.3

$$(103524)_8 = 1 \times 8^5 + 0 \times 8^4 + 3 \times 8^3 + 5 \times 8^2 + 2 \times 8^1 + 4 \times 8^0 = (34\,644)_{10}$$

八进制通常在数码后面用 O 表示。

2.1.1.4 十六进制 (Hexadecimal System)

十六进制数的特点：十六进制是按"逢十六进一"的原则进行计数的。十六进制数的"基数"为"16"，基数码共有 16 个，即 0～9，A～F，其中 A，B，C，D，E，F 分别代表值为十进制数中的 10，11，12，13，14，15。十六进制的"权"是以 16 为底的幂。

例 2.4

$$(4A07F1)_{16} = 4 \times 16^5 + 10 \times 16^4 + 0 \times 16^3 + 7 \times 16^2 + 15 \times 16^1 + 1 \times 16^0 = (4851679)_{10}$$

十六进制通常在数码后面用 H 表示。

在数字后面加上(2),(8),(10)或(16)是指二进制、八进制、十进制数和十六进制数。

常用计数制数的表示方法如表 2-1 所示。

表 2-1 常用计数制数的表示方法

十进制	二进制	八进制	十六进制
0	0	0	0
1	1	1	1
2	10	2	2
3	11	3	3
4	100	4	4
5	101	5	5
6	110	6	6
7	111	7	7
8	1000	10	8
9	1001	11	9
10	1010	12	A
11	1011	13	B
12	1100	14	C
13	1101	15	D
14	1110	16	E
15	1111	17	F
16	10000	20	10

2.1.2　不同进位制之间的转换

2.1.2.1　二进制数转换为十进制数

二进制数转换为十进制数，只需将二进制数每一位的数字与该位的权相乘，便得到该位的数值，再将各位的数值加在一起就得到了相应的十进制数。

例 2.5

$$(1101)_2 = 1 \times 2^3 + 1 \times 2^2 + 0 \times 2^1 + 1 \times 2^0 = 8 + 4 + 0 + 1 = (13)_{10}$$

2.1.2.2　十进制数转换为二进制数

（1）十进制整数转换为二进制整数。十进制整数转换成二进制整数，通常采用"除二取余法"。所谓的"除二取余法"，就是用 2 去除该十进制数，得商和余数，此余数为二进制代码的最小有效位（或最低位的值）；再用 2 除该商数，又可得商数和余数，则此余数为左邻的二进制代码（次低位）；以此类推，从低位到高位逐次进行，直到商是 0 为止，就可得到该十进制数的二进制代码。

例 2.6　将十进制数 25 转换为二进制数。

```
2 | 2 5
  2 | 1 2        余数为 1(b₀)        最低位
    2 | 6        余数为 0(b₁)
      2 | 3      余数为 0(b₂)
        2 | 1    余数为 1(b₃)
            0    余数为 1(b₄)        最高位
```

25D=11001B

（2）十进制纯小数转换为二进制纯小数。十进制纯小数转换成二进制纯小数，通常采用"乘二取整法"。用 2 不断地去乘要转换的十进制小数，直至乘积的小数部分满足精度要求或乘 2 后的小数部分为 0。每次所得的整数部分即为二进制数位，最初得到的整数部分即是二进制小数的最高位。

例 2.7　将十进制数 0.6875 转换为二进制数。

```
            0.6875
        ×)      2
        ─────────────
            1.3750      整数部分 =1  b₁
            0.3750
        ×)      2
        ─────────────
            0.7500      整数部分 =0  b₂
        ×)      2
        ─────────────
            1.5000      整数部分 =1  b₃
            0.5000
        ×)      2
        ─────────────
            1.0000      整数部分 =1  b₄
```

0.6875D=0.1011B

需要注意的是：十进制小数不能都用有限位二进制小数精确表示，这时可根据精度要求取有限位二进制小数近似表示。

0.8D 不能用二进制小数精确表示，取近似表示 0.8D ≈0.1101B，精确到小数点后第

5 位。

2.1.2.3 二进制与八进制之间的转换

二进制数转换为八进制时，每三位二进制数对应一位八进制数。以小数点为界，整数部分从低位向高位，每三位一组，不足三位时补 0；小数部分从高位向低位，每三位一组，不足三位时补 0，便可写出相应的八进制数。

例 2.8

$$11011.11B = \underline{011} \, \underline{011} \, . \, \underline{110} = 336O$$
$$\qquad\quad 3 \quad\ 3 \qquad 6$$

八进制数转换为二进制时，只需将每位八进制数用三位二进制数表示即可。

例 2.9

$$123.52O = \underline{\ 1\ } \ \underline{\ 2\ } \ \underline{\ 3\ } \, . \, \underline{\ 5\ } \ \underline{\ 2\ } = 1010011.10101B$$
$$\qquad\qquad 001 \quad 010 \quad 011 \quad 101 \quad 010$$

2.1.2.4 二进制与十六进制之间的转换

二进制数转换为十六进制时，每四位二进制数对应一位十六进制数。以小数点为界，整数部分从低位向高位，每四位一组，不足四位时补 0；小数部分从高位向低位，每四位一组，不足四位时补 0，便可写出相应的十六进制数。

例 2.10

$$1011110111.110111011B = \underline{0010} \, \underline{1111} \, \underline{0111} \, . \, \underline{1101} \, \underline{1101} \, \underline{1000} = 2F7.DD8H$$
$$\qquad\qquad\qquad\qquad\quad 2 \quad\ F \quad\ 7 \qquad D \quad\ D \quad\ 8$$

十六进制数转换为二进制时，只需将每位十六进制数用四位二进制表示即可。

例 2.11

$$27.FCH = \underline{\ 2\ } \ \underline{\ 7\ } \, . \, \underline{\ F\ } \ \underline{\ C\ } = 100111.111111B$$
$$\qquad\qquad 0100 \quad 0111 \quad 1111 \quad 1100$$

2.1.3 计算机采用二进制

二进制表示数的位数多，比十进制数难认、难记，但从技术实现的难易，或从经济性、可靠性等方面考虑，二进制具有无可比拟的优越性。

（1）数的状态简单，容易实现。二进制只有 0 与 1 两个状态。脉冲的有与无，电位的高与低，晶体管的导通与截止，灯的亮与暗等都可表示为 0 与 1 两个状态。计算机是用电子器件表示数字信息的，显然制造具有两种状态的电子器件要比制造具有十种特定状态的器件容易得多。由于状态简单，容易实现，工作状态可靠，因此二进制数字的传输也不容易出错。

（2）运算规则简单，节省设备。由于二进制的运算规则简单，可以使运算器的结构简化，使控制机构简化，同时二进制要比十进制节省存储空间，因此采用二进制将大大节约设备。

（3）便于逻辑判断。由于二进制可以进行逻辑运算，而逻辑变量的取值只有 0 与 1 两种可能，这里的 0 与 1 代表了所研究问题的两种可能性：是与非、真与假、正确与错误、电压的高与低、电脉冲的有与无等，从而使计算机具有判断能力，并使逻辑代数成为电路设计的基础。

正是由于二进制具有上述优越性，所以计算机中的数都用二进制表示。

但是用二进制表示一个数时位数较长，不容易记忆如（44421）$_{10}$用二进制和十六进制分别表示为：

$$(1010110110000101)_2=(AD85)_{16}=(44421)_{10}$$
$$\text{A} \quad \text{D} \quad 8 \quad 5$$

显然用十六进制表示与用二进制表示相比，书写简短，便于记忆，因此也常用十六进制数。

2.2 计算机中数的表示方法

2.2.1 机器数与真值

设有正负两个数，$N_1 = +1100110$，$N_2 = -1100110$

N_1 和 N_2 在机器中表示为：

$$N_1：01100110$$
$$N_2：11100110$$

数的符号在机器中的表示形式化了，符号"＋"用 0 表示，符号"－"用 1 表示。

一个数在机器中的表示形式，称为机器数。而把数本身，即用"＋""－"表示的形式称为真值。

真值当然也可以用八进制、十进制、十六进制表示。

以上的 N_1 和 N_2 是用 8 位数说明的，其定义同样适用于 n 位数。

2.2.2 带符号数与无符号数的表示方法

2.2.2.1 带符号数的表示方法

上面所说的机器数的表示方法，即用 0 表示正数的符号，用 1 表示负数的符号，这种数的表示方法称为带符号数的表示方法。

在机器中的表示形式为

$$\zeta \quad D_7D_6D_5\cdots D_0$$
$$\text{符号} \quad \text{数值部分}$$

例如，有 8 位数 01000110 和 11000110，前者真值是 ＋70，后者真值是 － 70。

2.2.2.2 无符号数的表示方法

无符号数与带符号数的区别仅在于，无符号数没有符号位，全部有效位均用来表示数的大小。上述机器数的表示方法若看为无符号数，则 01000110 表示 70，11000110 表示 198。

2.2.3 原码、反码、补码

带符号数在机器中的表示形式通常有三种：原码、反码和补码。下面以定点整数为例说明这三种代码。在说明之前，首先介绍模的概念。

把一个计量器的容量称为模或模数，记为 M，或记为 mod M。例如，一个 n 位二进制计数器，它的容量为 2^n，所以它的模 $M = 2^n$。

假设 n = 4，则 M = 2^4 = 16，计数范围为 0000 ~ 1111。当数已经计到 1111 时，再加 1，机器中又变成 0000，进位 1 自然丢失。也就说，当模 M = 2^4 时，2^4 和 0 在机器中的表示是相同的。

2.2.3.1 原码

前面介绍的带符号数的表示方法，实际上就是原码的表示法。原码的性质如下：

(1) 当 X > 0 时，$[X]_原$ 与 X 的区别只是符号位用 0 表示；

(2) 当 X < 0 时，$[X]_原$ 与 X 的区别只是符号位用 1 表示；

(3) 当 X = 0 时，有 $[+0]_原$ 和 $[-0]_原$ 两种情况：

$$[+0]_原 = 000...0$$

n 个 0

$$[-0]_原 = 100...0$$

n−1 个 0

例2.12 如果 n = 8，x = +1001，则有 $[x]_原$ = 00001001；

如果 n = 8，x = −1001，则有 $[x]_原$ = 10001001。

2.2.3.2 反码

正数的反码与原码相同，负数的反码是将其原码除符号位外，按位求反。反码的性质如下：

(1) 当 x > 0 时，$[x]_反$ = $[x]_原$，即 $[x]_反$ 与 x 的区别只是符号位用 0 表示；

(2) 当 x < 0 时，$[x]_反$ 的符号位用 1 表示，其余位为原码各位取反；

(3) 当 x = 0 时，$[x]_反$ 有两种情况：

$$[+0]_反 = 000\cdots0$$
$$[-0]_反 = 111\cdots1$$

例2.13 n = 8，x = +1001，则有 $[x]_反$ = 00001001；

n = 8，x = −1001，则有 $[x]_反$ = 11110110。

2.2.3.3 补码

正数的补码余原码相同，负数的补码为反码加 1。补码的性质如下：

(1) 当 x > 0 时，$[x]_补$ = $[x]_原$ = $[x]_反$，即与 $[x]_补$ 与 x 的区别仅在于符号位用 0 表示；

(2) 当 x < 0 时，$[x]_补$ 的符号位为 1，其余位为它的原码各位取反，再在最低位加 1；或是说它的反码在最低位加 1；

(3) 当 x = 0 时，$[+0]_补$ = $[-0]_补$ = $000\cdots0$。

例2.14 n = 8，x = +1001，则有 $[x]_补$ = 00001001；

n = 8，x = −1001，则有 $[x]_补$ = 11110111。

补码表示可以把负数转化为正数，使减法转换为加法，从而使正负数的减运算转换为相加的运算，提高了运算速度。引入补码以后把减法运算变成加法运算，可以使计算机的硬件电路简单化。所以补码是应用最广泛的一种机器数表示法。

综上所述，正数的原码、补码表示方法相同，不存在转换问题。负数补码的求法只要使其符号位不变，将数值部分逐位变反，末位加 1 即可。可见，反码通常是作为补码求法过程的中间形式。通过反码的概念求取补码更为直观、简单。

用 8 位二进制数码表示无符号数范围是 0 ~ 255；表示原码为 - 127 ~ + 127；表示补码为 - 128 ~ + 127；表示反码为 - 127 ~ + 127。

2.2.4 常用的名词术语和常用编码

2.2.4.1 位、字节、字及字长

（1）位。"位"指一个二进制位，它是计算机中信息存储的最小单位。

（2）字节。"字节"指相邻的 8 个二进制位。1 024 个字节构成 1 个千字节，用 KB 表示。1 024KB 构成 1 个兆字节，用 MB 表示。1 024MB 构成 1 个千兆字节，用 GB 表示。B，KB，MB，GB 都是计算机存储器容量的单位。

（3）字和字长。"字"是计算机内部进行数据传递处理的基本单位。通常它与计算机内部的寄存器、运算装置、总线宽度相一致。

一个字所包含的二进制位数称为字长。常见的字长有 8 位、16 位、32 位和 64 位之分。

2.2.4.2 常用编码

计算机只能识别 0 和 1 两种符号，而计算机处理的信息却有多种形式，如数字、标点符号、运算符号、各种命令及各种文字、图形等。要表示这么多的信息并识别它们，就必须对这些信息进行编码。换句话说，以上这众多的信息只有按特定的规则用二进制编码后才能在机器中表示和识别。比如我们在操作键盘时，敲击的是字母、数字或功能符号，可键入机器内部的却是相应的一组二进制编码。

（1）数字编码。根据信息对象不同，编码的方式，即码制也不同。常见的码制有二—十进制（BCD）码。我们通常习惯使用十进制来计数，而计算机则采用二进制，所以必须对十进制的 0 ~ 9 这十个数字进行二进制编码。但要从一长串二进制数直接看出所对应的十进制数是比较困难的。虽然我们学过二—十进制的转换，但这种转换比较慢。这样，人们提出了一个比较适合十进制的二进制码的特殊形式，即二—十进制码，通常称为 BCD 码。BCD 码具有二进制和十进制两种数制的某些特征。BCD 编码用 4 位二进制码表示 0 ~ 9 的 10 个十进制数。它采用了标准的 8421 的纯二进制码的十个状态，其中只有 0000 ~ 1001 十个码有效，其余 1010 ~ 1111 没有使用。表 2 - 2 给出了 8421BCD 码对应的十进制数。

表 2 - 2 二—十进制（BCD）码

十进制	8421BCD 码	二进制
0	0000	0000
1	0001	0001
2	0010	0010
3	0011	0011
4	0100	0100
5	0101	0101

续表 2 - 2

十进制	8421BCD 码	二进制
6	0110	0110
7	0111	0111
8	1000	1000
9	1001	1001
10	0001 0000	1010
11	0001 0001	1011
12	0001 0010	1100
13	0001 0011	1101
14	0001 0100	1110
15	0001 0101	1111

用 BCD 码表示十进制数，只要把每位十进制数用适当的二进制 4 位码代替即可。例如，十进制数 83 用 BCD 表示，则为 1000 0011。为了避免 BCD 码与纯二进制码混淆，必须在每 4 位之间留有一个空格。这种表示方法也适用于十进制小数。例如，十进制小数 0.123 用 BCD 码表示为 0.0001 0010 0011。同理，111 1001 0010 . 0010 0101BCD 对应的十进制数是 792.25。

（2）字符编码。在计算机系统中，除了数字 0~9 以外，还经常用到其他各种字符，如 26 个英文字母 A~Z、各种标点符号、控制符号等。这些信息都要将它们编成计算机接受的二进制码。世界上最普遍采用的是 ASCII 码。

ASCII 码是一种 8 位代码，最高位一般用于奇偶校验，用 7 位代码来对 128 个字符编码，其中 32 个是控制字符，96 个是图形字符。表 2 - 3 为 7 位 ASCII 码字符表。

表 2 - 3 中最高位未列出，一般表示时都以 0 来代替，而暂不考虑其奇偶校验功能。如数字 0~9 的 ASCII 表示为十六进制数 30H~39H，字母 A~Z 的 ASCII 码为 41H~5AH。表示数字、字母或控制功能的 7 位 ASCII 代码是由 3 位和 4 位一组组成的。4 位一组在右边，而且位 1 是最低位。4 位一组表示行，3 位一组表示列。

表 2 - 3 美国信息交换标准代码 ASCII（7 位代码）

位 765→ ↓4321	000	001	010	011	100	101	110	111
0000	DLE	NUL	SP	0	@	P	`	p
0001	DC1	SOH	!	1	A	Q	a	q
0010	DC2	STX	"	2	B	R	b	r
0011	DC3	ETX	#	3	C	S	c	s
0100	DC4	EOT	$	4	D	T	d	t

续表 2 - 3

位 765→								
↓4321	000	001	010	011	100	101	110	111
0101	ENQ	NAK	%	5	E	U	e	u
0110	ACK	SYN	&	6	F	V	f	v
0111	BEL	ETB	,	7	G	W	g	w
1000	BS	CAN	(	8	H	X	h	x
1001	HT	EM	)	9	I	Y	i	y
1010	LF	SUB	*	:	J	Z	j	z
1011	VT	ESC	+	;	K	[	k	}
1100	FF	FS	,	<	L	\	l	|
1101	CR	GS	_	=	M	]	m	}
1110	SO	RS	.	>	N	↑①	n	~
1111	SI	US	/	?	O	↓②	o	DEL

注：①取决于使用这种代码的机器，它的符号可以是弯曲符号、向上箭头、或者（一）标记。

②取决于使用这种代码的机器，它的符号可以是下划线、向下箭头或心形标记。

第 0，1，2 和 7 列特殊控制功能的解释：

DLE	转意	NUL	空白
DC1	设备控制 1	SOH	标题开始
DC2	设备控制 2	STX	文始
DC3	设备控制 3	ETX	文终
DC4	设备控制 4	EOT	传输结束
ENQ	询问	NAK	否认
ACK	承认	SYN	同步
BEL	报警符	ETB	组终
BS	退一格	CAN	作废
HT	横向列表	EM	纸尽
LF	换行	SUB	取代
VT	垂直置表	ESC	扩展
FF	换页	FS	文字分隔符
CR	回车	GS	组分隔符
SO	移出	RS	记录分隔符
SI	移入	US	单元分隔符
SP	空格	DEL	作废

要确定某数字、字母或控制操作码的 ASCII 码，在表中可查到，然后根据该项的位置从相应的行和列中找出 3 位和 4 位的码，这就是所需的 ASCII 码。例如，字母 L 的 ASCII 代码是 100 1100，它在表的第 4 列第 12 行，最大的 3 位是 100，最低的 4 位是 1100。

在 7 位的 ASCII 码中，第 8 位常用作奇偶校验位，以确定数据传送得是否正确。该位的数值由所要求的奇偶类型确定。偶数奇偶校验位是指每个代码中所有 1 位的和（包括奇偶校验位）总是偶数。例如，传递的字母是 G，则 ASCII 代码是 100 0111，因其中有四个 1，所以奇偶校验位是 0，8 位代码将是 0100 0111。奇数奇偶校验位是指每个代码中所有 1 位的和（包括奇偶校验位）是奇数，若用奇数奇偶校验传送 ASCII 代码中的 G，其二进制的表示应为 1100 0111。

我国于 1980 年制定了"信息处理交换用的 7 位编码字符集"，即国家标准 GB1988 - 80。除用人民币符号￥代替美元符号＄以外，其余代码与含义均与 ASCII 码相同。

2.3 计算机中数的运算方法

2.3.1 二进制数的运算规则

2.3.1.1 算术运算

一个数字系统只要能进行加法和减法运算，就可以利用加法和减法进行乘法、除法及其他数值运算。

（1）加法。运算规则为：$0+0=0$，$0+1=1$，$1+0=1$，$1+1=10$。

例 2.15 $1100+1001$，从最低位开始被加数与加数逐位相加，则有：

$$
\begin{array}{r}
1100 \\
+)\ \ 1001 \\
\hline
10101
\end{array}
$$

（2）减法。运算规则为：$0-0=0$，$1-1=0$，$1-0=1$，$0-1=1$（$0-1$ 不够减，从高位借 1 当 2）。

例 2.16 $1100-1001$，从最低位开始被减数与减数逐位相减，则有：

$$
\begin{array}{r}
1100 \\
-)\ \ 1001 \\
\hline
0011
\end{array}
$$

（3）乘法。运算规则为：$0\times0=0$，$0\times1=0$，$1\times0=0$，$1\times1=1$。

例 2.17 1011×1101，用乘数各位分别乘被乘数后求和，则有：

$$
\begin{array}{r}
1011 \\
\times)\ \ 1101 \\
\hline
1011 \\
0000 \\
1011 \\
+)\ 1011 \\
\hline
10001111
\end{array}
$$

（4）除法。运算规则为：$0\div0=0$，$0\div1=0$，$1\div1=1$。

例 2.18 $11100111\div1011$，被除数自最高位起不断地减除数，则有：

$$
\begin{array}{r}
10101 \\
1011\overline{)\ 1110\,0111} \\
1011 \\
\hline
1101 \\
1011 \\
\hline
1011 \\
1011 \\
\hline
0
\end{array}
$$

2.3.1.2 逻辑运算

二进制数的逻辑运算包括与运算、或运算、非运算和异或运算等。

（1）与运算。与运算通常用符号"∧"（或"·""×"）表示。运算规则为：$0 \wedge 0 = 0$，$0 \wedge 1 = 0$，$1 \wedge 0 = 0$，$1 \wedge 1 = 1$。

例 2.19 $10110101 \wedge 10001001$，按位相与，则有：

$$\begin{array}{r} 10110101 \\ \wedge)\quad 10001001 \\ \hline 10000001 \end{array}$$

可见，能用"与"运算保留一些位，而屏蔽掉一些位。例如，要想将 10101010 的低 4 位保留，而高 4 位屏蔽掉，则只需将 10101010 和 00001111 相"与"即可。

（2）或运算。或运算通常用符号"∨"（或"＋"）表示。运算规则为 $0 \vee 0 = 0$，$0 \vee 1 = 1$，$1 \vee 0 = 1$，$1 \vee 1 = 1$。

例 2.20 $11110011 \vee 10011111$，按位相或，则有：

$$\begin{array}{r} 11110011 \\ \vee)\quad 10011111 \\ \hline 11111111 \end{array}$$

可见，能用"或"运算使一些位不变，而另一些位置 1。例如，要想将 01010101 的高 3 位不变，而低 5 位置 1，则只需将 01010101 和 00011111 相"或"即可。

（3）非运算。非运算通常用符号"－"表示。运算规则为：$\bar{0} = 1, \bar{1} = 0$。

例 2.21 10110111，按位取反，结果是 01001000。

（4）异或运算。异或运算通常用符号"⊕"表示。运算规则为：$0 \oplus 0 = 0$，$0 \oplus 1 = 1$，$1 \oplus 0 = 1$，$1 \oplus 1 = 0$。

例 2.22 $10100101 \oplus 11001100$，按位异或，则有：

$$\begin{array}{r} 10100101 \\ \oplus\quad 11001100 \\ \hline 01101001 \end{array}$$

可见，能用"异或"运算使某数清 0。例如，要想将 10100110 清 0，只需将 10100110 和本身"异或"即可。

还可以用异或运算比较两个数是否相等。例如，$11101110 \oplus 10111011 \neq 0$，所以 11101110 和 10111011 不相等。

（5）布尔代数的基本运算规律

恒等式　　$A \cdot 0 = 0$　　　$A \cdot 1 = A$　　　$A \cdot A = A$

　　　　　$A + 0 = A$　　　$A + 1 = 1$　　　$A + A = A$

　　　　　$A + \bar{A} = 1$　　　$A \cdot \bar{A} = 0$　　　$\bar{\bar{A}} = A$

运算规律：与普通代数一样，布尔代数也有交换律、结合律、分配律，而且它们与普通代数的规律完全相同。

交换律　　　　　$A \cdot B = B \cdot A$

　　　　　　　　$A + B = B + A$

结合律　$(A \cdot B) \cdot C = A \cdot (B \cdot C) = A \cdot B \cdot C$

　　　　　$(A + B) + C = A + (B + C) = A + B + C$

分配律　$A \cdot (B+C) = A \cdot B + A \cdot C$

$$(A+B) \cdot (C+D) = A \cdot C + A \cdot D + B \cdot C + B \cdot D$$

利用这些运算规律及恒等式，就可以化简很多逻辑关系式。

例 2.23

$$A+AB=A \cdot (1+B)=A$$
$$\overline{A}+A \cdot B=A+AB+\overline{A}B=A+(A+\overline{A}) \cdot B=A+B$$

在电路设计时，有时人们手边没有"与"门而只有"或"门和"非"门，或者只有"与"门和"非"门，没有"或"门，利用摩根定理，可以帮助你解决元件互换问题。

摩根定理式为

$$\overline{(A+B)}=\overline{A} \cdot \overline{B}$$
$$\overline{A \cdot B}=\overline{A}+\overline{B}$$

2.3.2 定点补码加、减法与溢出判断

定点加、减法运算包括原码、补码、反码三种带符号数的加、减法运算。由于补码加、减法运算速度快、硬件逻辑关系简单，故得到了广泛的应用。

2.3.2.1 补码加法运算

因为　$[x]_{补} + [y]_{补} = 2^n + [x+y] = [x+y]_{补}$

所以，在进行补码加法时，补码的和等于和的补码。

例 2.24　设 $[x]_{补}=10101$，$[y]_{补}=11100$，求 $[x]_{补} + [y]_{补}$。

$$
\begin{array}{r}
10101 \\
+)\ 11100 \\
\hline
110001
\end{array}
\qquad
\begin{array}{r}
-11 \\
+)\ \ -4 \\
\hline
-15
\end{array}
$$

所以　$[x+y]_{补}=10001$。最高位 1 自然丢失（$\text{mod}2^5$），结果 10001 的真值是 -15。-11 加 -4 等于 -15。可见，结果是正确的。

2.3.2.2 补码减法运算

因为　$[x]_{补} - [y]_{补} = [x]_{补} + [-y]_{补} = [x-y]_{补}$

所以在进行补码减法时，补码的差等于差的补码。在运算时，将 $[x]_{补} - [y]_{补}$ 化为 $[x]_{补} + [-y]_{补}$，而 $[-y]_{补} = [y]_{补} + 1$

例 2.25　设 $[x]_{补}=10101$，$[y]_{补}=11100$，则 $[-y]_{补}=00100$，求 $[x]_{补} - [y]_{补}$。

$$
\begin{array}{r}
10101 \\
+)\ \ 11100 \\
\hline
110001
\end{array}
\qquad
\begin{array}{r}
-11 \\
+)\ \ -4 \\
\hline
-15
\end{array}
$$

所以　$[x-y]_{补}=110001$（$\text{mod}2^5$）。

综上所述，补码加、减法的运算规则如下：

①参加运算的操作数用补码表示，运算结果也用补码表示；

②符号位作为数的一部分参加运算；

③若做加法，则两数直接相加；若做减法，则将减数求补后再与被减数相加。

2.3.2.3 溢出的概念

在选定了运算字长和数的表示方法之后，计算机所能表示的数的范围是一定的。超过这个范围就会发生溢出，造成运算错误。例如，字长为 n 位的带符号数，用补码表示，最

高位表示符号，其余 $n-1$ 位用来表示数值，所能表示的数的范围是 $-2^{n-1} \sim +2^{n-1}-1$。当运算结果超出这个范围时就产生溢出。

例如，令 $n=8$，最高位为符号位，剩下 7 位用来表示数值。这时，机器所能表示的数的范围是 $-2^{-7} \sim +2^7-1$（即 $-128 \sim +127$），运算结果超出这个范围就发生溢出。7 位所能表示的最大值为 $2^7 \quad 1$（即 127），如运算结果的绝对值大于此值，溢出一个 2^7，占据了符号位的位置，从而使结果发生错误。下面举例说明。

例 2.26 求（+102）+（+85）。

$$
\begin{array}{r r}
01100110 & +102 \\
+)\quad 01010101 & +85 \\
\hline
10111011 & -69 \\
\end{array}
$$

参加运算的两个数为正数，但和的符号位上出现了 1，机器把此结果理解为负数，这显然是错误的。原因就在于：102 与 85 的和数应为 187，超出了机器所能表示的范围 127，发生了溢出，产生了 -69 的错误结果。

任何运算都不允许发生溢出，因为有溢出时结果是错误的，除非专门利用溢出作判断，而不使用所得的结果。一旦发生溢出，就应转入溢出处理程序，检查溢出产生的原因，做出相应的处理。

2.3.2.4 溢出判断

根据以上溢出原因判断运算结果是否有溢出显然太麻烦了。判断溢出的方法有几种，下面我们介绍一种简单的符号法则。

设字长为 n 位，参加运算的两个数为 A 和 B，且 A 和 B 的绝对值均小于 2^{n-1}。显然，若 A，B 异号，则 $A+B$ 的绝对值一定小于 2^{n-1}，不会发生溢出；若 A，B 同号、$A+B$ 的绝对值可能出现大于或等于 2^{n-1} 的情况，便发生了溢出。

令 A，B 的符号位分别为 a 和 b，$A+B=C$，C 的符号位为 c，则 A，B 同号，可能有两种情况：

（1）$A>0$，$B>0$ 时，$a=0$，$b=0$，c 也应为 0。若发生溢出，溢出位占据了符号位，使 $c=1$。和数成了负数，运算结果出错。

（2）$A<0$，$B<0$ 时，$a=1$，$b=1$，c 也应为 1，若发生溢出，溢出位使符号位变为 0，即 $c=0$。和数成了正数，运算结果出错。

综上所述，两数相加时，只有当参加运算的两数的符号相同时，才有可能发生溢出现象，溢出时运算结果的符号与参加运算的符号相反。可以利用这个特点判断加法有无溢出，称为判断溢出的符号法则。下面以字长 8 位举例说明。

例 2.27 求（+120）+（+105）。

$$
\begin{array}{r r}
01111000 & +120 \\
+)\quad 01101001 & +105 \\
\hline
11100001 & -31 \\
\end{array}
$$

被加数和加数的符号位为 0，而和数的符号位为 1，由符号法则知运算结果发生了溢出。

例 2.28 求 $-5-16$。

$$\begin{array}{r} 11111011 \qquad -5 \\ +) \quad 11110000 \qquad -16 \\ \hline \boxed{1}11101011 \qquad -21 \end{array}$$

被加数和加数的符号位为 1，但和数的符号位仍为 1，由符号法则知运算结果没有溢出。由运算结果还可以看到，向 2^8 有进位，自动丢失。

由上面的例子可见，有溢出时不一定有进位，而有进位时不一定有溢出。溢出和进位是两个不同的概念。

因为 $[x]-[y]=[x]+\overline{[-y]}=[x]+?[y]??+1$，所以，若为补码减法，可以将减法变为加法后，用上述判断加法溢出的符号法则来判断有无溢出。

2.3.3 定点无符号数加减法及进、借位

对于无符号数，各位都用来表示有效数值。例如，字长为 8 位，当两数相加，其和数 $\geqslant 2^8$ 时，最高位向上产生进位；当两数相减，被减数小于减数时，不够减，最高位必须向上借一位才能得到结果。有进位或借位时结果是错的，所以无符号数加、减法必须判断有无进位或借位。

例 2.29 求 179 + 232 。

$$\begin{array}{r} 10110011 \qquad 179 \\ +) \quad 11101000 \qquad 232 \\ \hline \boxed{1}10011011 \qquad 155 \end{array}$$

179 和 232 相加，结果向 2^8 产生了进位，这时运算结果 155 显然是错误的。

例 2.30 求 83 – 136 。

$$\begin{array}{r} \boxed{1}\,01010011 \qquad 83 \\ -) \quad 10001000 \qquad 136 \\ \hline 11001011 \qquad 203 \end{array}$$

83 – 136，不够减，所以最高位必须向上借位，运算结果 203 显然也是错误的。

无符号减法同样可以变为加法，如 01010011 – 10001000 = 01010011 + 01111000

$$\begin{array}{r} 01010011 \\ +) \quad 01111000 \\ \hline 11001011 \end{array}$$

得到的结果与直接做减法的结果是一样的。

一个数是带符号数还是无符号数，是程序员安排的。计算机在对操作数进行处理时，不管采用的是哪种表示法，机器均产生唯一确定的结果。

2.3.4 定点原码乘法运算

由于原码乘法比补码乘法简单，所以在专门的乘法器或以乘法为主的场合采用原码乘法。

实现定点乘法运算，就是确定乘积的符号及乘积的数值。

令被乘数 A 的符号为 a，乘数 B 的符号为 b，乘数 C 的符号为 c，则

$$c = a \oplus b$$

确定乘积的数值，当然可以用前面讲过的乘法运算规则去做，但是这样的方法不容易在机器中实现。下面将运算方法变化一下。

2.3.4.1　被乘数左移的方法

乘　数	被乘数	部分积
1011	1111	0000
①乘数最低位为 1，把被乘数加到部分积上		+ 1111
		1111
然后把被乘数左移	11110	
②乘数次低位为 1，加被乘数		1111
		+ 11110
		101101
被乘数左移	111100	
③乘数为 0，不加被乘数		
被乘数左移	1111000	
④乘数为 1，加被乘数		101101
		+ 1111000
		10100101

得乘积

2.3.4.2　部分积右移的方法

乘　数	被乘数	部分积
1011	1111	0000
①乘数最低位 1，加被乘数		+ 1111
		1111
部分积右移		01111
②乘数为 1，加被乘数		+ 1111
		101101
部分积右移		0101101
③乘数为 0，不加被乘数		
部分积右移		0101101
④乘数为 1，加被乘数		+ 1111
		10100101
部分积右移		10100101

从例中可见，两个 n 位数相乘，乘积为 2n 位。在被乘数左移的方法中，这 2n 位都有可能有相加的操作，故需要 2n 个加法器。在部分积右移的方法中，只有 n 位有相加的操作，故只需要 n 个加法器。

2.3.5　定点原码除法运算

实现定点除法运算，就是确定商的符号和商的数值。

令被除数 A 的符号为 a，除数 B 的符号为 b，商 C 的符号为 c，则与乘法相似，有

$$c = a \oplus b$$

除法运算与乘法的处理思想类似，将除法转换为若干次加减—移位循环，可以有很多处理方法，不再赘述。

对于定点操作，操作数是整数，结果也是整数；操作数是小数，结果也是小数。

　　在整数除法中，一般假定被除数为双倍字长，除数为单字长，而商和余数也为单字长。若被除数为单字长，可在左边加上一个字长的 0，扩展为双倍字长。

　　实现除法运算时，必须避免被 0 除或用任何数去除 0。前者结果为无限大，没有意义，机器无法表示；后者 0 被一个有限数除，结果总是 0，这个除法操作等于白做，浪费了机时。所以，在进行除法运算时，对参加运算的被除数和除数的大小要加以限制，一般应满足下面两个条件：

　　（1）$0 < |除数| \leq |被除数|$，以保证商为整数，除数不为 0。

　　（2）被除数的高位字长部分要小于除数，以保证商为单字长。否则就认为发生溢出。

思考题与习题

　　（1）将下列二进制数转换成十进制数及十六进制数。

　　① 1101　　　② 101101　　　③ 1011101　　　④ 10101010

　　（2）将下列十进制数转换成二进制数。

　　① 57　　　② 101.42　　　③ 0.042　　　④ 256

　　（3）求下列二进制数的补码（8 位）。

　　① −1011011　　② +1000011　　③ −0000011　　④ −1011111

　　（4）什么叫原码、反码及补码？

　　（5）用补码法写出下列减法的步骤。

　　① $1111_{(2)} - 1010_{(2)} = ?_{(2)} = ?_{(10)}$

　　② $1100_{(2)} - 0011_{(2)} = ?_{(2)} = ?_{(10)}$

3　微型计算机的硬件电路基础

3.1　触发器

触发器（Trigger）是计算机记忆装置的基本单元，它具有把以前的输入"记忆"下来的功能，一个触发器能存储一位二进制代码。触发器可以组成寄存器，寄存器又可以组成存储器。寄存器和存储器统称为计算机的记忆装置。

3.1.1　RS 触发器

RS 触发器是基本的触发器，其逻辑图和逻辑符号如图 3 – 1 所示。它的电路是由两个与非门交叉耦合构成的。其中 R，S 是信号输入端，低电平有效，Q，$\overline{Q}$ 既表示触发器状态又是输出端。

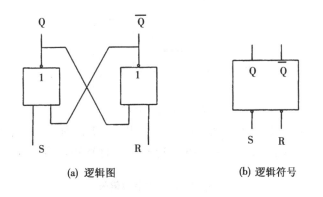

(a) 逻辑图　　　　　　　　　(b) 逻辑符号

图 3 – 1　基本 RS 触发器

基本 RS 触发器虽然结构简单，但其状态转换受输入信号的直接控制，还有约束条件的限制，因此用起来不太方便，使用范围较小。但是，基本触发器是后面要重点介绍的各类改进型触发器的基本组成部分，理解和掌握基本触发器的工作原理，是学习本章后续内容的基础。RS 触发器逻辑关系可以用表 3 – 1 所列真值表来表示。为了使触发器在整个机器工作中能与其他部件协调工作，RS 触发器经常有外加同步时钟脉冲，如图 3 – 2 所示，这种触发器叫做同步 RS 触发器。

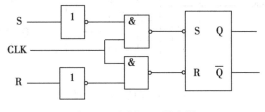

图 3 – 2　同步 RS 触发器

表 3 - 1　RS 触发器真值表

R	S	Q
0	0	不定
0	1	0
1	0	1
1	1	不变

图 3 - 2 中 CLK 即为同步时钟脉冲。它与置位信号脉冲 S 同时加到一个与非门的两个输入端；而与复位信号脉冲同时加到另一个与非门的两个输入端。这样无论是置位还是复位，都必须在时钟脉冲端为高电位时才能进行。

3.1.2　D 触发器

D 触发器是在 RS 触发器的基础上发展起来的。图 3 - 3 就是 D 触发器的原理图。当 D 端为高电位时，R 端为高电位，而通过非门加 D 到 S 端的就是低电位，所以此时 Q 端为高电位，称为置位。当 D 端为低电位时，R 端为低电位，而通过非门加到 S 端的就是高电位，所以此时 Q 端为低电位，称为复位。

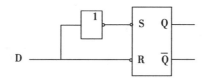

图 3 - 3　D 触发器

表 3 - 2 为 D 触发器真值表，从表中可以看出 Q = D，即输出状态和输入状态相同。图 3 - 4 为同步 D 触发器示意图，图 3 - 5 是边沿触发的 D 触发器。

表 3 - 2　D 触发器真值表

D	Q	
0	0	
1	1	

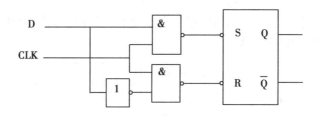

图 3 - 4　同步 D 触发器

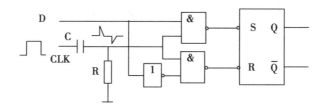

图 3 - 5 边沿触发的 D 触发器

图 3 - 5 与图 3 - 4 的区别仅为增加了一个 RC 微分电路，它能使方波电压信号的前沿产生正尖峰，后沿产生负尖峰。这样，在 D 端输入信号建立之后，当时钟脉冲的前沿到达的瞬间，触发器才产生翻转动作。如果 D 输入信号是在时钟脉冲的前沿到达之后才建立起来的，则虽然仍在时钟脉冲的正半周时间内，也不能影响触发器的状态，而必须等到下一个时钟脉冲的正半周前沿到达时才起作用。这样就可以使整个计算机运行在高度准确的协调节拍之中。

3.1.3 JK 触发器

JK 触发器是组成计数器的理想记忆元件。

（1）J = 0，K = 0，即 J 和 K 都是低电平时，无论此时 Q 和 $\overline{Q}$ 是什么状态，保持原状态不变。

（2）J = 0，K = 1，不管原来状态如何，在 CLK 正脉冲边沿到达时，触发器处于复位状态（Q = 0，$\overline{Q}$ = 1）。

（3）J = 1，K = 0，不管原来状态如何，在 CLK 正脉冲边沿到达时，触发器处于置位状态（Q = 1，$\overline{Q}$ = 0）。

（4）J = 1，K = 1，与原状态相反。这种触发器的状态改变被称为翻转。

归纳上述四种情况写成的 JK 触发器的真值表见表 3 - 3。JK 触发器的符号如图 3 - 6 所示。

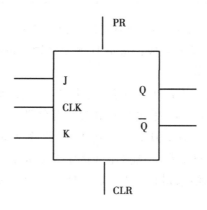

图 3 - 6 JK 触发器

表 3 – 3   JK 触发器的真值表

J	K	Q
0	0	保持
0	1	复位
1	0	置位
1	1	翻转

3.2   寄存器

寄存器（Register）是由触发器组成的。一个触发器就是一个 1 位寄存器。由多个触发器可以组成一个多位寄存器。寄存器依在计算机中的作用不同而具有不同的功能，从而被命名为不同的名称。常见的寄存器有：

缓冲寄存器——用于暂存数据；

移位寄存器——能够将其所存的数据一位一位地向左或向右移；

计数器——一个计数脉冲到达时，会按二进制数的规律累计脉冲数；

累加器——用以暂存每次在 ALU 中计算的中间结果。

下面分别介绍这些寄存器的大致工作原理及其电路结构。

3.2.1   缓冲寄存器

缓冲寄存器（Buffer）用于暂存某个数据，以便在适当的时间按给定的计算步骤将数据输入或输出到其他记忆元件中去。图 3 – 7 是一个 4 位缓冲寄存器的电路原理图。

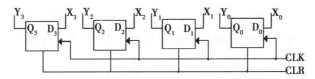

图 3 – 7   4 位缓冲寄存器的电路原理图

这种寄存器由 4 个 D 触发器组成，每个 D 触发器均为正脉冲前沿控制。下面介绍 4 位缓冲寄存器的基本工作原理。

设有一个 4 位二进制数，从高到低 4 位分别用 X_3，X_2，X_1，X_0 表示，则这个 4 位二进制数可以表示为 $X_3X_2X_1X_0$。若要将此数存到缓冲寄存器中，只要将 X_3，X_2，X_1，X_0 分别送到各个 D 触发器的输入端 D_3，D_2，D_1，D_0 上，当时钟脉冲 CLK 的正前沿还未到来之前，缓冲寄存器的输出 Q_3，Q_2，Q_1，Q_0 并不能接受 X_3，X_2，X_1，X_0 的影响而保持其原有的数据；只有当 CLK 的正前沿来到时，Q_3，Q_2，Q_1，Q_0 才接受 D_3，D_2，D_1，D_0 的影响，而变成

$$Q_3 = X_3 \qquad Q_2 = X_2$$
$$Q_1 = X_1 \qquad Q_0 = X_0$$

从而将数据 X 装到寄存器中。如果要将此数据送至其他记忆元件，则可由 Y_3，Y_2，Y_1，Y_0 各条引线引出去。

3.2.2 移位寄存器

移位寄存器（Shifting Register）的主要功能是将寄存器中所存的数据在移动脉冲作用下逐次左移或右移。

图 3-8 是用 D 触发器组成的单向左移寄存器，其中每个触发器的输出端 Q 依次接到

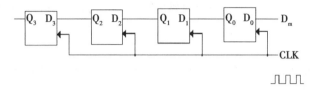

图 3-8　D 触发器组成的单向左移寄存器

下一个触发器的 D 端，只有第一个触发器的 D 端接收数据。假设初始状态 Q = $Q_3Q_2Q_1Q_0$ = 0000，当 D_{in} = 1 送至最右边的第一位时，D_0 即为 1。当时钟脉冲前沿到来时，将 D_0 = 1 状态送入第一个 D 触发器，即 Q_0 = D_0 = 1，同时每个触发器的状态都送给下一个触发器，即 D_1 = Q_0 = 1。当第二个时钟脉冲前沿到来时，Q_0 = 1。整个左移过程如下：

初始　　　　　　　　Q = 0000　　D = 0001

第一个脉冲前沿到来　Q = 0001　　D = 0011

第二个脉冲前沿到来　Q = 0011　　D = 0111

第三个脉冲前沿到来　Q = 0111　　D = 1111

第四个脉冲前沿到来　Q = 1111

可见，右端输入一个 D_{in} = 1，经过四个脉冲左移至左端 Q_3 端。当 Q = 1111 时，改变 D_{in}，使 D_{in} = 0，则结果将把 0 逐位左移。

第一个脉冲前沿到来　Q = 1110

第二个脉冲前沿到来　Q = 1100

第三个脉冲前沿到来　Q = 1000

第四个脉冲前沿到来　Q = 0000

如果按图 3-8 组成移位寄存器，则实现了单向右移电路。图 3-9 与图 3-8 的差别仅在于各位的接法不同，图 3-9 输入数据 D_{in} 是加到左边第一位的输入端 D_3，其输出 Q_3 接右边第二位的输入端 D_2，以此类推，当 D_{in} = 1 时，随着时钟脉冲而逐步位移是这样的：

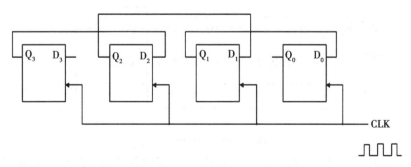

图 3-9　右移寄存器

初始　　　　　　　　　　Q = 0000

第一个脉冲前沿到来　　　Q = 1000

第二个脉冲前沿到来　　　Q = 1100

第三个脉冲前沿到来　　　Q = 1110

第四个脉冲前沿到来　　　Q = 1111

由此可见，在右移寄存器中，每个时钟脉冲都要把存储的各位向右移动一个位置。

3.2.3　计数器

计数器的种类很多，常用的有行波计数器、环形计数器和程序计数器等。

3.2.3.1　行波计数器

行波计数器（Travelling Wave Counter）的特点是第一个时钟脉冲促使其最低有效位加1，由0变1；第二个时钟脉冲促使最低有效位由1变0，同时推动第二位，使其由0变1。同理，随着时钟脉冲变化计数，当第二位由1变0时又去推动第三位，使其由0变1，这样有如水波前进一样逐位进位下去。图3-10就是由JK触发器组成的行波计数器的工作原理图。

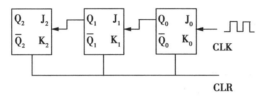

图3-10　行波计数器的电路原理图

图3-10中各位的J，K输入端都是悬浮的，这相当于J，K端都是1状态，触发器处于翻转状态。只要时钟脉冲边沿一到，最右边的触发器就会翻转，即Q由0转为1或由1转为0。各位JK触发器的时钟脉冲输入端都带有一个"汽泡"，表示时钟脉冲的后沿有效。

3.2.3.2　环形计数器

环形计数器（Ring Counter）与行波计数器不同，环形计数器仅有唯一的一个位为高电位，即只有一位为1，其他各位为0。环形计数器也是由若干个触发器组成的。图3-11为用D触发器组成环形计数器的电路原理图。

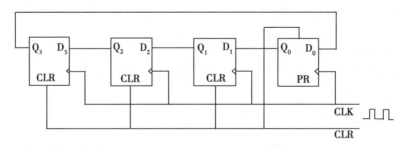

图3-11　环形计数器的电路原理图

当CLR端有高电位输入时，除右边第一位外，其他各位的清除电位CLR都接至它们的CLR端，从而使这些位清零。而右边第一位则由于清除电位CLR接至其PRESET（置位）端，而使该位置1。这就是说开始时，$Q_0 = 1$，$Q_1 = Q_2 = Q_3 = Q_0$，因此，$D_1 = 1$，而

$D_0 = Q_3 = 0$。在时钟脉冲前沿来到时，则 $Q_0 = 0$，$Q_1 = 1$，$Q_2 = Q_3 = 0$。第二个时钟脉冲前沿来到时，$Q_0 = 0$，$Q_1 = 0$，$Q_2 = 1$，$Q_3 = 0$。这样，随着时钟脉冲前沿的来到，各位轮流置 1，并且是在最后一位（左边第一位）置 1 之后又回到右边第一位，这就形成了环形置位，所以称为环形计数器。

环形计数器不是用来计数的，而是用来发出顺序控制信号的，它在计算机的控制器中是一个很重要的部件。

3.2.4 累加器

累加器也是一个由多个触发器组成的多位寄存器，累加器原文为 Accumulator，译作累加器。其实累加器并不是进行算术加法运算，而是作为算术/逻辑运算部件 ALU 运算过程的代数和的临时存储寄存器。这种特殊的寄存器在微型计算机的数据处理中担负着重要的任务。累加器除了能装入和输出数据外，还能使存储器中的数据左移或右移，所以它又是一种移位寄存器。累加器的符号如图 3 - 12 所示。

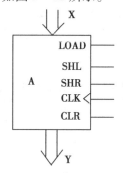

图 3 - 12 累加器的符号

3.3 总线结构

计算机中有许多寄存器，这些寄存器的输入输出端往往都需要连接在一组传输线上，才能进行相互之间的信息传送。由于寄存器是由触发器组成的，而触发器只有状态 0 和 1，因此一般情况下每条信号传输线只能传递一个触发器的信息（0 或 1）。如果一条传输线既能与一个触发器接通，也可以与其断开而与另一个触发器接通，则一条信息传输线就可以分时传送多个触发器的信息。同样，一组传输线就能传输多位寄存器中的信息。我们把这样的一组传输线称为"总线"。为了完成这样的功能，需要在构成寄存器的每个触发器上增加一些电路。三态输出电路（或称三态门）就是为了达到这个目的而设计的。

三态输出电路可以由两个或非门和两个 NMOS 晶体管（T_1，T_2）及一个非门组成，如图 3 - 13（a）所示。

当 ENABLE（选通端）为高电位时，通过非门而加至两个或非门的将为低电位，则两个或非门的输出状态将取决于 A 端的电位。当 A 为高电位，G_2 就是低电位，而 G_1 为高电位，因而 T_1 导通而 T_2 截止，所以 B 端也呈现高电位（$V_B = V_{DD}$）；当 A 为低电位，G_2 将呈现高电位而 G_1 为低电位，因而 T_1 截止而 T_2 导通，所以 B 也呈现低电位（$V_B = 0$）。

这就是说，在选通端 E 为高电位时，A 的两种可能电平（0 和 1）都可以顺利地通过

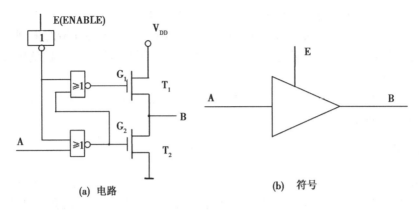

图 3 - 13 三态输出电路及符号

B 输出去，即 E = 1 时，B = A。当选通端 E 为低电位时，通过非门传输到两个或非门的将为高电位。此时，无论 A 为高或低电位，两个或非门的输出都是低电位，即 G_1 与 G_2 都是低电位，所以 T_1 和 T_2 同时都是截止状态。这就是说，在选通端 E 为低电位时，A 端和 B 端是不相通的，即它们之间处于高阻状态。这种电路的通断状态可以用表 3 - 4 来表示，三态输出电路的符号如图 3 - 13（b）表示。

表 3 - 4   三态输出电路逻辑表

E	A	B
0	0	高阻
	1	高阻
1	0	0
	1	1

图 3 - 13 所示为单向三态输出电路。有时需要双向输出时，一般可以用两个单向三态输出电路来组成，如图 3 - 14 所示。A 为某个电路装置的输出端，C 为其输入端。当 E_{OUT} = 1 时，B = A，即信息由左向右传输；E_{IN} = 1 时，C = B，即信息由右向左传输。

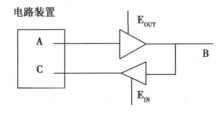

图 3 - 14   双向三态门输出电路

三态门（E 门）和装入门（L 门）一样，都可加到任何寄存器（包括计数器和累加器）电路上去。这样的寄存器称为三态寄存器。L 门只控制对寄存器装入数据，而 E 门只控制由寄存器输出数据。

有了 L 门和 E 门就可以利用总线结构，使计算机的信息传递线路简单化，控制器的设计也更为合理而易于理解了。

设有 A，B，C，D 四个寄存器，它们都有 L 门和 E 门，其符号分别附以 A，B，C，D 下标。设它们的数据位数为 4 位，这样只要有四条数据线即可接通它们之间的信息来往。图 3-15 就是总线结构的原理图。

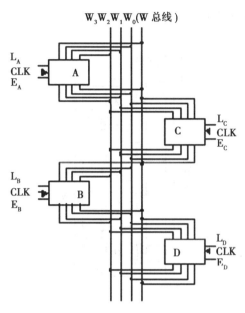

图 3-15　总线结构的信息传输

如果将各个寄存器的 L 门和 E 门按次序排成一列，则可称其为控制字：

$$CON = L_A E_A L_B E_B L_C E_C L_D E_D$$

为了避免信息在公共总线 W 中乱蹿，必须规定在某一时钟节拍（CLK 的正半周），只有一个寄存器 L 门为高电位，另一寄存器的 E 门为高电位，其余各门则必须为低电位。这样，E 门为高电位的寄存器的数据就可以流入到 L 门为高电位的寄存器中去，详见表 3-5 所示。

表 3-5　控制字的意义

控制字 CON								信息流通
L_A	E_A	L_B	E_B	L_C	E_C	L_B	E_C	
1	0	0	1	0	0	0	0	数据由 A←B
0	1	1	0	0	0	0	0	数据由 B←A
0	1	0	0	1	0	0	0	数据由 C←A
0	1	0	0	0	0	1	0	数据由 D←A
0	0	1	0	0	0	0	1	数据由 B←D
1	0	0	0	1	0	0	0	数据由 A←C

控制字中哪些位为高电平，将由控制器发出并送到各个寄存器上去。为了简化作图，不论总线包含几条导线，都用一条粗线表示。在图 3－16 中，有两条总线，一条称为数据总线，专门让信息（数据）在其中流通；另一条称为控制总线，发自控制器，它能将控制字各位分别送至各个寄存器上去。控制器有一个时钟（CLK），能把 CLK 脉冲送到各个寄存器上去。

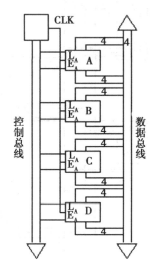

图 3－16　总线结构的符号图

3.4　存储器

存储器（Memory）是微型计算机的重要组成部分，有了它计算机才能有记忆功能，才能把要计算和处理的数据以及程序存入计算机，使计算机脱离人的直接干预，自动地工作。显然，存储器的容量越大，计算机的功能就越强。

3.4.1　半导体存储器的分类

半导体存储器从使用功能上来分，有随机存储器 RAM（Random Access Memory）和只读存储器 ROM（Read Only Memory）两类。随机存储器是在机器运行期间随时可以写入或读出的存储器。只读存储器中的信息是在机器制造时，或者使用机器之前就已经写入，运行时只能读出使用，而不能随机存入。半导体存储器的分类如图 3－17 所示。

3.4.2　随机存储器（RAM）

3.4.2.1　基本存储单元电路

（1）六管静态存储单元电路

图 3－18 是 N 通道增强型 MOS 六管静态存储元件，它可以存储 1 位二进制信息。

T_3，T_4，T_5，T_6 组成一个双稳态触发器，T_1，T_2 相当于两个门开关，称为门控管。当 T_1，T_2 截止时，存储元件与外界没有联系；当 T_1，T_2 导通时，则与外界联系，可以读写信息。T_1，T_2 的栅极受字线 Z 控制，漏极分别与位线 W，W′ 连接，W，W′ 线也是读出线。

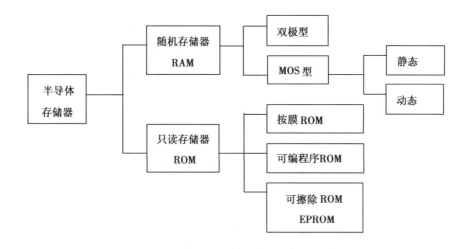

图 3 – 17　半导体存储器的分类

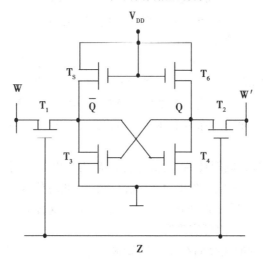

图 3 – 18　六管静态存储单元

当字线 Z 为低电位时，T_1，T_2 均截止，相当于开关断开，因而这个存储元件与外界无联系，触发器所保存的信息不会传送到位线 W，W′上去，所以触发器维持原状态不变。

读出时，字线 Z 加高电位，使 T_1，T_2 导通，若原存信息为 1 及 T_3 导通、T_4 截止，则使 Q 点的高电位传送到 W′线上，$\overline{Q}$ 点的低电位传送到 W 线上。同理，若原存信息为 0 及 T_3 截止、T_4 导通，则使 Q 点的低电位传送到 W′线上，$\overline{Q}$ 点的高电位传送到 W 线上。

写入时，字线 Z 上加高电位，与此同时，若写入 1，则在 W 线上加低电位，W′线上加高电位，从而使 T_3 导通、T_4 截止，达到写 1 的目的；若写 0，则在 W 线上加高电位，W′线上加低电位，从而使 T_3 截止、T_4 导通，达到写 0 的目的。

（2）四管动态存储单元

四管动态存储单元如图 3 – 19 所示。

去掉图 3 – 18 中的 T_5，T_6，就将六管静态存储单元变成图 3 – 19 所示的四管动态存储

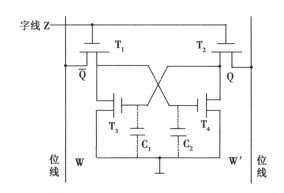

图 3 - 19 四管动态存储单元

单元。这时，二进制信息以电荷形式存储在 MOS 场效应晶体管 T_3，T_4 的栅极电容 C_1 和 C_2 上。若 C_2 被充电到高电位，C_1 为低电位，即 T_4 导通、T_3 截止，则 Q 点为低电位，$\overline{Q}$ 成为高电位，所存信息为 0；而当 C_1 充电到高电位，C_2 为低电位时，T_3 导通，T_4 截止，$\overline{Q}$ 点为低电位，Q 点为高电位，所存信息为 1。

读出时，Z 线为高电位，W，W' 也为高电位，若原存信息为 0，即 C_2 充电到高电位，T_4 导通，位线 W' 上有电流经 T_2 流入 T_4；若原存信息为 1，即 C_1 充电到高电位，T_3 导通，位线 W 上有电流经 T_1 到 T_3。因此，根据位线 W' 上有电流还是 W 上有电流，便可以判断读出信息是 0 还是 1，这种读出称为不破坏读出，读出后存储元件所存内容不变，所以不需重写。

写入时，Z 为高电位，同时使 W' 为低电位，W 为高电位，则 T_1，T_2 都导通，位线 W 的高电位通过 T_1 向电容 C_2 充电，使 C_2 充电到高电位，此时位线 W' 的低电位通过 T_2 使 C_1 放电到低电位，于是 T_4 导通，T_3 截止，Q 点为低电位，这样就实现了写 0。反之，若使 W' 为高电位，W 为低电位，便可实现写 1。

由于信息是以电荷的形式存储在 T_3，T_4 管栅极电容 C_1，C_2 上，当 Z 线为低电位时，存储元件处于维持状态，即不读不写，虽然 MOS 晶体管对于地泄漏电流很小，但总会有一点儿，因而 C_1，C_2 上的电荷就会慢慢释放掉。由于电荷不断释放，C_1，C_2 上的电位不断降低，到一定时间就由高电位变成低电位，这样原来存储在 C_1，C_2 上的信息（信息以电位高低表示）就会丢失。因而，采用这种存储元件时，每隔一定时间，必须对栅极电容 C_1，C_2 充电一次，以补充泄漏掉的电荷，使 C_1，C_2 上的电位在降到允许值之下以前就恢复到原来的电位值，这就是所谓的刷新。

刷新过程对存储元件本身来讲，和读出过程基本相同，只要使位线 W'，W 为高电位，并使 Z 线也为高电位，则位线 W'，W 就可以分别通过 T_1，T_2 管对栅极电容 C_1，C_2 充电，使 C_1 或 C_2 上由于泄漏电流而降低了的电位恢复到原来的电位。

（3）三管动态存储单元

从四管动态存储单元可以看出，T_3，T_4 的状态总是相反，因此只要用一个管子的状态（导通或截止）也就是用栅极电容充电或放电来代表 1 或 0，就可以将四管电路改为三管电路，如图 3 - 20 所示。

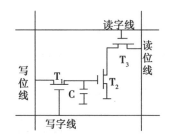

图 3 – 20 三管静态存储单元

写入时，写字线为高电位，这时 T_1 管导通。若写 1，则写位线为高电位，C 通过 T_1 充电，这时 C 中保存的信息为 1；若写 0，则写位线为低电位，C 通过 T_1 放电，这时 C 中保存的信息为 0。当写入完毕，写字线为低电位，T_1 截止，写入的 1 或 0 便保存在 C 中。

读出时，读字线上加高电平，使 T_3 导通。若原存信息为 1，则 T_2 导通，由此便有读出电流流过读位线；若原存信息为 0，则 T_2 截止，读位线上无电流流过。所以，根据读位线上是否有电流流过，便可以判断原存信息是 0 还是 1。如果周期性地读出信息（但不往外输出），把它反相后再写入此单元，就可以实现刷新。

（4）单管动态存储单元

单管动态存储单元的工作原理与三管动态存储单元相似，C 是存储电容，如图 3 – 21 所示。

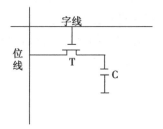

图 3 – 21 单管动态存储单元

写入时，字线为 1，T 导通，写入信号由位线存入电容 C 中；读出时，字线为 1，存储在电容 C 上的电荷，通过 T 管输出到位线上，通过读出放大器即可得到存储信息。

3.4.2.2 RAM 的结构

一个典型的 RAM 的示意图如图 3 – 22 所示。

（1）存储体

在较大容量的存储器中，往往把各个字在同一位组织在一个芯片上，如图 3 – 22 中的 1 024 × 1，它是 1 024 个字的同一位。由这样的 8 个芯片则可组成 1 024 × 8。同一位的这些字通常排列成矩阵的形式，如 32 × 32 = 1 024。由 X 选择线——行线和 Y 选择线——列线的重叠来选择所需要的单元。这样做可以节省译码和驱动电路。

（2）外围电路

一个存储器除了由基本存储单元构成存储体外，还有许多外围电路。

①地址译码器：存储单元是按地址来选择的，如 64K 存储器，地址信息需要 16 位（2^{16} = 64K）。计算机需要选择某一单元，就在地址总线上输出该单元的地址信号给存储器，存储器就必须对地址信号进行译码，用以选择需要访问的单元。

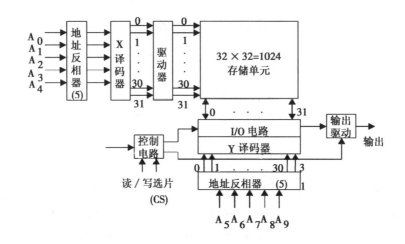

图 3 – 22 典型的 RAM 的示意图

②I/O 电路：处于数据总线和被选用的单元之间，用以接通被选中单元的读出或写入，并且有放大信息的作用。

③电路控制端$\overline{CS}$（Chip Select）：目前每一芯片的存储容量仍然是有限的，往往一个存储体是由一定数量的芯片组成的。在地址选择时，首先要选片，用地址译码器输出和一些控制信号形成的片选信号，只有当片选信号$\overline{CS}$有效（低电平），此片所连接的地址线才有效，才能对这一芯片上的存储单元进行读写操作。

④三态输出缓冲器：为了扩展存储器的字数，常需要将几片 RAM 的数据线与双向的数据总线相连，这就需要用到三态输出缓冲器。

3.4.3 只读存储器（ROM）

3.4.3.1 固定只读存储器 ROM

固定只读存储器采用掩膜工艺制成，因此也称为掩膜只读存储器。它由制造厂制成，用户不能加以修改。这类 ROM 可由二极管、双极型晶体管或 MOS 电路构成，它们的工作原理类似。

在图 3 – 23 是一简单的 4 × 4 位的 MOS 管 ROM，采用单译码方式，2 位地址输入，经译码后，四条输出选择线，每一条选中一个字，位线输出即为这个字的各位。

在图 3 – 23 中，若地址信号为 00H，选中第一条字线，则它的输出为高电平。若该字线上某位有 MOS 管（如位线 1），则相应的 MOS 管导电，于是该位线输出为"0"；而位线 0、位线 2 和位线 3 没有 MOS 管与字线相连，则输出为"1"。一般情况下，在 MOS 管 ROM 输出线上加一反相器，使输出与存入信息相同，即当某一字线被选中时，连有管子的位线输出为 1，而没有管子相连的位线输出为 0。

从图中也可看到 ROM 有一个重要特点：它所存储的信息不会丢失，即当电源掉电后又上电时，存储信息是不变的。

3.4.3.2 可编程只读存储器（PROM）

固定只读存储器 ROM 中的内容是厂方在生产时已经存入的。为了便于用户根据自己的需要确定 ROM 中的存储内容，生产了一种可编程序的只读存储器（PROM）。图 3 – 24

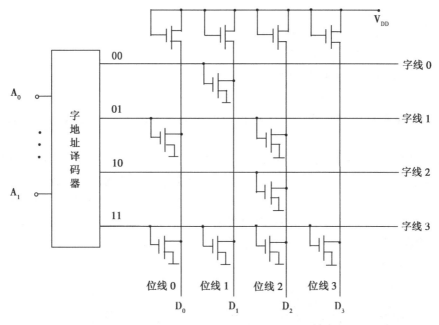

图 3 – 23　4 ×4 位 MOS 管 ROM 图

是一种 32 × 8 的熔丝式 PROM 图。该 PROM 采用了单译码结构，共有 32 个字，每一个字 8 位实际上是一个多发射极（8 个）管，每个发射极通过一个熔丝与位线及读写控制电路相连，集电极接电源，基极接字选择线。图中共有 32 个多发射极晶体管。管子工作在射极输出器状态，当它被选中时，基极为高电位，则射极输出也为高电位，故若有熔丝存在，位线有电流输出，经 T_1 管反相后输出低电平，即读出"0"；若熔丝烧断，位线没有电流输出，T_1 管不导通，输出高电平，即读出"1"。在出厂时，熔丝全部存在，用户可根据自己的需要烧断，以存入"1"来实现编程。

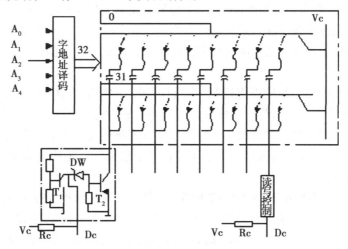

图 3 – 24　PROM 图

编程时（写入），V_c 接 +12V，要写入"1"的位 D 端断开，要写入"0"的位 D 端接地。写入"1"时，D 为高电平，稳压管 DW 导通，T_2 导通，发射极流过足够大的电流把熔丝烧断；写入"0"时，D 为低电平，稳压管 DW 不导通，T_2 管不导通，发射极无电流流过，熔丝不被熔断。

正常读出时，V_c 接 +5V，稳压管 DW 不导通，T_2 截止，位线上的信号经 T_1 管反相后输出。显然这种 PROM 只能写一次。

3.4.3.3　可改写的只读存储器（EPROM）

上述可编程序只读存储器（PROM）只能进行一次性写入，无法实现对其中的内容进行修改。为了能对只读存储器的内容进行修改，就发展出了一种可改写的只读存储器（EPROM）。

EPROM 的基本电路如图 3-25 所示。它与普通的 P 沟道增强型 MOS 电路相似，在 N 型的基础上加了两个高浓度的 P 型区，它们通过欧姆接触，分别引出源极（S）和漏极（D），在 S 和 D 之间有一个由单晶硅做的栅极，但它是浮空的，被绝缘物 SiO_2 所包围。在制造时，硅栅上没有电荷，则 MOS 管内没有导电沟道，D 和 S 之间是不导电的。用 EPROM 管作存储矩阵时，一个基本存储电路如图 3-25（b）所示，则这样的电路组成的存储矩阵输出全为 1。

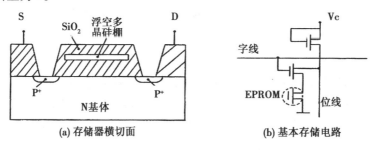

(a) 存储器横切面　　　　(b) 基本存储电路

图 3-25　P 沟道 EPROM 结构示意图

写入时，在 D 和 S 之间加 25V 的高电压，选中单元在这个电源作用下写入时，在 D 和 S 之间加 25V 的高电压，选中单元在这个电源作用下，N 和 S 之间被瞬时击穿，发生雪崩效应，有电子通过绝缘层注入到硅栅。当高电压除去后，因为硅栅被绝缘层包围，注入到浮空栅极中的电子被绝缘层包围而长期保存下来，形成了导电沟道，从而 EPROM 使单元导通，输出为"0"。

改写时，首先擦除，然后再重新写入。目前所用的擦除方法是紫外线照射。一般在 EPROM 芯片的上方有一个石英玻璃窗口，当紫外线照射时，浮空栅极中的电子形成光电流而泄漏掉，使电路恢复到初始状态。擦除后即可重新写入。为了可靠地写入，一般要求编程脉冲的宽度为 50 ms。写入后，为了不使存储信息丢失，芯片玻璃窗口应用不导光薄片盖住，以免受到光照。

例如，在 Intel 2716 为 $2K \times 8$ 位的 EPROM 中，基本存储单元排列成 128×128 的方阵。在 X 方向有 128 行，由 7 位地址经译码后进行选择；Y 方向也有 128 列，每 8 列为一组，用以形成一个字的 8 位，共有 16 组，由 4 位地址经译码后进行选择。输出端有输出缓冲器。读出时，行地址经译码后选中 X 方向的某一行，列地址经译码后选中 Y 方向的某一组。在 I/O 控制门的控制下，读出信息（8 位）送入输出缓冲器。片选信号 $\overline{CE}$ 用来进行芯片选择，只有当 $\overline{CE}$ 为低电平（有效），芯片才被选中工作。$\overline{OE}$ 为输出控制端，低电平时数据输出。若要改写，首先擦除，使之成为全"1"状态。在写入时 V_{PP} 接 25V 高电压，$\overline{OE}$ 为高电平，给出地址和要写入的 8 位数据后，由 $\overline{CE}$/PGM 端输入一个宽度为 50ms 的正脉冲，即可完成写入。

思考题与习题

（1）触发器、寄存器、存储器之间有什么关系？请画出这几种器件的符号。

（2）试叙述 JK 触发器、环形计数器、程序计数器的功能，并画出它们的符号。

（3）三态输出电路有何意义？

（4）何为 L 门和 E 门？在总线结构中这两种门有什么用处？

（5）ROM 和 RAM 的特点及用处是什么？

4 单片微型计算机的组成原理

本章首先介绍 MCS – 51 单片微型计算机（以下简称单片机）的基本组成，然后详细介绍三大基本组成部分：CPU、存储器和 I/O 接口。通过本章的学习，学生可以了解 MCS – 51 单片机的基本组成；掌握 MCS – 51 单片机存储器的组织结构、I/O 接口 P0，P1，P2，P3 的基本工作原理和操作特点以及 MCS – 51 单片机的引脚功能。

4.1 MCS – 51 单片计算机的基本组成

20 世纪 80 年代初，Intel 公司在 MCS – 48 系列单片机的基础上，又推出了 MCS – 51 系列高性能的 8 位单片机。和 MCS – 48 系列相比，MCS – 51 系列无论是片内 RAM 容量、I/O 接口的功能、种类和数量，还是系统扩展能力、指令系统和 CPU 的处理功能等方面，都大大地得到加强。尤其是 MCS – 51 所特有的布尔处理机，对于实时逻辑控制处理具有突出的优点。MCS – 51 系列单片机适合于实时控制、智能化仪器仪表、自动机床、位总线实时分布式控制系统等领域，是控制型应用领域中最理想的 8 位微型计算机。在我国，推广 MCS – 51 系列单片机的应用，具有特别重要的现实意义，它将为我国各个行业的技术改造和产品的更新换代提供一条有效的途径。

4.1.1 单片机系统结构的特点

在一块芯片上，集成了中央处理器、存储器及各种 I/O 接口等，即称为单片微机（Single – Chip Microcomputer）。由于单片机常常是针对工业控制以及与控制有关的数据处理而设计的，因而又称为微控制器（Micro – Controller）。单片机具有下列特点：

（1）在系统结构上采用哈佛型。所谓哈佛型与冯·诺依曼型的不同之处在于存储器的配置不同。

冯·诺依曼型结构如图 4 – 1（a）所示。程序和数据共用一个存储器。一般的通用计算机都采用此种结构。

哈佛型结构如图 4 – 1（b）所示。它将数据与程序分别放在两个存储器内，一个称为程序存储器，另一个称为数据存储器。这是由单片机的应用特点所决定的，因为单片机往往是为某个特定对象服务的，这是与通用计算机不同的一个显著特点。它的程序设计调试成功后，一般是固定不变的，因而程序（包括常数表）可以而且也应该一次性地永久地放在单片机内。这样不仅省去了每次开机后的程序重新装入步骤，还可以有效地防止因掉电和其他干扰而引起的程序丢失和错误。

（2）极强的布尔处理能力。由于控制应用中，往往开关量多，因而对开关量的处理功能及对位的各种算术及逻辑处理和控制功能，构成一个布尔处理机的环境。

（3）具有较齐全的输入/输出接口及实时中断功能。一般单片机上都已配有并行口、串行口、计数器/定时器，有的还配有 A/D 及 D/A 转换器。

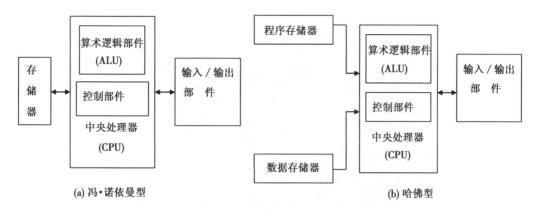

图 4-1 微处理器存储器结构

（4）配有实时控制用的特殊电路。这种特殊电路如掉电保护及复位电路，时间监视定时器电路等。

按照以上特点，有些片内具有存储器及 I/O 接口电路的微处理器，如 Transputer，TMS320 等，就不属于单片机。

4.1.2 MCS-51 单片机的基本组成

MCS-51 系列单片机是在 MCS-48 系列单片机的基础上发展起来的高档 8 位机。它集成在一小块芯片上，包含了一台微型计算机的各个部分：

（1）8 位中央处理单元 CPU。

（2）程序存储器 ROM，用以存放程序，亦可存放一些原始信息和数据。也有一些单片机内部不带 ROM。

（3）数据存储器 RAM，用以存放可以读写的数据，如运算的中间结果和最终结果等。

（4）4 个 8 位并行 I/O 口（P0~P3）。每个口既可用作输入，也可用作输出。

（5）1 个全双工串行 I/O 口，它使得单片机与外围设备之间可实现串行通讯。

（6）2 个 16 位定时/计数器，可以用来对外部事件计数，产生实时时钟信号。

（7）中断系统。

（8）内部时钟产生电路，最高允许振荡频率为 12MHz。

以上各部分通过内部总线相连。

各部分结构、功能将在后面章节中介绍。

4.1.3 MCS-51 单片机的内部结构

MCS-51 系列单片微型计算机包括 8031，8051，8751 等型号，其代表型号是 8051。按功能部件划分，8051 的内部结构框图可简化为图 4-2。8051 主要包括算术/逻辑部件 ALU、累加器 A（有时也称 ACC）、只读存储器 ROM、随机存储器 RAM、指令寄存器 IR、程序计数器 PC、定时器/计数器、I/O 接口电路、程序状态寄存器 PSW、寄存器组，此外，还有堆栈寄存器 SP、数据指针寄存器 DPTR 等部件。这些部件集成在一块芯片上，通过内部总线连接，构成完整的微型计算机。下面按其部件功能分类介绍。

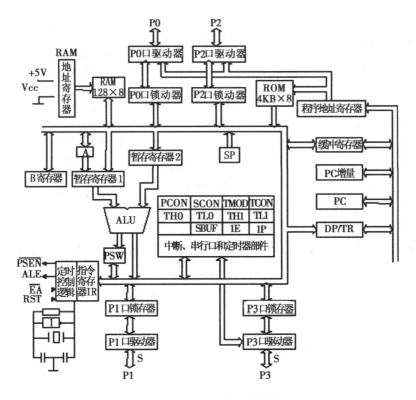

图 4 - 2　8051 总体结构框图

4.1.3.1　寄存器

微处理器中的寄存器是使用者应该十分重视的部分，因为读者在将来学习指令系统和程序设计中常会接触到它们。

我们知道寄存器是由触发器组成的，8 位寄存器由 8 个触发器组成，16 位寄存器由 16 个触发器组成。MCS - 51 中的寄存器较多，大体可分为通用寄存器和专用寄存器两类。

（1）通用寄存器。MCS - 51 共有 32 个通用寄存器，均为 8 位寄存器，分为 4 个区，分别称为 0 区、1 区、2 区和 3 区，每个区内有 8 个寄存器，分别为 R0，R1，R2，R3，R4，R5，R6，R7。MCS - 51 单片机每次只能选择一个寄存器区工作，因此尽管各寄存器区内的寄存器名称对应相同，也不会发生混乱。4 个寄存器区的选择是由程序状态字中 RS1，RS0 来控制的，其对应关系见表 4 - 1。

表 4 - 1　通用寄存器

RS1	RS0	寄存器区
0	0	0 区
0	1	1 区
1	0	2 区
1	1	3 区

（2）专用寄存器。MCS－51 系列有 20 个专用寄存器，其中有 4 个 16 位寄存器。

①程序计数器 PC。程序计数器 PC 用于存放下一条要执行的指令地址（程序存储器地址），是一个 16 位专用寄存器，它有自动加 1 的功能。微处理器用它来指出应该轮到执行的指令地址。当一条指令按照 PC 所指的地址从存储器中取出之后，PC 就会自动加 1。这意味着加 1 后的 PC 的内容是下一条将要轮到执行的指令地址。所以，PC 是维持一个机器有秩序地执行程序的关键性寄存器。值得注意的是，有些指令代码并不只占一个存储器单元（有 2 字节、3 字节），这时 PC 在 CPU 每次去存储器取一个数（可以是该指令的第一字节，也可以是该指令的第二字节、第三字节）时就自动加 1。当需要改变程序的执行顺序时，要使用转移指令，由转移指令给出转移后指令的起始地址，将此地址送到程序计数器 PC，即从新的转移后起始地址执行，然后程序计数器 PC 的内容自动加 1。

②累加器 A。累加器 A 是一个 8 位寄存器，是 CPU 中工作最频繁的寄存器。因为在进行算术逻辑类操作时，大部分单操作数指令的操作数取自累加器 A，很多双操作数指令的一个操作数取自累加器 A。加、减、乘、除算术运算结果都存于累加器 A 或 AB 寄存器对中。

③B 寄存器。B 寄存器是一个 8 位寄存器，用于存取乘除指令中的操作数。乘法指令的两个操作数分别取自 A 和 B，其结果存放于 AB 寄存器对中。除法指令中，被除数取自 A，除数取自 B，商数存于 A 中，余数存于 B 中。在其他指令中，B 寄存器可作为 RAM 中的一个单元来使用。

④程序状态字。程序状态字（PSW）是一个 8 位寄存器，它包含了程序状态信息。此寄存器各位的含义见图 4－3，其中 PSW1 是保留位，未用。

PSW7　PSW6　PSW5　PSW4　PSW3　PSW2　PSW1　PSW0

CY	AC	F0	RS1	RS0	OV	—	P

图 4－3　程序状态字

CY（PSW7）：进位标志。在执行某些算术和逻辑指令时，可以被硬件或软件置位或清除。在布尔处理机中，它被认为是位累加器。例如进行二进制加法运算（8 位）：

$$
\begin{array}{r}
11010111 \\
+)\quad 01100100 \\
\hline
100111011
\end{array}
$$

运算结果超出 8 位，产生进位，此时置位 CY（即 CY＝1），以表示二进制加法运算产生了进位。

AC（PSW6）：辅助进位标志，当进行加法或减法操作时，如果产生低 4 位数向高 4 位数进位或借位时，AC 被硬件置 1，否则被清 0。AC 被用于十进制调整。

F0（PSW5）：用户标志，是用户定义的一个状态标记，可以用软件来使它置位或清除，也可以靠软件测试 F0 以控制程序的流向。

RS1，RS0（PSW4，PSW3）：寄存器区选择控制位 RS1 和 RS0，可以靠软件来置位或清除，以确定工作寄存器区。

OV（PSW2）：溢出标志，当执行算术指令时，由硬件置位或清除，以指示溢出状态。溢出位与进位的概念不同，进位位用于表示 8 位二进制加减法是否产生进位与借位，而溢出则主要用于表示有符号二进制数加减法的正确性，OV = 1 表示加减法运算的结果超出了目的寄存器所能表示的带符号数（– 128 ～ + 127），如二进制加法运算 01011011 与 00111011 相加：

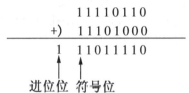

显然，两有符号正数相加，第 6 位向第 7 位进位，而第 7 位不向进位位进位。结果为负数，不能正确表示原两正数相加的结果，即产生溢出（91 + 59 = 150 超过 + 127），置 1 标志位 OV。又如二进制数 – 11110110 与 – 11101000 相加：

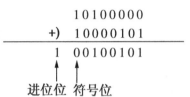

可以看出，该运算第 6 位向第 7 位进位，第 7 位又向进位位进位，但结果正确（– 10 – 24 = – 34），如 – 10100000 与 – 10000101 相加：

$$
\begin{array}{r}
10100000 \\
+)\quad 10000101 \\
\hline
1\;\;00100101
\end{array}
$$

进位位 符号位

在 MCS – 51 中，无符号数乘法指令 MUL 的执行结果也会影响溢出标志。当累加器 A 和寄存器 B 的两个乘数的积超过 255 时，OV = 1，否则 OV = 0。由于此积的高 8 位放在 B 中，低 8 位放在 A 中，因此 OV = 0 意味着只要从 A 中取得乘积即可，否则要从 AB 寄存器对中取得乘积。

除法指令 DIV 也会影响溢出标志。当除数为 0 时，OV = 1，否则 OV = 0。

综上所述，当第 6 位与第 7 位同时不向前进位或同时向前借位时，没有溢出，OV = 0；当第 6 位与第 7 位只有一个发生进位，结果溢出，OV = 1。

若以 C_i 表示位 i 向位 i + 1 有进位，则

$$OV = C_6 \oplus C_7$$

P（PSW0）：奇偶标志。每个指令周期都由硬件来置位或清除，以表示累加器 A 中值为 1 的位数的奇偶数。若值为 1 的位数为奇数，则 P 置 1，否则清 0。

此标志位对串行通讯中的数据传输有重要的意义。

⑤ 栈顶指针寄存器（SP）。它是一个 8 位的专用寄存器。所谓堆栈是在 CPU 内部存储器中一个按先进后出原则组织的存储区域。堆栈指针寄存器中的 8 位二进制数始终等于堆栈的顶部地址值。MCS – 51 提供了一个向上升长堆栈，即每向堆栈中推入（可用 PUSH 指令）一个数据（8 位），堆栈指针的内容加 1，指向刚推入数据存放的地址（最后推入的数据存于栈顶），即栈顶地址；再推入（PUSH）一个数据，堆栈指针的内容再加 1，指向新的栈顶地址。同样可用弹出（POP）指令从堆栈中弹出一个数据，堆栈指针相应减

1，指向下一数据（栈顶）地址。利用压入和弹出指令，可以把 CPU 内部寄存器的内容推入堆栈或把堆栈中某单元的内容弹到内部寄存器中。利用堆栈指令可以简化寄存器与存储器之间数据传送的程序。

系统复位后，SP 初始化为 07H，使得堆栈事实上由 08H 单元开始。MCS－51 中栈指针寄存器的值可以由软件改变，因此堆栈在存储器中的位置比较灵活。

⑥其他专用寄存器。除上述的 5 个专用寄存器外，MCS－51 还有 16 位数据指针寄存器（DPTR）、端口寄存器（P0，P1，P2，P3）、串行数据缓冲器（SBUF）、定时/计数器（T0，T1），以及 IP，IE，TMOD，TCON，SCON，PCON 控制寄存器，这些寄存器将在后续章节中叙述。

4.1.3.2　运算器

运算器包括算术/逻辑部件（ALU）、累加器 A、暂存寄存器、程序状态寄存器（PSW）。

运算器主要用来实现对操作数的算术/逻辑运算和位操作，其功能有带进位和不带进位的加法、减法运算，逻辑与、逻辑或和逻辑异或，加 1、减 1 和位操作，左移位、右移位和半字节移位，BCD 码调整等。

4.1.3.3　控制器

控制器包括定时控制逻辑电路、指令寄存器 IR、指令译码器 ID 等，是微处理器 CPU 的大脑中枢。

CPU 从存储器中取来的指令，首先被送入指令寄存器寄存，使整个分析执行过程一直在该指令控制下。然后，指令寄存器中的指令代码被译码分析成一种或几种电平信号，这些电平信号与外部时钟脉冲在 CPU 定时与控制电路中组合，形成各种按一定时间节拍变化的电平和脉冲，即控制信息，在 CPU 内部协调寄存器之间的数据传送、数据运算等操作，对外部发出对存储器读写、输入、输出等控制信息。

这部分电路的定时由外部振荡器的脉冲所控制，脉冲周期称为时钟周期。每执行某一个指令需要的时间常常是几个甚至几十个时钟周期时间。

4.2　MCS－51 系列单片机内部存储器结构

MCS－51 系列单片机的存储器结构与常见的微型计算机的配置方式不同，它把存放程序和写在程序中的常数的存储器与存放数据的存储器分开，前者称为程序存储器，后者称为数据存储器，它们各有自己的寻址系统、控制信号和功能，如图 4－4 所示。可用 ROM 作为程序存储器，如 8051 芯片，这时一般用户不能更改程序；也可用 EPROM 作为程序存储器，如 8751 芯片。用户可根据自己的需要写入或更改程序；也有片内没有程序存储器的，如 8031 芯片，使用时需外部扩展程序存储器。

4.2.1　程序存储器

程序是指挥计算机动作的一系列命令。计算机所能直接认识并执行的命令是一串由"0，1"代码组成的所谓机器代码。在计算机处理问题之前，必须事先把编好的程序和表格常数存入机器之中，完成这一存储任务的物理器件就是程序存储器。

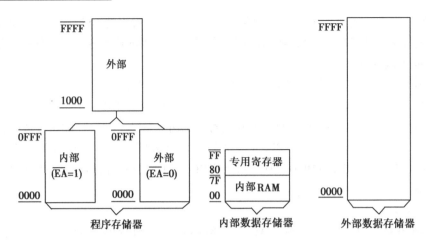

图 4 - 4   MCS - 51 系列单片机存储器的配置图

程序存储器用来存放编制好的始终保留的固定程序和表格常数。程序存储器以程序计数器 PC 作地址指针，通过 16 位地址总线，可寻址的地址空间为 64KB。

MCS - 51 系列单片机片内外程序存储器统一编址，片内的程序存储器编为低地址，如果片内含 4KB 程序存储器（如 8051/8751），则其地址为 0000H ~ 0FFFH。开机加电或手动复位时，都从 0000H 单元开始执行程序，当 PC 值超出片内程序存储器容量时，全自动转向片外程序存储器空间。

另外，$\overline{EA}$引脚的状态控制着加电后 CPU 的取指令地址，当$\overline{EA}$为高电平时，加电后，CPU 就从片内程序存储器的 0000H 单元开始取指令，即从片内程序存储器的 0000H 开始执行程序；若$\overline{EA}$为低电平，则 CPU 在上电后，将从片外程序存储器的 0000H 单元开始取指令，即从片外程序存储器的 0000H 开始执行程序，故此时片外程序存储器的编址应从 0000H 开始。对于 8031 芯片，因其片内无程序存储器，程序必须存放在片外程序存储器中，故其$\overline{EA}$引脚应接低电平（即可直接接地）。

MCS - 51 系列单片机规定程序存储器的 0003H ~ 002FH 留作特殊用途（给各种中断源处理程序用）。而 CPU 在加电或手动复位后，总是从 0000H 单元开始执行程序，因此，0000H ~ 0002H 单元总是存放一条跳转指令，令 CPU 跳过 0003H ~ 002FH，转至主程序（它的首地址可由用户指定）。

片内程序存储器的有无和种类是区别 MCS - 51 系列单片机产品 8031、8051、8751 的主要标志。而片外程序存储器容量，用户可以根据需要任意选择，但片内外的总容量合起来不得超过 64KB。值得注意的是，由于程序存储器和数据存储器在逻辑上截然分开，尽管 CPU 可通过指令 MOVC 访遍 64KB 程序存储空间，但没有指令可控制程序由程序存储器空间转到数据存储器空间，也没有任何其他指令可以用来更改程序区的内容，即向程序存储器执行写入操作，因此，单片机的程序存储器是只读的，这不同于一般的计算机系统。

4.2.2 片内随机存储器（RAM）和特殊功能寄存器（SFR）

MCS - 51 系列单片机内部有 256B 的存储单元，在物理上和逻辑上都可分为两个地址空间，如图 4 - 5 所示。其中 128 字节为片内随机存储器 RAM，地址空间为 00H ~ 7FH（0

~127），其余 128 个单元为特殊功能寄存器，地址空间为 80H～0FFH，两个地址空间是相连的。

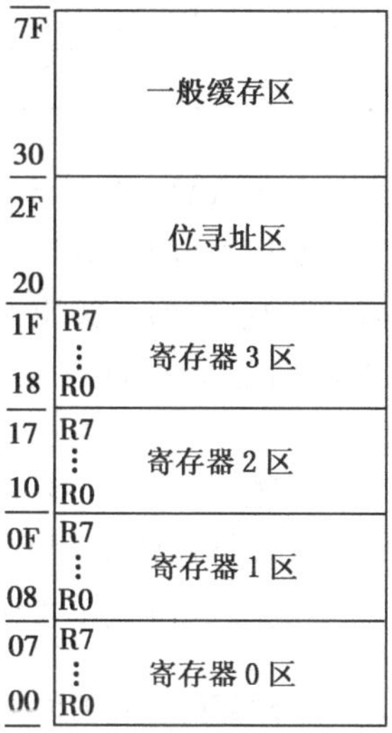

7F	一般缓存区
30	
2F	位寻址区
20	
1F　R7 ⋮ 18　R0	寄存器 3 区
17　R7 ⋮ 10　R0	寄存器 2 区
0F　R7 ⋮ 08　R0	寄存器 1 区
07　R7 ⋮ 00　R0	寄存器 0 区

图 4-5　内部数据存储器

4.2.2.1　片内随机存储器 RAM

片内随机存储器是随机存取的数据存储器，是用于存放数据的。片内随机存储器的容量为 256B，片外随机存储器的容量一般为 64KB。这对于 MCS-51 系列单片机中 8031，8051 和 8751 单片机都是相同的。因此，MCS-51 系列单片机的存储器按性质分为 4 个在物理上相互独立的空间，即片内、片外程序存储器和片内、片外数据存储器；按逻辑关系又可分为三个逻辑上相互独立的存储器空间。

片内数据存储器应用最为灵活，可用于暂存用户的数据，在物理上它分成独立的且性质以下不同的三部分。

（1）寄存器区域（00H～1FH）。8031 将这 32 个单元划分为四个通用工作寄存器区：

　　　　0 区　　　　00H～07H

　　　　1 区　　　　08H～0FH

　　　　2 区　　　　10H～17H

　　　　3 区　　　　18H～1FH

每区 8 个单元，都用 R0～R7 表示，组成所谓的工作寄存器组。对于工作寄存器，MCS-51 系列单片机指令系统有许多专用的指令，它们多为单字节，执行速度很快，使用十分方便。

但是，在任何时刻，四个寄存器区中只有一个区可以成为工作寄存器组，即将这个区的 8 个单元作为工作寄存器，而其他三个区仍是一般的内部 RAM。

究竟哪个区的寄存器组为工作寄存器组，这取决于程序状态字寄存器 PSW 中的 PSW.3（RS1）和 PSW.4（RS0）两位的状态（见表 4-2）。通过程序改变 RS1 和 RS0 即可以更换工作寄存器组，这给调用子程序和中断响应时的保护现场带来很大的方便。

表4-2 RS0，RS1与被选工作寄存器对照表

RS1	RS0	被选工作寄存器区	RS1	RS0	被选工作寄存器区
0	0	0 区（00H~07H 为 R0~R7）	1	0	2 区（10H~17H 为 R0~R7）
0	1	1 区（08H~0FH 为 R0~R7）	1	1	0 区（18H-1FH 为 R0~R7）

（2）位寻址空间（20H~2FH）。内部 RAM 的 20H~2FH 共 16 个单元，它们可以作为一般的 8 位数据存储单元，其字节地址为 20H~2FH，如表 4-3 所示。但是，这 16 个单元的 128 位，每一位又都可以单独作为触发器，实质上就是 128 个软件触发器。对于这些位有专门的一套位操作指令，可以对它们进行置位（SETB）、清零（CLR）或取反（CPL）等操作，即可由程序直接进行位处理。这就是所谓的"位寻址空间"，其位地址范围为 00H~7FH。通常把各种程序状态标志、位控制变量设在位寻址区内。

（3）其余空间（30H~7FH）。这部分存储空间只作为一般的 8 位数据存储单元，CPU 对这部分空间只能进行字节寻址。通常，堆栈都置于这部分空间中。

表4-3 数据 RAM 中的位地址

十六进制字节地址	位 地 址								位寻址空间00H~77FH
	D7	D6	D5	D4	D3	D2	D1	D0	
2FH	7F	7E	7D	7C	7B	7A	79	78	
2EH	77	76	75	74	73	72	71	70	
2DH	6F	6E	6D	6C	6B	6A	69	68	
2CH	67	66	65	64	63	62	61	60	
2BH	5F	5E	5D	5C	5B	5A	59	58	
2AH	57	56	55	54	53	52	51	50	
29H	4F	4E	4D	4C	4B	4A	49	48	
28H	47	46	45	44	43	42	41	40	
27H	3F	3E	3D	3C	3B	3A	39	38	
26H	37	36	35	34	33	32	31	30	
25H	2F	2E	2D	2C	2B	2A	29	28	
24H	27	26	25	24	23	22	21	20	
23H	1F	1E	1D	1C	1B	1A	19	18	
22H	17	16	15	14	13	12	11	10	
21H	0F	0E	0D	0C	0B	0A	09	08	
20H	07	06	05	04	03	02	01	00	

4.2.2.2 特殊功能寄存器

MCS-51 系列单片机内部共设置有 21 个具有特殊功能的寄存器，它们分散在内部数据 RAM 地址空间范围（80H~FFH）内，表 4-4 和表 4-5 列出了这些特殊功能寄存器（SFR）的助记符、名称及详细地址。

特殊功能寄存器反映了单片机的状态，它们实际上就是单片机的状态字及控制字寄存

器，大致可分为两类：一类与芯片的引脚有关（8031 引脚功能及说明将在下面的章节中介绍），另一类用作芯片内部控制。MCS－51 系列单片机的中断控制是用程序在特殊功能寄存器中设定，定时器、串行口等的控制字全部以特殊功能寄存器形式出现，使得单片机把 I/O 口与 CPU 及存储器集成在一起，以代替多片机中多个芯片连接在一起完成的功能，这也是单片机的一大特色。特殊功能寄存器的应用十分广泛，几乎贯穿 MCS－51 系列单片机学习的始终，这里只作一些必要的介绍，在以后的各章节中，我们还将详细介绍它们的应用。

表 4 - 4 特殊功能寄存器

标识符	名　称	地　址	标识符	名　称	地　址
＊ACC	累加器	0E0H	＊IE	允许中断控制寄存器	0A8H
＊B	B 寄存器	0F0H	TMOD	定时/计数器方式控制寄存器	89H
＊PSW	程序状态字寄存器	0D0H	＊TCON	定时/计数器控制寄存器	88H
SP	堆栈指针	81H	TH0	定时/计数器 0（高位字节）	8CH
DPTR	数据指针（包括 DPH 和 DPL）	83H 和 82H	TL0	定时/计数器 0（低位字节）	8AH
＊P0	口 0	80H	TH1	定时/计数器 1（高位字节）	8DH
＊P1	口 1	90H	TL1	定时/计数器 0（低位字节）	8BII
＊P2	口 2	0A0H	＊SCON	串行口控制寄存器	98H
＊P3	口 3	0B0H	SBUF	串行数据输入/输出缓冲器	99H
＊IP	中断优先级控制寄存器	0B8H	PCON	电源控制寄存器	97H

注：带 ＊ 号的寄存器可按字节和按位寻址。

（1）累加器 ACC。这个 8 位的累加器是 MCS－51 系列单片机的中心，它是算术运算中存放操作数和运算结果的地方。在逻辑运算和数据转移指令中，存放源操作数或目的操作数；在执行循环、测试零等指令时，则固定地要在累加器中进行操作。指令系统中常用 A 表示累加器，用 ACC 表示 A 的符号地址。

（2）B 寄存器。B 寄存器常用于乘除操作。乘法指令的两个操作数分别取自 A 和 B，其结果存放在 AB 寄存器对中；除法指令中，被除数取自 A，除数取自 B，商数存放于 A，余数存放于 B。在其他指令中，它则作为 RAM 中的一个单元来用。

（3）程序状态字 PSW。这是一个 8 位寄存器，它包含了程序状态信息。该寄存器除 PSW.1 保留位以外，各位的含义如图 4 - 3 所示。

（4）栈指针 SP。堆栈实际上是一个按照"先进后出，后进先出"的原则存取数据的一个 RAM 区域，这个区域内的每个存储单元在作为堆栈使用时，是不能按字节任意访问的。有专门的堆栈操作指令把数据压入或弹出堆栈。堆栈为程序中断、子程序调用等临时保存一些特殊信息（例如某些工作寄存器的内容）提供了方便。

栈指针 SP 始终指向堆栈最后压入或即将弹出数据的单元，即指向栈顶。堆栈及其操作示意见图 4 - 6。

栈指针 SP 是一个 8 位专用寄存器，它可以指出堆栈顶部在 RAM 块中的位置。系统复位后，SP 初始化为 07H，使得堆栈实际上由 08H 单元开始。由于 08H ~ 1FH 单元分别属于工作寄存器区 1 ~ 3，若程序设计中可能用到这些区域，则最好把 SP 值改置为 1FH 或更大的值。

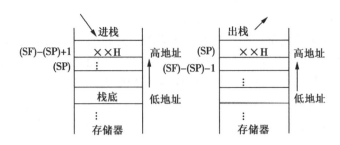

图 4-6 堆栈示意图

虽然原则上堆栈可由用户分配在片内 RAM 的任意区域，只要对栈指针 SP 赋予不同的初值就可以指定不同的堆栈区域，但在具体应用时，栈区的设置应和 RAM 的分配统一考虑。工作寄存器和位寻址区域分配好后，再指定堆栈区域。由于 MCS-51 系列单片机复位以后，SP 为 07H，指向工作寄存器区 0，因此用户初始化程序都应对 SP 设置初值，一般设在 30H 以后的范围为宜。SP 的初始值越小，则堆栈深度就可以越大。

在响应中断或子程序调用时，发生入栈操作，入栈的是 16 位的 PC 值，PSW 并不自动入栈。在 MCS-51 系列单片机指令系统中有栈操作指令（PUSH 为压入，POP 为弹出），如有必要，中断服务子程序中可以用 PUSH 指令把 PSW 的内容压入堆栈加以保护；中断返回前，用 POP 指令把它恢复。

除用软件直接改变 SP 值外，在执行 PUSH，POP、各种子程序调用、中断响应、子程序返回指令 RET 和中断返回指令 RETI 时，SP 值将自动增量或减量。在使用堆栈时，用户对堆栈的深度，即在片内 RAM 中，哪些为工作寄存器，哪些为堆栈区应做到心中有数，以防产生混乱。

（5）数据寄存器地址指针 DPTR。DPTR 是一个 16 位专用寄存器，它是由两个 8 位寄存器组成的，其高位字节寄存器用 DPH 表示，低位字节寄存器用 DPL 表示，二者合起来可以作为一个 16 位寄存器 DPTR 来使用，也可以作为两个独立的 8 位寄存器 DPH 和 DPL 来处理。

DPTR 主要用来存放 16 位地址，当对 64KB 外部数据寄存器空间寻址时，可作为间址寄存器用。可以用 MOVX A，@DPTR 和 MOVX @DPTR，A 两条传送指令。在访问程序存储器时，DPTR 可作为基址寄存器，有一条采用基址 + 变址寻址方式 MOVC A，@A + DPTR，常用于读取存放在程序存储器内的表格常数。

（6）端口 P0 ~ P3。P0 ~ P3 口是作为并行口的 8 位 I/O 口使用的，特殊功能寄存器 P0，P1，P2，P3 分别是 I/O 端口 P0 ~ P3 的锁存器，锁存器是为 I/O 口输出以及读、修改口操作而设置的，在下面的章节中，将专门讨论端口结构及其使用。

（7）串行数据输入/输出缓冲器 SBUF。MCS-51 系列单片机内的串行口是个全双工串行口，可用来发送和接收串行信息，它主要用作通用异步接收发送器（UART）的接口和扩展 I/O。

位于串行口内部的串行数据缓冲器 SBUF 用于存放欲发送或已接收的数据，实际上由两个独立的寄存器组成，一个是发送缓冲器，另一个是接收缓冲器。当要发送的数据传送到 SBUF 时，是送入发送缓冲器。而当要从 SBUF 读取数据时，则取自接收缓冲器，读取的是刚接收到的数据。

（8）串行口控制寄存器 SCON。串行口有四种工作方式：移位寄存器工作方式（方式 0）、传输率可变 8 位数据 UART 方式（方式 1）、传输率固定 9 位数据 UART 方式（方式 2）、传输率可变 9 位数据 UART 方式（方式 3），它们均由特殊功能寄存器 SCON 来控制。

表 4-5　SFR 中专用位的地址

D7	位	地	址				D0	字节地址	SFR
P0.7	P0.6	P0.5	P0.4	P0.3	P0.2	P0.1	P0.0	80	P0
87	86	85	84	83	82	81	80		
								81	SP
								82	DPL
								83	DPH
								87	PCON
TF1	TR1	TF0	TR	IE1	IT1	IE0	IT0	88	TCON
8F	8E	8D	8C	8B	8A	89	88		
								89	TMOD
								8A	TL0
								8B	TL1
								8C	TH0
								8D	TH1
P1.7	P1.6	P1.5	P1.4	P1.3	P1.2	P1.1	P1.0	0	P1
97	96	95	94	93	92	91	90		
SM0	SM1	SM2	REN	TB8	RB8	TI	RI	98	SCON
9F	9E	9D	9C	9B	9A	99	98		
								99	SBUF
P2.7	P2.6	P2.5	P2.4	P2.3	P2.2	P2.1	P2.0	A0	P2
A7	A6	A5	A4	A3	A2	A1	A0		
EA			ES	ET1	EX1	ET0	EX0	A8	IE
AF	–	–	AC	AB	AA	A9	A8		
P3.7	P3.6	P3.5	P3.4	P3.3	P3.2	P3.1	P3.0	B0	P3
B7	B6	B5	B4	B3	B2	B1	B0		
			PS	PT1	PX1	PT0	PX0	8	IP
–	–	–	BC	BB	BA	B9	B8		
CY	AC	F0	RS1	RS0	OV		P	D0	PSW
D7	D6	D5	D4	D3	D2	D1	D0		
								E0	A
E7	E6	E5	E4	E3	E2	E1	E0		
								F0	B
F7	F6	F5	F4	F3	F2	F1	F0		

（9）定时器/计数器。MCS－51 系列单片机中有两个 16 位定时器/计数器，即 T0 和 T1。它们各由两个独立的 8 位寄存器组成，共有四个独立的寄存器：TH0，TL0，TH1，TL1。其中，TH0，TH1 分别是 T0 及 T1 的高 8 位加法计数器，TL1，TL0 则分别是 T0 及 T1 的低 8 位加法计数器。可以用软件对这四个寄存器预置数，也可以对它们进行寻址，但不能把 T0，T1 当作一个 16 位寄存器来寻址。

（10）定时器工作方式寄存器 TMOD。定时器工作方式寄存器 TMOD 的功能是确定定时器 0 及定时器 1 是作为定时器使用，还是作为外部事件计数使用，以及选择定时器的四种工作方式之一进行工作，并决定外部中断引脚$\overline{INT0}$及$\overline{INT1}$是否参与控制。

（11）定时器控制寄存器 TCON。定时器控制寄存器 TCON 的作用是控制定时器操作及定时器中断。

（12）中断允许寄存器 IE。当 CPU 正在处理某项事务的时候，如果外界或内部发生了紧急事件，要求 CPU 暂停正在处理的工作转而去处理这个紧急事件，待处理完以后再回到原来被中断的地方，继续执行原来被中断了的程序，这样的过程称为中断。向 CPU 提出中断请求的来源称为中断源。MCS－51 系列单片机允许有五个中断源，而中断允许寄存器 IE 的作用是控制各中断源能否得到响应。中断允许寄存器中各位状态，可根据要求用指令置位或清 0，从而实现该中断源允许中断或禁止中断，复位时，IE 寄存器被清 0。

（13）中断优先级寄存器 IP。当几个中断源同时向 CPU 发出中断请求时，CPU 应优先响应最需紧急处理的中断请求。为此，需要规定各个中断源的优先级，使得 CPU 在多个中断源同时发出中断请求时能找到优先级最高的中断源，响应它的中断请求。中断优先级由片内中断优先级寄存器 IP 控制，它的各个控制位都可由编程来置位或复位（用位操作或字节操作指令）。复位后 IP 中各位均为 0，各中断源均为低优先级中断源。

控制寄存器 IP，IE，TMOD，TCON，SCON 和 PCON 分别包含有中断系统、定时器/计数器、串行口和供电方式的控制和状态位，这些将在以后章节中再加以详述。

4.2.2.3 位地址空间

MCS－51 系列单片机具有很强的布尔处理功能，并有着丰富的位操作指令，而且硬件上有自己的累加器。为了配合布尔处理器操作，方便用户编程，在片内数据储器内开辟一部分存储单元进行位寻址。除了数据 RAM 中 20H～2FH 单元的 128 个寻址位，编址为 00H～7FH 外（参看表 4-3），还有一些可寻址位在特殊功能寄存器中。这些可位寻址的存储单元分布在字地址能被 8 整除的字节单元中，位编址为 80H～0F0H（参见表 4-5），从而形成一个具有 256 位的位寻址空间。

顺便指出，在片内数据存储器 128～255 共 128 个字节单元中，特殊功能寄存器只占用了其中 21 个字节，其余单元现无定义。用户不能对这些单元进行读/写操作，若对其进行访问，则将得到一个不确定的随机数。

4.2.3 片外数据存储器

MCS－51 系列单片机具有扩展 64KB 的片外数据存储器和 I/O 口的能力，实际使用时应首先充分利用片内数据存储器空间，只有在实时数据采集和处理或数据量存储较大的情况下才能扩充数据存储器。

访问片外数据存储器，可以用 16 位数据存储器地址指针 DPTR。不同于程序存储器的是数据存储器的内容既可以读出也可以写入。单片机指令中设置了专门访问片外数据存储器的指令 MOVX，以区别访问程序存储器的指令 MOVC 和访问片内数据存储器的指令 MOV。有关片外存储器的扩展和信息传送将在后续章节中详细介绍。

4.3 时钟电路及时序

4.3.1 时钟电路

MCS－51 内部有一个用于构成振荡器的高增益反相放大器，引脚 XTAL1 和 XTAL2 分别是此放大器的输入端和输出端。

MCS－51 的时钟可由内部方式或外部方式产生。

内部方式时钟电路如图 4－7 所示。外接晶体以及电容 C1，C2 构成并联谐振电路，接在放大器的反馈回路中，内部振荡器产生自激振荡，一般晶振可在 2～12MHz 之间任选。对外接电容值虽然没有严格的要求，但电容的大小多少会影响振荡频率的高低、振荡器的稳定性、起振的快速性和温度的稳定性。外接晶体时，C1 和 C2 通常选 30PF 左右；外接陶瓷谐振器时，C1 和 C2 的典型值为 47PF。在设计印刷线路板时，晶体和电容应尽可能安装得与单片机芯片靠近，以保证稳定可靠。

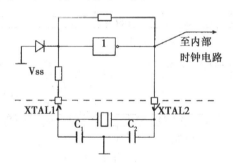

图 4－7　MCS－51 内部方式时钟电路

当采用外部方式时钟电路时，外部信号接至 XTAL2（内部时钟电路输入端），而 XTAL1 接地。由于 XTAL2 端的逻辑电平不是 TTL 的，故建议外接一个上拉电阻。通常对外部振荡信号无特殊要求，但需要保证最小高电平及低电平脉宽，一般为频率低于 12MHz 的方波，如图 4－8 所示。

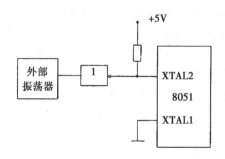

图 4－8　MCS－51 外部方式时钟电路

4.3.2 时序

CPU 执行一条指令的时间称为指令周期，它是以机器周期为单位的。MCS-51 典型的指令周期为一个机器周期。MCS-51 的 CPU 取指令和执行指令的时序如图 4-9 所示。

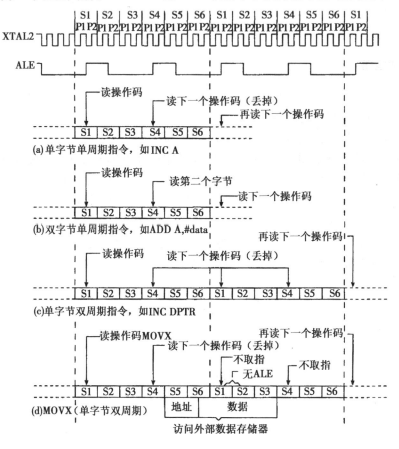

图 4-9 8051 的指令/执行时序

一个机器周期由 6 个状态（12 个振荡脉冲）组成，每一个状态分为两个节拍 P1 和 P2，所以一个机器周期可以依次表示为 S1P1，S1P2，S2P1，S2P2，S3P1，S3P2，S4P1，S4P2，S5P1，S5P2，S6P1，S6P2。一般情况下，算术逻辑操作发生在节拍 P1 期间，而内部寄存器的传送发生在节拍 P2 期间。如图 4-9 所示，用状态及节拍表明 CPU 指令取出的执行时序，这些信号不能从外部观察到，所以用 XTAL2 振荡信号作参考。

对于单周期指令，在把指令码读入指令寄存器时，从 S1P2 开始执行指令。如果它为双字节指令，则在同一机器周期的 S4 读入第二字节；如果它为单字节指令，则在 S4 仍旧进行读操作，但读入的字节（它应是下一个指令码）被忽略，而且程序计数器不加 1。在任何情况下都在 S6P2 结束指令操作。图 4-9（a），（b）分别为单字节单周期和双字节单周期指令的时序。图 4-9（c）所示是单字节双周期指令的时序，在二个机器周期内发生 4 次读操作码的操作，由于是单字节指令，后 3 次读操作都是无效的。图 4-9（d）是访问外部数据存储器的指令 MOVX 的时序，它是一条单字节双周期指令。在第一机器周期 S5 开始时，送出外部数据存储器的地址，随后读或写数据，读写期间在 ALE 端不输出有效信号；在第二机器周期，即外部数据存储器已被寻址和选通后，也不产生取指操作。ALE 信号为 MCS – 51 扩展系统的外部存储器地址低 8 位的锁存信号，在访问程序存储器的机器周期内，ALE 信号二次有效（S1P2 ~ S2P1 产生正脉冲），因此可以用作时钟输出信号，但要注意，在执行访问外部数据存储器指令 MOVX 时，要跳过一个 ALE 信号，所以 ALE 的频率可能是不稳定的。

大多数 8051 指令执行时间为一个机器周期，MUL（乘法）和 DIV（除法）是仅有的需要二个以上机器周期的指令，它们需要 4 个机器周期。

4.4　MCS – 51 并行输入输出端口

4.4.1　并行 I/O 口的结构及操作

MCS – 51 系列单片机共设有四个 8 位双向 I/O 端口（P0 ~ P3），共 32 条线。每一条 I/O 线都能独立地用作输入或输出。这四个端口为单片机与外围器件或外围设备进行信息（数据、地址、控制信号）交换提供了多功能的输入/输出通道，为单片机扩展外部功能、构成应用系统提供了重要的物质基础。

（1）P0 口。P0 口是一多功能口，它除可以作为通用输入/输出口外，还具有第二种功能，即可作为地址/数据总线口。在实际应用中 P0 常作为地址/数据总线口用，即低 8 位地址与数据线分时使用 P0 口。P0 口先输出片外存储器的低 8 位地址并在外部地址锁存器中锁存，而后再输出或输入数据。

（2）P1 口。P1 口每一位都能作为可编程的通用输入/输出线。

（3）P2 口。P2 口是一多功能口，除作为通用输入/输出口使用外，还作为地址总线口用。当外接 I/O 设备时，其作为扩展系统的地址总线，输出高 8 位地址，与 P0 口一起组成 16 位地址总线。需要指出的是，当 P0 口和 P2 口用作数据/地址总线时，它们不能再作为通用 I/O 口。

（4）P3 口。P3 口也为多功能口。它除作为通用 I/O 口外，还有第二种功能。作为第一功能，其功能等同于 P1 口；作为第二功能，每一位功能定义如表 4 – 6 所示。

表 4 – 6　P3 口的第二功能

端口引脚	第二功能	端口引脚	第二功能
P3.0	RXD（串行输入口）	P3.4	T0（定时器/计数器 0 外部输入）
P3.1	TXD（串行输出口）	P3.5	T1（定时器/计数器 1 外部输入）
P3.2	INT0（外部中断 0 请求）	P3.6	WR（外部数据存储器写选通）
P3.3	INT1（外部中断 0 请求）	P3.7	RD（外部数据存储器读选通）

MCS – 51 在访问外部存储器时，地址由 P0, P2 口送出，数据则通过 P0 口传送，这时 P0 口是分时多路转换的双向总线。在无外部存储器的系统中，所有 4 个端口都可以作为准双向口使用。

图 4 – 10 给出了访问程序存储器时，程序取指所涉及的信号和时序。如果程序存储器是外部的，则程序存储器读选通PSEN一般是每个机器周期两次有效，如图 4 – 10（a）所

示；如果是访问外部数据存储器，如图 4 - 10（b）所示，则要跳过两个$\overline{PSEN}$，因为地址和数据总线正在用于访问数据存储器。

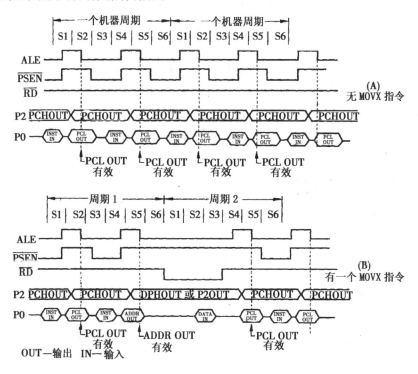

图 4 - 10　MCS - 51 执行外部程序存储器中指令码的总线周期

应该注意的是，数据存储器总线周期为程序存储器总线周期的 2 倍，图 4 - 10 给出了端口 0 和端口 2 所发送的地址 ALE 和$\overline{PSEN}$的相对时序。ALE 用于将 P0 的低位地址字节锁存到地址锁存器中。

4.4.2　端口的内部结构与操作

图 4 - 11 表示 MCS - 51 系列单片机的四个端口每一个典型位的功能解图。因为四个端口的功能有所不同，所以它们的电路结构也不完全一样，但工作原理基本相似，每个口都包含一个锁存器，即特殊功能寄存器 P0 ~ P3、一个输出驱动器（场效应管）和两个（P3 口为 3 个）三态缓冲器。这种结构在数据输出时可以锁存，即在重新输出新的数据之前，口上的数据一直保持不变，但对输入信号是不锁存的，所以外围设备欲输入的数据必须保持到取数指令执行（把数据读取）为止。为了叙述方便，这里把 4 个端口和其中的锁存器（即特殊功能寄存器）笼统地表示为 P0 ~ P3。

（1）P0 口。图 4 - 11（a）是 P0 中一位结构图，其中包含一个输出驱动电路和一个输出控制电路。输出驱动电路由两个场效应管 V1 和 V2 组成，其工作状态受输出控制电路的控制。控制电路包括一个与门、一个反相器和模拟转换开关 MUX。模拟开关的位置由来自 CPU 的控制信号决定，当控制信号为低电平时，它把输出级与锁存器的 Q 端接通。同时，因为与门输出为低电平，输出级中的场效应管 V1 处于截止状态，因此输出极是漏极开路的开漏电路，此时 P0 口可用作一般的 I/O 线，其输入和输出操作如下。

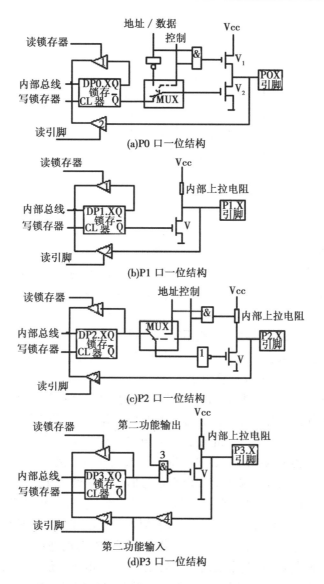

图 4 – 11 P0 ~ P3 端口位结构图

当 CPU 向端口输出数据时，写脉冲加在触发器的时钟端 CL 上，此时与内部总线相连的 D 端的数据经反向后出现在 Q 端上，再经 V2 管反相，于是在 P0 这一引脚上出现的数据正好是内部总线上的数据（当 P0 口作为输出口使用时，输出极属开漏电路，在驱动 NMOS 电路时应外接上拉电阻，如图 4 – 12 所示）。

当进行输入操作时，端口中的两个三态缓冲器用于读操作。图 4 – 11（a）中下面一个缓冲器用于读端口引脚的数据。当执行一般的端口输入指令时，该引脚脉冲把三态缓冲器打开，于是端口上的数据将经过缓冲器输送到内部总线；缓冲器 1 读取锁存器中 Q 端的数据。Q 端的数据实际上与引脚处的数据是一致的。结构上的这种安排是为了适应所谓"读—修改—写"这类指令的需要。

由图 4 – 11（a）可知，当读引脚操作（输入）时，引脚上的外部信号既加在三态缓冲器 2 的输入端上，又加在输出极场效应管（V2）的漏极上，若此时 V2 是导通的（如曾

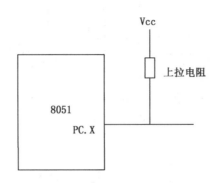

图 4 – 12　外接上拉电阻

输出过数据 0），则引脚上的电位被钳在 0 电平上。为使引脚上输入的逻辑电平能正确地读入，在输入数据时要先向锁存器写 1，使其 Q 端为 0，使输出极 V1 和 V2 两个管子均被截止，引脚处于悬浮状态，作高阻抗输入。因此，作为一般的 I/O 口使用时，P0 口是一个准双向口。

当 P0 口作为地址/数据总线分时使用时，控制信号为高电平，转换开关 MUX 把反相器输出端与 V2 接通，同时把与门开锁。输出的地址或数据信号通过与门驱动 V1 管，同时通过反相器驱动 V2 管，完成信息传送。

（2）P1 口。P1 口是一个准双向口，作为通用的 I/O 口使用，其结构如图 4 – 11（b）所示。在输出驱动部分接有内部上拉电阻。当用作输出线时，将 1 写入锁存器，使输出驱动器 V 管截止，输出线由内部上拉电阻拉成高电平（输出 1）；将 0 写入锁存器时，V 导通，输出 0。P1 口作为输入线时，必须先将 1 写入锁存器，使 V 截止，把该口线由内部上拉成高电平。于是，当外部输入为高电平信号时，该口线为 1；输入为低电平信号时，该口线为 0，从而使输入端的电平随输入信号而变，读入正确的数据信息。

（3）P2 口。P2 口为准双向口，每一位的结构如图 4 – 11（c）所示。P2 口可以作为通用的 I/O 口使用，外接 I/O 设备，也可以作为扩展系统时的地址总线口（输出高 8 位地址），由控制信号控制转换开关来实现。当转换开关（MUX）倒向左边时，P2 作为通用的 I/O 口使用，作用和 P1 口相同。当作为地址总线口使用时，MUX 在 CPU 的控制下倒向右边，从而在 P2 口的引脚上输出地址（A15 ~ A8）。对于 8031 单片机来说，P2 口通常作为地址总线口使用，而不作为 I/O 口线直接与外围设备连接。

（4）P3 口。P3 口为双功能口，其每一位的结构如图 4 – 11（d）所示。当它作为第一功能口（通用的 I/O 口）使用时，工作原理与 P1 口和 P2 口类似，但第二输出功能线保持为高电平，使与非门 3 对锁存器输出端（Q 端）是畅通的（与非门 3 的输出只取决于 Q 的状态）。

当 P3 口作为第二功能使用时，相应位的锁存器必须为 "1" 状态，使与非门 3 的输出电平由第二输出功能线的状态来确定，或使此口线允许输入第二功能信号。对 P3 口不管是作为通用输入口或作为第二功能输入口，相应位的锁存器和第二输出功能端都必须为 1。

在 P3 口的引脚信号输入通道中有两个缓冲器（2 和 4），第二输入功能信号取自缓冲器 4 的输出端，通用输入信号取自缓冲器 2 的输出端。

4.4.3 读—修改—写操作

由图 4-11 可知，每个并行 I/O 口均有两种读一个端口的方法：读锁存器或读引脚。在 MCS-51 系列单片机指令中，有些指令是读锁存器内容，有些指令则是读引脚内容。读锁存器指令，是从锁存器中读取一个值，进行处理，并把处理后的值（原值或者修改后的值）重新写入锁存器中，这类指令称"读—修改—写"指令。例如，逻辑与指令（ANL P0，A），此指令的功能是先把 P0 口的数据读入 CPU，随后同累加器 A 中的数据按位进行逻辑与操作（即对读入的数据作修改），最后把结果写回 P0 口。下面这些指令都是读锁存器而不是读引脚，通常这类指令的目的操作数为一个端口或端口的 1 位。

ANL（逻辑与）	例：ANL　P1，A
ORL（逻辑或）	例：ORL　P2，A
XRL（逻辑异或）	例：XRL　P3，A
JBC（位检测转移）	例：JBC　P1.1，LABEL
CPL（位取反指令）	例：CPL　P3.0
INC（增 1）	例：INC　P2
DEC（减 1）	例：DEC　P2
DJNZ（循环判跳）	例：DJNZ　P3，LABEL
MOV（传送）	例：MOV　PX.Y，C
CLR（清 0）	例：CLR　PX.Y
SET（置位）	例：SET　PX.Y

对于上述这类"读—修改—写"指令，不直接读引脚上的数据而读锁存器中内容是为了避免可能错读引脚上的电平信号。例如，用一条口线去驱动一个晶体管的基极，当向此口线写 1 时，晶体管导通并把引脚上的电平拉低。这时，若从引脚上读取数据，就把该数错读为 0（实际上应是 1），而从锁存器读入，则得到正确的结果。

4.4.4 并行 I/O 口的负载能力

P0 口的输出缓冲器能驱动 8 个 LSTTL 的电路，P1，P2，P3 口的输出缓冲器能驱动 4 个 LSTTL 的电路。

P1，P2，P3 口不需外加电阻就能驱动任何 MOS 输入电路，而 P0 口则需外加上拉电阻才能驱动 MOS 电路，当 P0 口用作地址/数据总线时，才不需外加上拉电阻而可以直接驱动 MOS 输入电路。

4.5 复位电路

MCS-51 系列单片机在引脚 RST/VPD 出现高电平时实现复位和初始化。RST 由高电平变为低电平后，单片机从 0000H 地址开始执行程序，其初始复位不影响内部 RAM 的状态，包括工作寄存器 R0~R7。在振荡器运行的情况下，要实现复位操作，必须使 RST 引脚至少保持两个机器周期（24 个振荡器周期）的高电平。CPU 在第二个机器周期内执行内部复位操作，以后每一个机器周期重复一次，直至 RST 端电平变低。复位期间不产生 ALE 及$\overline{PSEN}$信号。

复位以后，P3~P0 输出高电平（P3~P0 口的内容均为 0FFH），SP 指针重新赋值为 07H，特殊功能寄存器都复位为 0，但不影响 RAM 的状态，复位后各内部寄存器状态如下：

寄存器	内容
PC	0000H
ACC	00H
B	00H
PSW	00H
SP	07H
DPTR	0000H
P3~P0	0FFH
IP	0000H
IE	0XX00000B
TMOD	00H
TH0	00H
TL0	00H
TH1	00H
TL1	00H
SCON	=00H
SBUF	不定
PCON	0XXXXXXX

具体复位电路将在以后章节中给出，这里不介绍了。

MCS-51 单片机有 HMOS 型（如 8051）及 CHMOS 型（如 80C51）两种。

HMOS 型 8051 的复位结构如图 4-13 所示。复位引脚 RST/VPD（它还是掉电方式下内部 RAM 的供电端 VPD）通过一个斯密特触发器与复位电路相连。斯密特触发器用来抑制噪声，它的输出在每个机器周期的 S5P2 由复位电路采样一次。

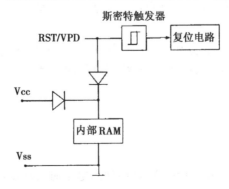

图 4-13　HMOS 复位结构

CHMOS 型 80C51 的复位结构见图 4-14，此处复位引脚只是单纯地称为 RST，而不是 RST/VPD，因此 CHMOS 单片机的备用电源也是由 V_{CC} 引脚提供的。

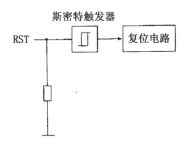

图 4 - 14 CHMOS 复位结构

单片机的复位是靠外部电路实现的。无论是 HMOS 还是 CHMOS 型，在振荡器正在运行的情况下，RST 引脚保持二个机器周期以上时间的高电平，系统复位。在由 RST 端出现高电平的第二个周期，执行内部复位，以后每个周期重复一次，直至 RST 端变低，复位时，ALE 和 $\overline{PSEN}$ 配置为输入状态，即 ALE = 1，$\overline{PSEN}$ = 1。内部 RAM 不受复位的影响。

MCS - 51 常见的复位电路有以下四种。

（1）上电复位电路。上电复位电路如图 4 - 15 所示。上电瞬间，RST 端的电位与 V_{CC} 相同，随着电容的逐步充电，充电电流减小，RST 电位逐渐下降。上电复位所需的最短时间是振荡器建立时间加上二个机器周期，在这段时间内 RST 端口的电平应维持高于斯密特触发器的下阈值。一般 Vcc 的上升时间不超过 1ms，振荡器建立时间不超过 10ms。复位电路的典型值：C 取 10μF，R 取 8.2kΩ，故时间常数 $\tau = RC = 10 \times 10^{-6} \times 8.2 \times 10^{3} =$ 82ms，足以满足要求。

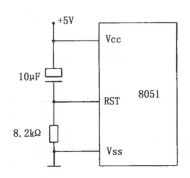

图 4 - 15 上电复位电路

（2）外部复位电路。外部复位电路如图 4 - 16 所示，按下按钮时，电源对外接电容充电，使 RST 端为高电平，复位按钮松开后，电容通过内部下拉电阻放电，逐渐使 RST 端恢复低电平。

（3）上电外部复位电路。典型的复位电路是既具有上电复位又具有外部复位的电路，如图 4 - 17 所示。上电瞬间，C 与 R_x 可构成充电电路，RST 引脚端出现正脉冲，只要 RST 保持足够的高电平，就能使单片机复位。

一般取 C = 10μF，R = 1kΩ，R_x = 10kΩ，此时 $\tau = 10 \times 10^{-6} \times 10 \times 10^{3} = 100ms$。当按下按钮，RST 出现 10/11 × 5 = 4.54V，使单片机复位。

（4）抗干扰复位电路。上面介绍的几种复位电路中，干扰易串入复位端，虽然在大多数情况下不会造成单片机的错误复位，但有可能引起内部某些寄存错误复位。在应用系

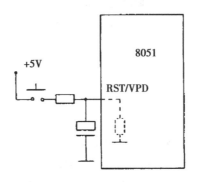

图 4 - 16   外部复位电路

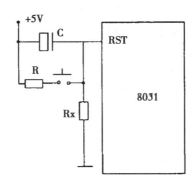

图 4 - 17   上电外部复位电路

统中, 为了保证复位电路可靠地工作, 常将 RC 电路在接斯密特电路后再接入单片机复位端及外围电路复位端。图 4 - 18 给出了两种实用电路。

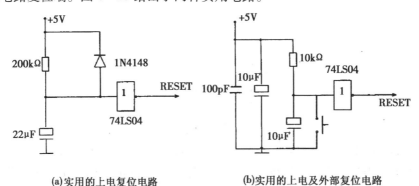

(a)实用的上电复位电路   (b)实用的上电及外部复位电路

图 4 - 18   两种实用复位电路

4.6   MCS - 51 单片机的引脚功能

MCS - 51 单片机采用 40 引脚的双列直插封装（DIP）方式。图 4 - 19 为其引脚图, 逻辑符号如图 4 - 20 所示。在 40 条引脚中, 有 2 条专用于主电源的引脚、2 条外接晶体的引脚、4 条控制引脚、32 条 I/O 引脚。下面分别叙述各引脚的功能。

（1）主电源引脚 Vss 和 Vcc。

Vss（20）：接地；

Vcc（40）：正常操作时接 +5V 电源。

（2）外接晶体引脚 XTAL1 和 XTAL2。当外接晶体振荡器时，XTAL1 和 XTAL2 分别接在外接晶体两端。当采用外部时钟方式时，XTAL1 接地，XTAL2 接外来振荡信号。

（3）控制引脚 RST/VPD，$\overline{\text{ALE}}$/PROG，$\overline{\text{PSEN}}$，$\overline{\text{EA}}$/V$_{PP}$。

RST/VPD（9）：当振荡器正常运行时，在此引脚上出现二个机器周期以上的高电平，使单片机复位。

Vcc 掉电期间，此引脚可接通备用电源，以保存内部 RAM 的数据。当 Vcc 下降掉到低于规定的水平，而 VPD 在其规定的电压范围内，VPD 就向内部 RAM 提供备用电源。

ALE/$\overline{\text{PROG}}$（30）：当访问外部存储器时，由单片机的 P2 口送出地址的高 8 位，P0 口送出地址的低 8 位，数据也是通过 P0 口传送。作为 P0 口某时送出的信息到底是低 8 位地址还是传送的数据，需要有一信号同步地进行分别。当 ALE 信号（允许地址锁存）为高电平（有效），P0 口送出低 8 位地址，通过 ALE 信号锁存低 8 位地址。即使不访问外部存储器，ALE 端仍以不变的频率周期性地出现正脉冲信号，此频率为振荡器频率的 1/6，因此可用作对外输出的时钟。但需注意，当访问外部数据存储器（执行 MOVX 指令）时，将跳过一个 ALE 脉冲。ALE 端可驱动 8 个 LSTTL 输入。

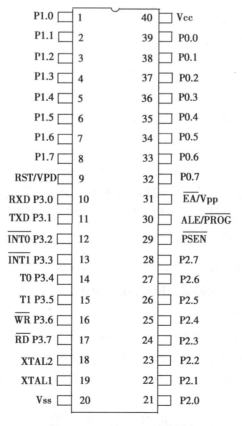

图 4 - 19　MCS - 51 引脚图

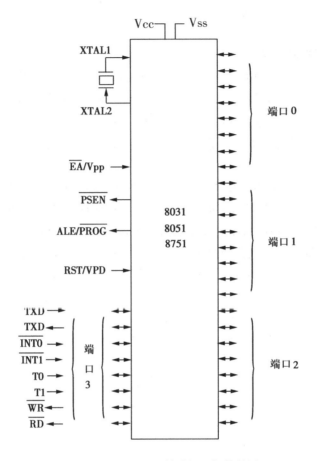

图 4 – 20　MCS – 51 单片机逻辑符号图

对于 8751EPROM 型单片机，在 EPROM 编程期间，此引脚用于输入编程脉冲（$\overline{\text{PROG}}$）。

$\overline{\text{PSEN}}$（29）：程序存储器读选通信号，低电平有效。

MCS – 51 单片机可以外接程序存储器及数据存储器，它们的地址是重合的。MCS – 51 单片机是通过相应的控制信号来区别到底 P2 口和 P0 口送出的是程序存储器还是数据存储器地址。从外部程序存储器取指令（或常数）期间，每个机器周期两次 $\overline{\text{PSEN}}$ 有效，此时地址总线上送出地址为程序存储器地址；如果访问外部数据存储器，这两次有效的 $\overline{\text{PSEN}}$ 信号将不出现。外部数据存储器是靠 $\overline{\text{RD}}$（读）及 $\overline{\text{WR}}$（写）信号控制的。$\overline{\text{PSEN}}$ 同样可以驱动 8 个 LSTTL 输入。

$\overline{\text{EA}}/\text{V}_{PP}$（31）：当 $\overline{\text{EA}}$ 端保持高电平时，访问内部程序存储器（4KB），但当 PC（程序计数器）值超过 0FFFH 时，将自动转向执行外部程序存储器内的程序。当 EA 保持低电平时，则只访问外部程序存储器（从 0000H 地址开始），不管单片机内部是否有程序存储器。

对于 EPROM 型单片机，在 EPROM 编程期间，此引脚用于施加 21V 的编程电源（V_{PP}）。

（4）输入输出引脚。P0.0 ~ P0.7（39 ~ 32）：P0 口是一个漏极开路型准双向 I/O 口。在访问外部存储器时，它是分时多路转换的地址（低 8 位）和数据总线，在访问期间激活了内部的上拉电阻。在 EPROM 编程时，它接收指令字节，而在验证程序时，则输出指令字节。验证时，要求外接上拉电阻。

P1.0 ~ P1.7（1 ~ 8）：P1 口是带内部上拉电阻的 8 位双向 I/O 口。在 EPROM 编程和程序验证时，它接收低 8 位地址。

P2.0 ~ P2.7（21 ~ 28）：P2 口有一个带内部上拉电阻的 8 位双向 I/O 口。在访问外部存储器时，它送出高 8 位地址。在对 EPROM 编程和程序验证期间，它接收高 8 位地址。

P3.0 ~ P3.7（10 ~ 17）：P3 口是一个带内部上拉电阻的 8 位双向 I/O 口。在 MCS - 51 中，这 8 个引脚还兼有专用功能。

思考题与习题

（1）MCS - 51 系列单片机内部包含有哪些主要逻辑功能部件？

（2）MCS - 51 的程序存储器和数据存储器各有什么用处？

（3）MCS - 51 内部 RAM 区功能结构如何分配？4 组工作寄存器使用时如何选用？位寻址区域的字节地址范围是多少？

（4）简述程序状态字 PSW 各位的含义。

（5）8051 单片机内有多少个特殊功能寄存器，各完成什么主要功能？

（6）MCS - 51 单片机引脚中有多少 I/O 线？它们与单片机对外的地址总线、数据总线和控制总线有什么关系？地址总线和数据总线各是几位？

（7）有哪几种方法可使单片机复位，复位后各寄存器中状态如何？

（8）MCS - 51 单片机的存储器可划分为几个空间？各自的地址范围和容量是多少？

（9）8051 单片机对外有几条专用控制线，其功能是怎样的？

（10）8051 单片机访问外部程序存储器和数据存储器时有什么区别？

5 指令系统

计算机可以笼统地分为硬件和软件两大部分。上一章我们介绍了 MCS – 51 系列单片机的各个组成部分，它们构成了单片机的硬件。但计算机要发挥它应有的效能，软件的支持是必不可少的。软件是各种程序的总称，而程序又是由一条条指令组成的。从本章开始，我们介绍 MCS – 51 系列单片机的指令系统及汇编语言程序设计。

5.1 指令系统概述

指令是 CPU 控制计算机进行某种操作的命令，而指令系统则是全部指令的集合。计算机的功能是由其指令系统来实现的，一般来说，指令系统越丰富，计算机的功能也越强。

5.1.1 指令及其表示法

一条指令对应着一种基本操作，因此在一条指令中的内容通常包括操作性质和操作对象，如"加"操作，操作对象是两个数，一个是被加数，另一个是加数。指令中除了要表达进行加法运算这一操作性质外，还必须指明参与操作的两个数及这两个数的存放地点（地址），以及相加结果应放在何处。在计算机中，指令都是以二进制代码形式表示和存放的，这种二进制代码称为指令代码或机器码。MCS – 51 系列单片机的指令由操作符和操作数两大部分组成，格式可表示为：

操作符 ［操作数 1］，［操作数 2］，［操作数 3］

［ ］表示其中内容可以没有。

（1）操作符指出了 CPU 应执行的操作类型，即操作性质。

（2）操作数指出了参加操作的数据或数据的存放地址。它以一个或几个空格与操作符隔开，根据指令功能的不同，操作数可以有一、二、三个或者没有，操作数之间以逗号"，"分开。

5.1.2 指令中的符号说明

在描述 MCS – 51 系列单片机指令系统的功能时，下面的编写符号被经常使用，这些符号的意义如下。

· A：累加器（ACC），通常用 ACC 表示累加器的地址，A 表示它的名称；

· AB：累加器（ACC）和寄存器 B 组成的寄存器对；

· direct：8 位片内 RAM 的存储单元地址；

· #data：8 位立即数；

· #data16：16 位立即数；

· addr16：16 位的地址码；

· addr11：11 位的地址码；

· rel：以补码表示的 8 位偏移量，其值为 – 128 ~ + 127；

· bit：片内 RAM 中可直接寻址的位地址；

· Rn：工作寄存器，其中 n = 0 ~ 7；

· Ri：工作寄存器，其中 i = 0，1；

· @：间接寻址符号；

· +：加；

· –：减；

· *：乘；

· /：除；

· ∧：与；

· ∨：或；

· ⊕：异或；

· = ：等于；

· < ：小于；

· > ：大于；

· < > ：不等于；

· ← ：取代；

· (X)：X 寄存器的内容；

· ((X))：由 X 寄存器的内容作为地址的存储单元内容；

· rrr：指令代码中 rrr 三位的值由工作寄存器 Rn 确定，R7 ~ R0 对应的 rrr 为 111 ~ 000；

· $：本条指令的起始地址。

5.1.3 寻址方式

寻址方式就是计算机确定操作数或下一条要执行指令的地址的方法。由于寻址方式基本反映了计算机的操作过程，因此对于我们理解指令的功能是非常重要的。

5.1.3.1 立即寻址

立即寻址是指指令中直接给出操作数的寻址方式。指令中的操作数也称为立即数，其标志为前面加"#"。例如，在指令 MOV A，#30H 中，30H 为立即数，该指令的功能为将立即数 30H 送入累加器 A 中，其执行过程如图 5 – 1 所示。

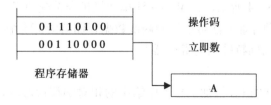

图 5 – 1 立即寻址示意图

在 MCS – 51 系列单片机指令系统中，立即数多为 8 位，只有一条指令的立即数为 16

位，如 MOV DPTR，#2000H。

5.1.3.2 直接寻址

直接寻址是指指令中给出操作数地址的寻址方式。这种寻址方式可以访问的地址空间有内部数据存储器、特殊功能寄存器和可位寻址位。需要指出的是，直接寻址是访问特殊功能寄存器的唯一寻址方式。例如，指令 MOV A，30H，其功能为将内部数据存储器 30H 单元中的内容传送到累加器 A 中。指令执行的示意图如图 5 - 2 所示。

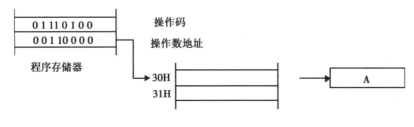

图 5 - 2 直接寻址示意图

5.1.3.3 寄存器寻址

寄存器寻址是对选定的工作寄存器 R0 ~ R7、累加器 A、通用寄存器 B、地址寄存器 DPTR 和位累加器 C 中的数进行操作的寻址方式。这种寻址方式的特点是工作寄存器 R0 ~ R7 与指令码构成一个字节，A，B，DPTR 和 C 隐含在指令码中。如指令 MOV A，R0，其功能为将工作寄存器 R0 中的内容传送到 A 中。指令执行的示意图如图 5 - 3 所示。

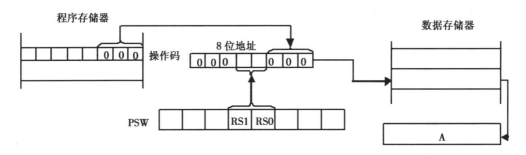

图 5 - 3 寄存器寻址示意图

5.1.3.4 寄存器间接寻址

寄存器间接寻址是指将以指令指定的寄存器内容为地址，对该地址单元中的内容进行操作的寻址方式。如指令 MOV A，@ R0，其功能为将以 R0 中的内容为地址的单元中的内容传送到 A 中。若 R0 中的内容为 30H，则上面指令就是将 30H 中的内容传送到 A 中。指令的执行过程如图 5 - 4 所示。在 MCS - 51 单片机指令系统中规定，R0，R1 和 DPTR 为间接寻址寄存器。这种寻址方法可以访问内部数据存储器的 128 个字节和外部数据存储器的 64K 空间，但不能访问特殊功能寄存器。

5.1.3.5 相对寻址

相对寻址是以当前的 PC 值加上指令中给出的相对偏移量形成程序转移的目的地寻址方式。相对偏移量是有符号的 8 位二进制数，用补码表示。例如，指令 JC rel 所在地址为 2100H，当 rel = 75H，Cy = 1 时，执行该指令，由于当前的 PC 值为指令所在地址 2100H + 2，即 2102H，程序将转移到 2177H 单元去执行，其执行的示意图如图 5 - 5 所示。

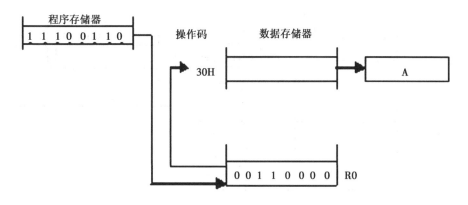

图 5 - 4　寄存器间接寻址示意图

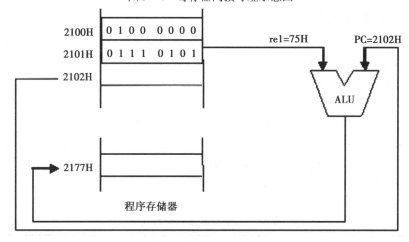

图 5 - 5　相对寻址示意图

5.1.3.6　变址寻址

变址寻址是指令中指定的变址寄存器和基址寄存器的内容相加形成操作数地址的寻址方式。在这种寻址方式中，累加器 A 作为变址寄存器，程序计数器 PC 或地址寄存器 DPTR 作为基址寄存器。变址寻址在所谓的查表指令中采用，用于访问程序存储器。例如，指令 MOVC A，@ A + DPTR，设累加器中的内容为 30H，DPTR 中的内容为 2100H，执行这条指令，就是把程序存储器 2100H + 30H = 2130H 单元中的内容传送到累加器中。执行过程如图 5 - 6 所示。

5.1.3.7　位寻址与布尔处理器

MCS - 51 系列单片机共有 211 个位地址，所谓位寻址即对这 211 个具有地址的某一位寻址。例如：指令 CPL 08H，其功能是对片内 RAM 中位地址为 08H 的一个位（即字节地址为 21H 单元的 D0 位）进行取反操作。

位寻址属于直接寻址一类，指令中包含的是位操作数的直接地址，而不是字节操作数直接地址，这可以从指令的操作码来区别。

在 MCS - 51 系列单片机内部有一个布尔处理器，因为布尔处理器有自己独立的位处理指令集、独立的位累加器 CY 和可寻址的 RAM 寄存器及 I/O 口，因而组成了一个完整

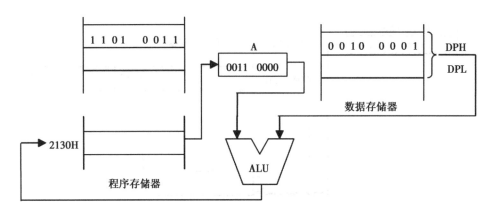

图 5 – 6   变址寻址示意图

的、独立的而且功能很强的位处理器。

用位操作指令能对片内 RAM 的 211 个位直接寻址，布尔处理器对任何可寻址位可以进行置位、清零、求反、判断转移等操作，还可以把位信息与位累加器 CY 中的内容进行逻辑 "与" "或" 等逻辑操作，结果送回位累加器 CY 中。

强大的位处理功能是 MCS – 51 系列单片机的突出优点之一，丰富的位操作指令大大方便了逻辑运算、逻辑控制、各种状态标志的设置以及控制软件的设计，提高了运算速度，也为很多逻辑电路的 "硬件软化" 提供了一个简便的方法，所以独立的布尔处理器是 MCS – 51 系列单片机面向控制的一个具体体现。

七种基本寻址方式一览表见表 5 – 1。

表 5 – 1   七种基本寻址方式

序号	方式	利用的变量	寻址的对象
1	立即寻址		程序存储器
2	直接寻址		片内 RAM 和 SFR
3	寄存器寻址	R7 ~ R0, A, B, C, DPTR	
4	寄存器间接寻址	@ R0, @ R1, @ SP	片内 RAM
		@ R0, @ R1, @ DPTR	片外 RAM
5	基址加变址寻址	@ A + PC, @ A + DPTR	程序存储器
6	相对寻址	PC + rel	程序存储器
7	位寻址		片内 RAM 和 SFR

5.1.4   MCS – 5l 系列单片机指令的分类

MCS – 51 系列单片机共有 111 条指令。这些指令可分为 3 类。

（1）按指令所占的字节数分类。

·单字节指令（49 条）；

·双字节指令（46 条）；

·三字节指令（16 条）。

（2）按指令执行时间的长短分类。

·单周期指令（65 条）；

·双周期指令（44 条）；

·四周期指令（2 条）。

（3）按指令的功能分类。

·数据传送指令（29 条）；

·算术运算指令（24 条）；

·逻辑运算指令（24 条）；

·控制转移指令（17 条）；

·位操作指令（17 条）。

下面各节将根据指令的功能特性分类介绍指令系统。

5.2 数据传送指令

数据传送操作是计算机最基本、最重要的操作之一。据统计，在程序中数据传送指令占有相当大的比重，数据传送是否灵活、快速，对程序的编写和执行速度会产生很大影响。

5.2.1 通用传送指令 MOV

指令格式：

MOV <目的字节>，<源字节>

功能：把源字节指定的变量（源操作数）传送到目的字节（目的地址）指定的存储单元中，指令不改变源操作数。

（1）以累加器 A 为目的地址的指令。

指令		操作	指令代码	
MOV A, Rn	;	(A) ← (Rn)	1110 1rrr	
MOV A, direct	;	(A) ← (direct)	1110 0101	direct
MOV A, @Ri	;	(A) ← ((Ri))	1110 011i	
MOV A, #data	;	(A) ← (data)	1110 0100	data

这组指令的功能是把源操作数送入累加器 A 中。源操作数的寻址方式分别为寄存器寻址、直接寻址、寄存器间接寻址和立即寻址方式。

例 5.1

MOV A, R7   ;（A）←（R7）

MOV A, 70H   ;（A）←（70H）

MOV A, @R0   ;（A）←（（R0））

MOV A, #50H   ;（A）←50H

（2）以 Rn 为目的地址的指令。

指令		操作	指令代码	
MOV Rn, A	;	(Rn) ← (A)	1111 1rrr	
MOV Rn, direct	;	(Rn) ← (direct)	1010 1rrr	direct
MOV Rn, #data	;	(Rn) ← data	0111 1rrr	data

这组指令的功能是把源操作数送入当前工作寄存器区 R7～R0 中的某一寄存器中。源操作数的寻址方式分别为寄存器寻址、直接寻址和立即寻址方式。

例 5.2

```
MOV   R3, A        ; (R3) ← (A)
MOV   R7, 70H      ; (R7) ← (70H)
MOV   R5, #0FAH    ; (R5) ←0FAH
```

（3）以直接地址为目的地址的指令。

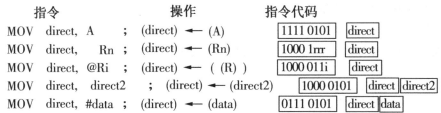

这组指令的功能是将源操作数送入由直接地址指出的存储单元中。源操作数的寻址方式分别为寄存器寻址、寄存器间接寻址、直接寻址和立即寻址方式。

例 5.3

```
MOV   P1, A        ; (P1) ← (A)
MOV   70H, R3      ; (70H) ← (R3)
MOV   30H, @R0     ; (30H) ← ((R0))
MOV   0E0H, 78H    ; (0E0H) ← (78H)
MOV   01H, #50H    ; (01H) ←50H
```

（4）以寄存器间接地址为目的地址的指令。

指令		操作	指令代码	
MOV	@Ri, A	; ((Ri)) ← (A)	1111 011i	
MOV	@Ri, direct	; ((Ri)) ← (direct)	1010 011i	direct
MOV	@Ri, #data	; ((Ri)) ←data	0111 011i	data

这组指令的功能是把源操作数送入 R0 或 R1 指出的片内 RAM 存储单元中。源操作数的寻址方式分别为寄存器寻址、直接寻址和立即寻址方式。

例 5.4

```
MOV   @R1, A       ; ( (R1)) ← (A)
MOV   @R0, 70H     ; ( (R0)) ← (70H)
MOV   @R1, #78H    ; ( (R1)) ←78H
```

（5）16 位数据传送指令。

指令	操作	指令代码		
MOV DPTR, #data16 ;	(DPTR)←data16	1001 0000	立即数 高8位	立即数 低8位

这条指令的功能是把一个 16 位的立即数送入 DPTR。16 位的数据指针 DPTR 由 DPH 和 DPL 组成，这条指令把立即数的高 8 位送入 DPH，低 8 位送入 DPL。

上述指令中，累加器 A 是一个特别重要的 8 位寄存器，Rn 为 CPU 当前选择的工作寄存器区中的 R7～R0，在指令代码中对应的 rrr＝111～000，直接地址指出的存储单元为片内 RAM 的 00H ~ 7FH 和特殊功能寄存器（SFR），在间接寻址中，用 R0 和 R1 作为地址指针访问片内 RAM 的 00H ~ 7FH 这 128 个单元，图 5 – 7 为 MOV 指令数据传送示意图。

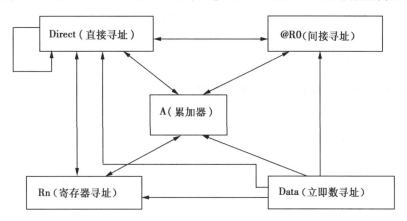

图 5 – 7　MOV 指令数据传送示意图

例 5.5　设（70H）= 60H，（60H）= 20H，P1 口为输入口，当前的输入状态为 0B7H，执行下面程序：

MOV　R0，#70H　　　；（R0）←70H
MOV　A，@ R0　　　；（A）←60H
MOV　R1，A　　　　；（R1）←60H
MOV　A，@ R1　　　；（A）←20H
MOV　@ R0，P1　　　；（70H）←0B7H

结果为：（70H）= 0B7H，（A）= 20H，（R1）= 60H，（R0）= 70H。

5.2.2　片外数据存储器与累加器 A 之间的传送指令 MOVX

指令格式：

MOVX〈目的字节〉,〈源字节〉

功能：实现片外数据存储器（或扩展 I/O 口）与累加器 A 之间的数据传送。寻址方式只能用间接寻址方式。这组指令有：

指令		操作	指令代码
MOVX	A，@DPTR	；　(A) ← ((DPTR))	1110 0000
MOVX	A，@Ri	；　(A) ← ((Ri))	1110 001i
MOVX	@DPTR，A	；　((DPTR)) ← (A)	1111 0000
MOVX	@Ri，A	；　((Ri)) ← (A)	1110 001i

由于片外扩展的 RAM 和 I/O 口是统一编址的，共同使用 64KB 的空间，所以指令本身看不出是对片外 RAM 还是对扩展 I/O 口操作，而是由硬件的地址分配所定。

用 Ri 进行间接寻址时，因为 Ri 是一个 8 位寄存器，用它只能寻址 256 个单元，当片外 RAM 容量小于 256 个单元时可直接采用这种寻址方式，当片外 RAM 超过 256 个字节时，就要利用 P2 口输出高 8 位地址（也称页地址），而由 @ Ri 进行页内（每 256 个单元为 1 页）寻址。

例 5.6 若要把片外数据存储器 2010H 单元的内容传送到累加器 A，则可采用以下指令：

```
MOV  P2，#20H        ；（P2）←20H，得到页地址
MOV  R0，#10H        ；（R0）←10H，得到页内地址
MOVX A，@ R0         ；（A）←（2010H）
```

5.2.3　程序存储器向累加器 A 传送指令 MOVC

指令格式：

MOVCA，＜源地址＞

功能：从程序存储器中读取源操作数送入累加器 A。寻址方式只能用基址寄存器加变址寄存器寻址方式，这组指令包括以下两条指令：

（1）以当前 PC 作为基址的寄存器传送指令。

指令	操作	指令代码
MOVC A，@A+PC；	（A）←（（A）+（PC））	1000 0011

这条指令以当前 PC 作为基址寄存器，A 的内容作为无符号数，相加得到一个 16 位的地址，将由该地址指出的程序存储单元的内容送入累加器 A。

例 5.7 设（A）=30H，执行指令：

地址　　　　指令

1000H　　MOVC　A，@A+PC

执行结果是当前 PC 值 1001H 与 A 中内容 30H 相加得 1031H，然后将程序存储器中 1031H 单元的内容送入累加器 A。

（2）以 DPTR 作为基址的寄存器传送指令。

指令	操作	指令代码
MOVC A，@A+DPTR ；	（A）←（（A）+（DPTR））	1001 0011

这条指令以 DPTR 作为基址寄存器，A 的内容作为无符号数与 DPTR 的内容相加得到一个 16 位地址，将由该地址指出的程序存储单元的内容送入累加器 A 中。

例 5.8 编制根据累加器 A 中的数（0～9 之间），查其平方表的程序。

解：把平方表用伪指令 DB 存放在程序存储器中，把表的首址置入 DPTR 中，把数 0～9 存放在变址寄存器 A 中，程序如下：

```
MOV   DPTR，#TABLE
MOVC A，@ A + DPTR
…
TABLE：DB  00H，01H，04H，09H，10H，19H，24H
DB 31H，40H，51H
```

这组指令常用于在程序存储器中的查表操作，故也称作查表指令，它是 MCS - 51 系列单片机的特色指令之一。其中 MOVC A，@ A + PC 指令称为近程查表指令（因为它只能在以当前 PC 为基准的 +256B 范围内查表），而 MOVC A，@ A + DPTR 称为远程查表指令（它可以在 64KB 范围内查表）。

5.2.4 数据交换指令

（1）累加器低 4 位与高 4 位互换指令 SWAP。

指令	操作	指令代码
SWAP A;	$(A)_{3-0} \longleftrightarrow (A)_{7-4}$	1100 0100

例 5.9 设（A）=ABH，执行指令：

SWAPA

结果：（A）=BAH。

（2）半字节交换指令 XCHD。

指令	操作	指令代码
XCHD A, @Ri ;	(A) 4 位 $\longleftrightarrow$ ((Ri)) 低 4 位	1101 011i

这条指令的功能是 A 的低 4 位和（R0）或（R1）指出的 RAM 单元低 4 位相互交换，各自的高 4 位不变。

例 5.10 设（A）=15H，（R0）=30H，（30H）=34H，执行指令：

XCHD A, @R0

结果：（A）=14H，（30）=35H，（R0）=30H。

（3）字节交换指令 XCH。

指令	操作	指令代码
XCH A, Rn ;	(A) $\longleftrightarrow$ (Rn)	1100 1rrr
XCH A, direct ;	(A) $\longleftrightarrow$ (direct)	1100 0101 direct
XCH A, @Ri ;	(A) $\longleftrightarrow$ (Ri)	1100 011i

这组指令的功能是将累加器 A 的内容和源操作数相互交换。源操作数的寻址方式分别为寄存器寻址、直接寻址和寄存器间接寻址。

例 5.11 设（A）=80H，（R7）=08H，执行指令：

XCH A, R7

结果：（A）=08H，（R7）=80H。

5.2.5 栈操作指令

在 MCS－51 系列单片机的片内 RAM 中，可以设置一个后进先出（LIFO）的堆栈，特殊功能寄存器 SP 作为堆栈指针，在进行栈操作时，它始终指向栈顶。在指令系统中有两组用于数据传送的栈操作指令。

（1）进栈（压栈）指令 PUSH。

指令	操作	指令代码
PUSH direct ;	(SP) $\longleftarrow$ (SP) +1	1100 0000 direct
	(SP) $\longleftarrow$ (drect)	

这组指令的功能是首先将栈指针 SP 的内容加 1，然后把直接地址指出的内容传送到栈指针（SP）所寻址的片内 RAM 单元中。

例 5.12 设（SP）=60H，（A）=30H，（B）=70H，执行指令：

PUSH ACC ;（SP）$\longleftarrow$（SP）+1 =61H，（（SP））$\longleftarrow$（ACC）

PUSH B   ；（SP）←（SP）+1＝62H，（（SP））←（B）

结果：（61H）＝30H，（62H）＝70H，（SP）＝62H。

（2）出栈（弹栈）指令 POP。

指令	操作	指令代码
POP direct ；	(direct) ←—— ((SP))	1101 0000 direct
	(SP) ←— (SP) −1	

这条指令的功能是将堆栈指针（SP）寻址的片内 RAM 单元内容送入直接地址指出的存储单元中，然后 SP 的内容减 1。

例 5.13 设（SP）＝62H，（62H）＝70H，（6lH）＝30H，执行指令：

POP DPH   ；（DPH）←（（SP））＝（62H），（SP）←（SP）−l＝61H

POP DPL   ；（DPL）←（（SP））＝（61H），（SP）←（SP）−l＝60H

结果：（DPTR）＝7030H，（SP）＝60H。

MCS−5l 系列单片机数据传送指令中，除了"POP"指令和直接将数据送到程序状态字 PSW 的"MOV"指令，以及以累加器 A 为目的地址的传送指令影响 P 标志外，其余指令均不影响标志位。

数据传送类指令一览表见附录。

5.3 算术运算指令

MCS−51 系列单片机的算术运算指令有加、减、乘、除法指令和增量、减量指令。

5.3.1 加法指令

（1）不带进位的加法指令 ADD。

指令	操作	指令代码
ADD A，Rn	(A) ←— (A) + (Rn)	0010 1rrr
ADD A，direc	(A) ←— (A) + (direct)	0010 0101 direct
ADD A，@Ri	(A) ←— (A) + ((Ri))	0010 011i
ADD A，#data	(A) ←— (A) +data	0010 0100 data

这组加法指令的功能是指令源字节变量的内容和目的字节变量 A 的内容相加，其结果存放在 A 中。

若 D7 位产生进位，则进位位 CY 被置 1，否则 CY 被清 0；若 D3 位产生进位，则辅助进位位 AC 被置 1，否则 AC 被清 0。对溢出标志 OV 的影响是：如果 D6 位有进位而 D7 位无进位，或者 D7 位有进位而 D6 位无进位，则 OV 标志被置 1，否则被清 0。从另一方面看，若把参加运算的数看作是 8 位二进制补码，当运算结果超过二进制补码所表示的范围（+127 ～ −128）时，OV 被置 1，否则 OV 被清 0。对于带符号数的补码运算，溢出标志 OV ＝1，表示运算结果出错。

奇偶标志位 P 将随累加器 A 中的 1 的个数的奇偶性变化。若 A 中 1 的个数为奇，则 P 置 1，否则 P 为 0。

源操作数分别为寄存器寻址、直接寻址、寄存器间接寻址和立即寻址方式。

例 5.14 设（A）=84H，（30H）=8DH，执行指令：

ADD   A，30H

结果：（A）=11H，（CY）=1，（AC）=1，（OV）=1，（P）=0。

例 5.15 设（A）=53H，（R0）=20H，（20H）=0FCH，执行指令：

ADD   A，@R0

结果：（A）=4FH，（CY）=1，（AC）=0，（OV）=0，（P）=1。

（2）带进位加法指令 ADDC。

指令	操作	指令代码
ADDC A，Rn ;	(A) ← (A) + (Rn) + (CY)	`0011 1rrr`
ADDC A，direct ;	(A) ← (A) + (direct) + (CY)	`0011 0101` `direct`
ADDC A，@Ri ;	(A) ← (A) + ((Ri)) + (CY)	`0011 011i`
ADDC A，#data ;	(A) ← (A) +data+ (CY)	`0011 0100` `data`

这组指令的功能是把指令所指出的字节变量、进位位 CY 和 A 的内容相加，结果留在 A 中。

ADDC 指令对 PSW 标志位的影响与 ADD 指令相同，这组指令多用于多字节的加法运算，使得在进行高字节加法时，考虑到低位字节向高位字节的进位情况。

例 5.16 设（A）=42H，（R3）=68H，（CY）=1，执行指令：

ADDC   A，R3

结果：（A）=0ABH，（C）=0，（AC）=0，（OV）=1，（P）=1。

（3）增量指令 INC。

指令	操作	指令代码
INC A ;	(A) ← (A) +1	`0000 0100`
INC Rn ;	(Rn) ← (Rn) +1	`0000 1rrr`
INC direct ;	(direct) ← (direct) +1	`0000 0101` `direct`
INC @Ri ;	((Ri)) ← ((Ri)) +1	`0000 011i`
INC DPTR ;	(DPTR) ← (DPTR) +1	`1010 0011`

这组指令的功能是把指令所指出的变量加1，若原来为 0FFH，将溢出为 00H。本组指令除 "INC A" 指令影响 P 标志外，其余不影响任何标志。操作数可采用寄存器寻址、直接寻址或寄存器间接寻址方式。当用本组指令修改输出口 P0～P3 时，原接口数据的值将从口锁存器读入，而不是从引脚读入。

例 5.17 设（A）=0FFH，（R3）=0FH，（30H）=0F0H，（R0）=40，（40H）=00H，执行指令：

INC   A

INC   R3

INC   30H

INC   @R0

结果：（A）=00H，（R3）=10H，（30H）=0F1H，（40H）=01H，（P）=0。

（4）十进制调整指令 DA。

这条指令对累加器 A 中由前两个 BCD 码变量的加法所获得的8位结果进行十进制调

指令　　　　　指令代码

DA　A　　　| 1101 0100 |

整。两个压缩型 BCD 码，按二进制加法指令相加后，必须经过十进制调整方能得到正确的压缩型 BCD 码的和数。

例 5.18 设（A）=56H，（R5）=67H，执行指令：

ADDA, R5

DA　A

结果：（A）=23H，（CY）=1。

5.3.2 减法指令

（1）带借位减法指令 SUBB。

指令　　　　　　　操作　　　　　　　　　　指令代码

SUBB　A, Rn　；　(A) ← (A) − (Rn) − (CY)　　| 1001 1rrr |

SUBB　A, direct；　(A) ← (A) − (direct) − (CY)　| 1001 0101 | direct |

SUBB　A, @Ri　；　(A) ← (A) − ((Ri)) − (CY)　| 1001 011i |

SUBB　A, #data；　(A) ← (A) −data− (CY)　| 1001 0100 | data |

这组指令的功能是从累加器 A 中减去指令指定的变量及借位标志位 CY 内容，结果留在 A 中。

运算结果若是 D7 需借位，则置（CY）=1，否则（CY）=0。若是 D3 需借位，则（AC）=1，否则（AC）=0。若 D6 位需借位而 D7 不需借位，或 D7 需借位而 D6 不需借位，则溢出标志（OV）=1，否则（OV）=0。

源操作数可采用寄存器寻址、直接寻址、寄存器间接寻址或立即寻址方式。

例 5.19 设（A）=0C9H，（R2）=54H，（CY）=1，执行指令：

SUBB A, R2

结果：（A）=74H，（CY）=0，（AC）=0，（OV）=1，（P）=0。

需要注意的是，若需进行不带借位的减法运算，则应该先将 CY 清 0，然后再执行 SUBB 指令。

（2）减 1 指令 DEC。

指令　　　　　　　操作　　　　　　　　指令代码

DEC　　A　　；　(A) ← (A) −1　　| 0001 0100 |

DEC　　Rn　　；　(Rn) ← (Rn) −1　　| 0001 1rrr |

DEC　　direc　；　(direct) ← (direct) −1　| 0001 0101 | direct |

DEC　　@Ri　；　((Ri)) ← ((Ri)) −1　| 001 011i |

这组指令的功能是将指定的变量减 1，若原来为 00，减 1 后下溢为 0FFH。除"DEC A"指令影响 P 标志外，其余均不影响任何标志。

当这组指令用于修改输出口时，用作原始数据的值将从口锁存器 P0 ~ P3 读入，而不是从引脚读入。

例 5.20 设（A）=0FH，（R7）=19H，（30H）=00H，（R1）=40H，（40H）=0FFH，执行指令；

DECA

DEC R7

DEC30H

DEC@ R1

结果：（A）＝0EH，（R7）＝18H，（30）＝0FFH，（40H）＝0FEH，（P）＝1。

指令	指令代码
MUL AB	1010 0100

5.3.3 乘法指令 MUL

这条指令是把累加器 A 和寄存器 B 中的无符号 8 位二进制数相乘，乘积的低 8 位留在累加器 A 中，高 8 位存放在寄存器 B 中。

如果乘积大于 0FFH，则（OV）＝1，否则（OV）＝0。CY 标志总是被清 0。

例 5.21 设（A）＝50H，（B）＝0A0H，执行指令：

MULAB

结果：（B）＝32H，（A）＝00H（即积为 3200H），（OV）＝1。

指令	指令代码
DIV AB	1000 0100

5.3.4 除法指令 DIV

这条指令的功能是把累加器 A 中的 8 位无符号二进制数除以寄存器 B 中的 8 位无符号二进制数，所得商的整数部分存放在累加器 A 中，余数部分存放在寄存器 B 中。

如果原来 B 的内容为 0，即除数为 0，则结果 A 和 B 的内容不定，且溢出标志位（OV）＝1。CY 标志总是被清 0。

例 5.22

（A）＝0FBH，（B）＝12H，执行指令：

DIV AB

结果：（A）＝0DH，（B）＝11H，（CY）＝0，（OV）＝0。

算术运算类指令一览表见附录。

5.4 逻辑运算指令

5.4.1 单操作数的逻辑运算指令

（1）清 0 指令。

指令	操作	指令代码
CLR A ；	(A)←00H	1110 0100

这条指令的功能是将累加器 A 清 0，只影响 P 标志。

（2）取反指令。

这条指令的功能是将累加器 A 的每一位逻辑取反。不影响其他标志。

例 5.23 设（A）=1010 1010B，执行指令：

CPL A

结果：（A）=0101 0101B。

（3）左环移指令。

这条指令的功能是将累加器 A 的内容向左环移 1 位，ACC. 7 移入 ACC. 0。不影响其他标志。

（4）带进位左环移指令。

这条指令的功能是将累加器 A 的内容和进位标志（CY）一起向左环移 1 位，ACC. 7 移入 CY，CY 移入 ACC. 0。不影响其他标志。

（5）右环移指令。

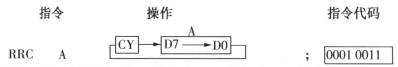

这条指令的功能是将累加器 A 的内容向右环移 1 位，ACC. 0 移入 ACC. 7。不影响其他标志。

（6）带进位右环移指令。

指令　　　　操作　　　　　　　　　　　指令代码

RRC　　A
> [CY] ← [D7 → D0]   A
；　0001 0011

这条指令的功能是将累加器 A 的内容和进位标志 CY 的内容一起向右环移 1 位，ACC. 0 移入 CY，CY 移入 ACC. 7。不影响其他标志。

5.4.2　两个操作数的逻辑操作指令

（1）逻辑与指令。

这组指令的功能是对指令所指出的两个变量以位为单位进行逻辑与操作，结果存放在目的变量中。源操作数可采用寄存器寻址、直接寻址、寄存器间接寻址或立即寻址方式。当这条指令用于修改一个输出口时，作为原始数据的值将从输出口的数据锁存器 P0 ~ P3 读入，而不是读引脚状态。

除前 4 条指令影响 P 标志外，这组指令不影响其他标志。

例 5.24 设（A）=07H，（R0）=0FDH，执行指令：

指令		操作			指令代码	
ANL	A, Rn	;	(A) ← (A) ∧ (Rn)		0101 1rrr	
ANL	A, direct	;	(A) ← (A) ∧ (direct)		0101 0101	direct
ANL	A, @Ri	;	(A) ← (A) ∧ ((Ri))		0101 011i	
ANL	A, #data	;	(A) ← (A) ∧ data		0101 0100	data
ANL	direct, A	;	(direct) ← (direct) ∧ (A)		0101 0010	direct
ANL	direct, #data	;	(direct) ← (direct) ∧ data		0101 0011	direct data

ANL　A，R0

结果：（A）=05H，（P）=0。

（2）逻辑或指令。

指令		操作			指令代码	
ORL	A, Rn	;	(A) ← (A) ∨ (Rn)		0100 1rrr	
ORL	A, direct	;	(A) ← (A) ∨ (direct)		0100 0101	direct
ORL	A, @Ri	;	(A) ← (A) ∨ ((Ri))		0100 011i	
ORL	A, #data	;	(A) ← (A) ∨ data		0100 0100	data
ORL	direct, A	;	(direct) ← (direct) ∨ (A)		0100 0010	direct
ORL	direct, #data	;	(direct) ← (direct) ∨ data		0100 0011	direct data

这组指令的功能是将指令所指出的两个变量以位为单位进行逻辑或操作，结果送回目的变量中。源操作数同样可采用寄存器寻址、直接寻址、寄存器间接寻址或立即寻址方式。同 ANL 指令类似，用于修改输出口数据时，原始数据值为口锁存器内容。前 4 条指令只影响 P 标志。

例5. 25　设（P1）=05H，（A）–33II，执行指令：

ORLP1，A

结果：（P1）=37H。

（3）逻辑异或指令。

指令		操作			指令代码	
XRL	A, Rn	;	(A) ← (A) ⊕ (Rn)		0110 1rrr	
XRL	A, direct	;	(A) ← (A) ⊕ (direct)		0110 0101	direct
XRL	A, @Ri	;	(A) ← (A) ⊕ ((Ri))		0110 011i	
XRL	A, #data	;	(A) ← (A) ⊕ data		0110 0100	data
XRL	direct, A	;	(direct) ← (direct) ⊕ (A)		0110 0010	direct
XRL	direct, #data	;	(direct) ← (direct) ⊕ data		0110 0011	direct data

这组指令的功能是将指令所指出的两个变量以位为单位进行异或操作，结果存放在目的变量中。源操作数的寻址方式同样可采用寄存器寻址、直接寻址、寄存器间接寻址或立即寻址方式。与 ANL 指令类似，对输出口操作是对口锁存器内容读出修改。前 4 条指令只影响 P 标志。

例5. 26　设（A）=90H，（R3）=73H，执行指令：

XRL A，R3

结果：（A）=0E3H，（P）=1。

逻辑运算类指令一览表见附录。

5.5　位操作指令

MCS-51 系列单片机中设置了独立的布尔处理器。布尔处理器有自己相应的位累加器 CY、存储器和 I/O 口等，布尔处理器也有自己丰富的位操作指令，包括位数据传送、位状态修改、位逻辑运算和位控制转移指令。位操作指令均以位为操作变量。

指令		操作	指令代码
MOV　C, bit	;	(CY) ← (bit)	`1010 0010` bit
MOV　bit, C	;	(bit) ← (CY)	`1001 0010` bit

5.5.1　位变量传送指令

这组指令的功能是在以 bit 表示的位和进位位 CY 之间进行数据传送。不影响其他标志。

例 5.27

MOV　C, 06H；（CY）← (20H. 6)

MOV　P1.0, C；（P1.0）← (CY)

结果：（P1.0）← （06H）。

指令		操作	指令代码
CLR　C	;	(CY) ← 0	`1100 0011`
CLR　bit	;	(bit) ← 0	`1100 0010` bit
CPL　C		(CY) ← （　）	`1011 0011`
CPL　bit	;	(bit) ← （　）	`1011 0010` bit
SETB　C	;	(CY) ← 1	`1101 0011`
SETB　bit	;	(bit) ← 1	`1101 0010` bit

5.5.2　位变量修改指令

这组指令的功能是将变量指出的位清 0、取反、置 1。不影响其他标志。

例 5.28

CLR　C；（CY）← 0

CLR　27H；（24H. 7）← 0

CPL　08H；（21H. 0）← （21H. 0）

SETBP1.7；（PI. 7）← 1

5.5.3　位变量逻辑操作指令

（1）位变量逻辑与指令。

指令		操作	指令代码
ANL　C, bit	;	(CY) ← (CY) ∧ (bit)	`1000 0010` bit

这条指令是将指定的位地址单元内容与位累加器 CY 内容进行逻辑与操作，结果送入 CY 中，源位地址单元内容不变。不影响其他标志。

（2）位变量逻辑或指令。

指令	操作	指令代码
ORL C, bit ;	(CY) ← (CY) ∨ (bit)	0111 0010 bit

这条指令与 ANL 指令类似，是将指定位地址单元中的内容与位累加器（CY）进行逻辑或操作，结果送入 CY 中。不影响其他标志。

位操作类指令一览表见附录。

例 5.29 用单片机来实现图 5-8 所列电路的逻辑功能。

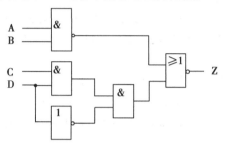

图 5-8 逻辑电路

解：为了使逻辑问题适合单片机来处理，先米选择一些端口位作为输入逻辑变量和输出逻辑变量。

设 P1.0 - A，P1.1 = B，P1.2 = C，P1.3 = D，P1.4 = Z。

程序为：

MOV C, P1.0；读入变量 A

ANL C, P1.1

CPL C

MOV 30H, C；保存中间运算结果

MOV C, P1.2

ANL C, P1.3

MOV 31H, C

MOV C, P1.3

CPL C

ANL C, 31H

ORL C, 30H

CPL C

MOV P1.4, C；输出运算结果

5.6 控制转移指令

5.6.1 无条件转移指令

无条件转移指令控制程序计数器从现行值转移到目标地址，该目标地址可通过直接、间接或相对寻址方式得到。指令操作码助记符中的基本部分是"JMP"（转移），它表示要把目标地址（要转去的某段程序第一条指令的地址号）送入程序计数器 PC。根据转移距离和寻址方式不同又可分为 LJMP（长转移）、AJMP（绝对转移）、SJMP（相对短转移）和 JMP（间接转移）。下面分别予以介绍。

（1）短跳转指令 AJMP。

指令	指令代码
AJMP add11 ;	$a_{10}a_9a_8 0\ 0001$ $a_7 \cdots a_0$

这是 2KB 范围内的无条件转移指令，第二字节存放的是低 8 位地址，第一字节 5，6，7 位存放着高 3 位地址 $a_8 \sim a_{10}$。指令执行时分别把高 3 位和低 8 位地址值取出送入程序计数器 PC 的低 11 位，然后维持 PC 的高 5 位〔（PC）+2 后的〕地址值不变，实现 2KB 范围内的程序转移。

由于 AJMP 为双字节指令，当程序真正转移时 PC 值已加 2 了，因此转移的目标地址应与 AJMP 下相邻指令第一字节地址在同一 2KB 字节范围内。本指令不影响标志位。

例 5.30 假设 LOOP = 1080H，addr11 = 01000000000B，执行指令：

LOOP：AJMP   addr11

程序将转移到 1200H。

（2）长跳转指令 LJMP。

指令	操作	指令代码
LJMP addr 16 ;	(PC) addr 16	0000 0010 $a_{15} \sim a_8$ $a_7 \sim a_0$

指令提供 16 位目标地址，将指令中第二、第三字节地址码分别装入 PC 的高 8 位和低 8 位中，程序无条件转向指定的目标地址去执行，不影响标志位。

由于直接提供 16 位目标地址，所以执行这条指令可以使程序从当前地址转移到 64KB 程序存贮器地址空间的任何单元，其缺点是执行时间长，字节多。

例 5.31 在程序存贮器 0000H 单元存放一条指令：

LJMP   0080H

则上电复位后程序将跳到 0030H 单元去执行，这就避开了 0003 ~ 0023H 的中断服务程序入口地址的保留单元。

（3）相对转移指令。

指令	指令代码
SJMP rel ;	1000 0000 rel

rel 为相对偏移量，是一个 8 位带符号的数。

这也是一种无条件转移指令，指令控制程序无条件转向指定地址。该指定地址由指令第二字节的相对地址和程序计数器 PC 的当前值（执行 SJMP 前的 PC 值加 2）相加形成。因而转向地址可以在这条指令首地址的前 128 字节到后 127 字节之间。

这条指令的突出优点是指令中只给出了相对转移地址，不具体指出地址值，这样当程序修改时只要相对地址不发生变化，该指令就不需做任何改动。对于前两条指令（LJMP，AJMP）由于直接给出转移地址，在程序修改时就可能需要修改地址。所以短转移指令在子程序中应用较多。

在手工汇编时，往往需要计算地址的相对偏移量，设相对转移指令第一字节所在地址为源地址，欲转移去执行的指令的第一字节地址为目的地址，则相对偏移量如下。

向上转移：DIS = FE −（源、目的地址差的绝对值）

向下转移：DIS =（源、目的地址差的绝对值）− 2

DIS 是要填入指令机器码第二字节的偏移量，当其值大于 80H 时，程序向上转移，即 PC 做减法；当其值小于 80H 时，PC 做加法，程序是向下转移的。

例 5.32 设（PC）= 2100H，欲转向 2123H 去执行程序，则其偏移量：

$$DIS =（2123 − 2100）− 2 = 21H$$

在 2100H 处开始存放的指令 SJMP   rel 的机器码为 8021。

若（PC）= 2110H，欲跳转到 2100H 去执行程序，则：

$$DIS = FE −（2110 − 2100）= FE − 10 = EE$$

使用 SJMP 指令时，在 2100H 处开始存放的机器码应为 80EE。

如果程序中使用：

HARE：   SJMP   HARE

将会造成单指令的循环，其作用相当于 Z − 80 中的 "HALT" 指令。

（4）基址寄存器加变址寄存器间接转移指令（散转指令）。

指令	操作	指令代码
JMP @A+DPTR ;	(PC) ← (A)+(DPTR)	0111 0011

该指令把累加器里的 8 位无符号数与作为基址寄存器 DPTR 中的 16 位数据相加，所得的值装入程序计数器 PC 作为转移的目标地址。由于执行 16 位加法，从低 8 位产生的进位将传送到高位去。指令执行后不影响累加器和数据指针中的原内容，不影响任何标志。

这是一条极其有用的多分支选择转移指令，其转移地址不是汇编或编程时确定的，而是在程序运行时动态决定的，这也是这条指令和前三条指令的主要区别。正因为如此，可在 DPTR 装入多分支转移程序的首地址，由累加器 A 的内容来动态选择其中的某一个分支予以转移，这就可用一条指令代替众多转移指令，实现以 DPTR 内容为起始的 256 个字节范围的选择转移。

例 5.33 要求当（A）= 0 转处理程序 K0

当（A）= 2 转处理程序 K1

…

当（A）= 16 转处理程序 K8

可编程序如下：

```
        MOV  DPTR, #TABLE；表首址送 DPTR 中
        JMP@ A + DPTR；以 A 中内容为偏移量跳转
TABLE：  AJMP K0  ;（A）= 0 转 K0 执行
        AJMP  K1；（A）= 2 转 K1 执行
…
        AJMP  K8；（A）= 16 转 K8
```

5.6.2 条件转移指令

条件转移指令是指令依照某一特定条件转移，当条件满足时，程序转移到由相对偏移量与当前 PC 值（或称源地址，即下一条指令第一字节地址）相加算得的地址处，条件不满足，则程序执行下一条的指令。

（1）测试条件符合转移指令。

指令		指令代码			转移条件
JZ	rel ;	0110 0000	rel		(A)=0
JNZ	rel ;	0111 0000	rel		(A)≠0
JC	rel ;	0100 0000	rel		(CY)=1
JNC	rel ;	0111 0000	rel		(CY)=0
JB	bit, rel ;	0010 0000	bit	rel	(bit)=1
JNB	bit, rel ;	0011 0000	bit	rel	(bit)=0
JBC	bit, rel ;	0001 0000	bit	rel	(bit)=1

（2）比较个相等转移指令。

指令		指令代码		
CJNE	A, direct, rel ;	1011 0101	direct	rel
CJNE	A, #data, rel ;	1011 0100	data	rel
CJNE	Rn, #data, rel ;	1011 1rrr	data	rel
CJNE	@Ri, #data, rel ;	1011 010i	data	rel

这组指令的功能是比较指令中两个操作数的值是否相等，如果它们的值不相等，则转移，转移的目标地址为当前 PC 值（源地址）与偏移量 rel 相加所得地址。如果第一操作数（无符号数）小于第二操作数，则置（CY）=1，否则（CY）=0。如果两数相等，则程序顺序执行下一条指令。该组指令不影响任何操作内容及其他标志。

（3）减 1 不为 0 转移指令。

指令		指令代码		
DJNZ	Rn, rel ;	1101 1rrr	rel	
DJNZ	direct, rel ;	1101 0101	direct	rel

这组指令的功能是将指令中源变量指出的内容减 1，结果仍送回源变量中。如果结果不为 0，则转移，目标地址为当前 PC 值（源地址）与偏移量 rel 相加所得地址。

这组指令常用于循环计数，允许编程者把片内 RAM 单元用作程序循环计数器。

例 5.34 设晶振频率 f=6MHz，通过 P1.1 输出周期 0.2 秒的方波信号。

START：SETB P1.1　；（P1.1）←1

DL：　MOV 30H, #100 ；（30H）←100

DL0：MOV　31H, #250；（3lH）←250

DL1：DJNZ　31H, DL1；（31H）←（3lH）－1≠0，重复执行

DJNZ 30H, DL0；（30H）←（30H）－1≠0，则转 DL0

CPL P1.1 ；取反 P1.1

AJMP DL 　；转 DL

这段程序的功能是通过延时 0.1 秒在 P1.1 输出方波，可以通过修改 30H 和 31H 单元的内容来改变延时时间，从而改变方波频率。

5.6.3 调用和返回指令

在程序设计中，常常出现几个地方都需要进行功能完全相同的处理，为了减少程序编写和调试的工作量，使某一段程序能被公用，于是引入了主程序和子程序的概念。

通常把具有一定功能的公用程序段作为子程序而单独编写，当主程序需要引用这一子程序时，可利用调用指令对子程序进行调用。在子程序末尾安排一条返回指令，使子程序执行结束能返回到主程序。

主程序调用子程序以及子程序返回的过程如图 5-9 所示。当主程序执行到 A 处执行调用子程序 SUB 时，CPU 把当前 PC（下一条指令第一字节的地址）保留在堆栈中，栈指针 SP 值加 2，子程序 SUB 的起始地址送入 PC，使 CPU 转而执行子程序 SUB。碰到子程序返回指令，CPU 把堆栈中原压入的 PC 值弹出给 PC，于是 CPU 又回到主程序继续执行。若执行到 B 处又碰到调用子程序 SUB 的指令，则再一次重复上述过程，这样子程序 SUB 便可被主程序多次调用。

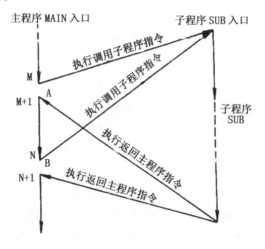

图 5-9 　主程序二次调用子程序示意图

在一个程序中，往往在子程序中还会调用其他子程序，这称为子程序嵌套。二级子程序嵌套过程如图 5-10 所示。为了保证正确地从子程序 SUB2 返回 SUB1，再从 SUB1 返回到主程序，每次调用子程序时，必须将当前 PC 值压入堆栈保存起来，以便返回时按"后进先出"的原则依次取出原来保存的 PC 值。调用指令和返回指令分别具有自动保护和恢复 PC 内容的功能。

（1）短调用指令。

指令执行时，先将当前 PC 值压入堆栈（先 PCL 后 PCH），栈指针 SP 值 +2，然后把 PC 的高 5 位与 addrll 相连接（$PC_{15} \sim PC_{11}$　$a_{10} \sim a_0$），获得子程序的地址并送入 PC，使 CPU 转向执行子程序。

该指令提供 11 位目标地址，限在 2KB 地址内调用，由于是双字节指令，所以执行时

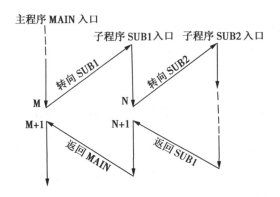

图 5 – 10 二级子程序嵌套示意图

<table>
<tr><td>指令</td><td>指令代码</td></tr>
<tr><td>ACALL　　addr11　　　；</td><td>$a_{10}a_9a_8\ 1\ 0001$　　$a_7{\sim}a_0$</td></tr>
</table>

（PC）+2→（PC）以获得下一条指令的地址，然后把该地址压入堆栈作为返回地址，其他操作与 AJMP 相同。

例 5.35 设（SP）=60H，标号 MA 值为 0123H，子程序位于 0345H，执行指令：

MA：ACALL　　SUB

结果：（SP）=62H，（61H）=25H，（62H）=01H，（PC）=0345H。

（2）长调用指令。

<table>
<tr><td>指令</td><td>指令代码</td></tr>
<tr><td>LCALL　　addr16　　　；</td><td>0001 0010　　$a_{15}{\sim}a_8$　　$a_7{\sim}a_0$</td></tr>
</table>

该指令的操作为（SP）←（SP）+1，（（SP））←（PCL），（SP）←（SP）+1，（（SP））←（PCH），（PC）←addrl6，从而使得 CPU 从 addr16 的地址处开始执行程序。

长调用与 LJMP 一样提供 16 位地址，可调用 64KB 范围内所指定的子程序，由于为三字节指令，所以执行时首先（PC）+3→（PC），以获得下一条指令地址，并把此时 PC 内容压入（作为返回地址，先压入低字节后压入高字节）堆栈，堆栈指针 SP 加 2 指向栈顶，然后把目标地址 addrl6 装入 PC，转去执行子程序。显然使用该指令可使子程序在 64KB 范围内任意存放。指令执行不影响标志位。

例 5.36 设（SP）=60H，标号 STRT 值为 0100H，标号 DIR 值为 8100H，执行指令：

STRT：LCALL　　DIR

结果：（SP）=62H，（61H）=03H，（62H）=01H，（PC）=8100H。

（3）返回指令。

如上所述，返回指令是使 CPU 从子程序返回执行主程序。

①从子程序返回指令。

<table>
<tr><td>指令</td><td>指令代码</td></tr>
<tr><td>RET　　　；</td><td>0010 0010</td></tr>
</table>

操作：（PCH）←（（SP）），（SP）←（SP）–1，（PCL）←（（SP）），（SP）←

（SP）－1，使得 CPU 从堆栈中弹出的 PC 值处开始执行程序，执行后不影响任何标志。

例 5.37　设（SP）＝62H，（62H）＝07H，（61H）＝30H，执行指令：

RET

结果：（SP）＝60H，（PC）＝0730H。

在子程序的末尾必须是一条返回指令，才能使 CPU 从子程序中返回主程序执行。

②从中断返回指令。

指令　　　　　　　指令代码

RETI　　　；　0011 0010

该指令除了执行 RET 的操作外，还清除内部相应的中断优先级有效触发器（该触发由 CPU 响应中断时置位，指示 CPU 当前是否在处理高级或低级中断），因此中断程序必须以 RETI 为结束指令。有关内容将在第 7 章详细讨论。

请读者注意，在子程序或中断服务子程序中，PUSH 指令必须与 POP 指令成对使用，否则，不能正确返回主程序。

5.6.4　空操作指令

指令　　　　　　指令代码

NOP　　　；　0000 0000

执行该指令仅使 PC 加 1，然后继续执行下条指令，木指令无任何操作。它为单周期指令，在时间上占用一个机器周期，因而常用于延时或等待程序的设计中作为时间"微调"。

控制转移类指令一览表见附录。

思考题与习题

（1）MCS－51 系列单片机有哪几种寻址方式？

（2）基址寄存器＋变址寄存器的间接寻址方式有什么优点，主要用于什么场合？

（3）对特殊功能寄存器操作应使用什么寻址方式？

（4）MCS－51 系列单片机的指令系统具有哪些主要特点？

（5）MCS－51 系列单片机有哪些逻辑运算功能，各有什么用处？

（6）MCS－51 系列单片机的转移类指令有何独特优点？无条件转移指令有哪几种？如何选用？

（7）MCS－51 系列单片机的短调用和长调用指令本质上有何区别？如何选用？

（8）请举例说明间接转移指令 JMP@ A ＋ DPTR 指令有何独特优点？为什么它能代替多条条件转移指令？

（9）指出下列指令中画线的操作数的寻址方式。

MOVR0, #60H

MOVA, 30H

MOVA, @ Ri

MOV@ Ri, A

ADDA, B

SUBBA，R7

（10）指出下列指令中画线的操作数的寻址方式。

MOVXA，@ DPTR

MOVDPTR，#0123H

MOVCA，@ A + DPTR

MULA B

INCDPTR

（11）指出下列指令中画线的操作数的寻址方式。

SJMPNEXT

JZAB

CJNEA，#00H，ONE

CPLC

MOVC，30H

（12）已知：（A）＝7AH，（R0）＝30H，（30H）＝0A5H，（PSW）＝80H，请填写下列各条指令的执行结果。

① SUBB　　　A，　　30H

② SUBB　　　A，#30H

③ ADD　　　A，　　R0

④ ADD　　　A，　　30H

⑤ ADD　　　A，#30H

⑥ ADDC　　　A，　　30H

⑦ SWAP　　　A

⑧ XCHD　　　A，　　@ R0

⑨ XCH　　　A，　　R0

⑩ XCH　　　A，　　30H

⑪XCH　　　A，　　@ R0

⑫MOV　　　A，　　@ R0

（13）试分析以下程序段的执行结果。

MOV　　　SP，# 3AH

MOV　　　A，# 20H

MOV　　　B，#30H

PUSH　　　ACC

PUSH　　　B

POP　　　ACC

POP　　　B

（14）已知：（A）＝81H，（R0）＝17H，（17H）＝35H，指出执行完下列程序段后A 的内容。

ANL　　A，# 17H

ORL　　17H，A

XRL　　A,　@R0

CPL　　A

（15）设 R0 的内容为 32H，A 的内容为 48H，内部 RAM 的 32H 单元内容为 80H，40H 单元内容为 08H，指出在执行下列程序段后上述各单元内容的变化。

MOV　　　A,　@R0

MOV　　　@R0, 40H

MOV　　　40H, A

MOV　　　R0, #35H

6 汇编语言程序设计

计算机软件可以分为系统软件和用户软件两部分。系统软件中的操作系统是由计算机制造厂商提供的，是必不可少的。与其他微型计算机不同的是，单片机没有像监控系统或操作系统那样的系统软件，所有的单片机程序均需用户设计完成，因此程序设计就成为单片机应用不可缺少的内容。虽然许多单片机开发系统提供了一些高级语言，但目前被广泛采用的仍然是汇编语言。本章通过列举大量的程序设计实例，来说明汇编语言的设计过程。

6.1 MCS-51 汇编语言的基本知识

6.1.1 MCS-51 系列单片机汇编语言源程序的格式

用汇编语言编写的程序称为汇编语言源程序。汇编语言源程序的基本组成单位是称为语句的符号指令，故想要了解汇编语言程序的格式只要了解其语句结构即可。

汇编语言的每个语句占有一行，典型的汇编语言语句由四个域组成：标号域、操作符域、操作数域及注释域。例如：

```
〔标号:〕      操作符      〔操作数〕         〔;注释〕
LOOP:        MOV        R6，#20H         ;R6 赋值
```

每个语句必须具有操作符域，说明这条语句的执行功能，操作数域可以是地址或数据，也可以空缺，标号域和注释域可有可无。为了使程序便于编写和阅读，可以给一个语句指定一个标号，还可以适当地加上注释，对语句的作用进行说明。〔 〕中的内容根据需要，可有可无。

（1）标号域。标号也就是为语句某一程序段起的名字，用标号来标明某语句或某程序段第一条语句中指令代码第一个字节的地址，在程序的其他地方可以引用这个标号以代表这个特定的地址。因此，在一个程序中，不同的语句或不同的程序段只能冠以不同的标号。规定标号由 1~8 个英文字母或数字组成，但第一个符号必须是英文字母，并且必须以冒号"："结束。指令系统中的助记符、CPU 的寄存器名以及各伪指令均不能作为语句的标号。

一般情况下，只有那些被其他语句（如转移、调用）引用的语句和数据，才需要赋予标号。当无标号时，语句的标号域为空白。

（2）操作符域。操作符域是每一语句中不可缺少的部分，也是语句的核心部分，在这个域中书写 MCS-51 指令的操作符及其伪指令的助记符，如 MOV，ANL，CJNE，EQU等。

（3）操作数域。操作数是指令的操作对象，可以是数据，也可以是地址。根据操作要求，可以有 1~3 个操作数，也可以没有操作数。当操作数多于两个时，中间用逗号分开。出现在操作数域的数据和地址可归纳如下。

①常数。可以是参加运算的数，也可以是操作数的地址，这些数的表示法有以下多种。

二进制数：后缀为 B。例如：　MOV　　A，#00100001B；

十进制数：无后缀，也可后缀为 D。例如：　MOV　　A，#33 或 MOV　　A，#33D；

十六进制数：后缀为 H。例如：　MOV　　A，#21H。

要注意的是，以 A~F 开头的十六进制数，必须在其前面加上数字 0，如要将立即数 F5H 送入累加器 A，其相应指令的正确写法应该是 MOV　　A，#0F5H。

②ASCII 码。当操作数域写入 ASCII 码字符时，须用单引号把字符括起来，CPU 将对该字符的 ASCII 码值进行操作。

例如：MOV A，'A' 指令与 MOV A，41H 指令等效（A 的 ASCII 码值为 41H）。

③当前指令地址。用符号 $ 表示程序计数器的内容，这是正在执行着的指令代码的第一字节地址。例如"SJMP $"指令表示持续执行该条指令，常用来等待中断的到来。

④标号。标号也可作为指令的操作数。举例如下。

LJMPNEXT；跳移到以 NEXT 为起始地址的程序入口。

LCALL　SUB；调用以 SUB 为起始地址的子程序。

⑤带有加减的表达式。例如：MOVA，SUM + 1。

⑥特殊功能寄存器名。例如：MOVA，P2。

（4）注释域。注释域的设置目的是为了方便程序的编写、阅读和交流，它仅是对程序段或语句功能的说明或解释，汇编时不产生任何指令代码，一般在程序的关键处或易混淆处加上简洁的文字注释，注释域必须由分号"；"开始，换行也必须由分号开始。

6.1.2　伪指令

汇编语言的操作符域，除了是指令的助记符外，还可以是伪指令。对于汇编语言来说，伪指令仅是一种命令，用以控制汇编时执行一些特殊的操作，但这些命令并无对应的指令代码，汇编时也不产生目标程序代码，因而不影响程序的执行。由于它有指令的形式而无指令的实质，所以有"伪"指令之称。常用的伪指令有以下几条。

（1）定义起始地址伪指令 ORG。

这一指令的格式为

ORG 操作数

此伪指令的操作数为一个 16 位的程序存储器地址，它指出其后的程序汇编成机器语言的目标程序后，在程序存储器中存放的起始地址。如果程序中有多条 ORG 指令时，要求其操作数的值由小到大顺序排列，空间不允许重叠。

例如：

ORG　　0100H

AJMP　　PRG1

AJMP 为双字节指令，其首字节放在 0100H 单元，第二个字节放在 0101H 单元。

（2）汇编结束伪指令 END。

这一指令的格式为

［标号：］END［表达式］

当汇编程序遇到该指令后，结束汇编过程，其后的指令将不加处理。

（3）赋值伪指令 EQU。

这一指令的格式为

字符　EQU　操作数

该伪指令的功能是使 EQU 两边的两个量相等，即标号值等于其操作数的值。其操作数可以是 8 位或 16 位的二进制数，也可以是事先定义的标号或表达式。

例如：

DIGIT	EQU	8CH	; DIGIT = 8CH
JBT	EQU	2000H	; JBT = 2000H
BUF	EQU	JBT	; BUF = 2000H

在这里应说明的是，在某程序中，一旦用 EQU 伪指令对某标号赋值之后，就不能再用 EQU 伪指令来改变其值。

（4）定义字节伪指令 DB。

这一指令的格式为

［标号：］DB　项或项表

该伪指令的功能是把项或项表的数值存入本指令标号值开始的一个单元或连续的存储单元中。其中的项是指一个数据字节或用单引号括起来的字符，项表是用逗号分开的字节串，或用单引号括起来的字符串。

例如：

ORG　　　1000H

DB　　　01H，02H

则　　　（1000H）＝01H

（1001H）＝02H

又如：

ORG1100H

DB '01'

则（1100H）＝30H；0 的 ASCII 码

（1101H）＝31H　　　；1 的 ASCII 码

（5）定义字伪指令 DW。

这一指令的格式为

［标号：］　DW　项或项表

DW 伪指令的功能与 DB 的功能相似，不同之处在于 DW 操作数中的项，不是 8 位的数据字节，而是 16 位的数据字，项表中各项也用逗号隔开，汇编时，DW 则按高字节在前（低地址单元）低字节在后（高地址单元）处理。标号也可作为 DW 的操作数，但该标号必须事先赋值。

例如：

ORG 2000H

DW 2546H，0178H

则（2000H）＝25H

（2001H）＝46H

（2002H）＝01H

（2003H）＝78H

（6）位地址符号命令 BIT。

这一指令的格式为

字符名称　BIT　位地址

该命令对位地址赋予所规定的字符名称。

例如：A1 BIT P1.0

A2 BIT P2.5

这样就把两位位地址分别赋给两个变量 A1 和 A2，在编程中它们就可以被当作位地址来使用。

6.1.3　程序设计步骤

用汇编语言设计一个程序大致上可分为以下几个步骤。

（1）分析题意。解决问题之前，首先要明确所要解决问题的要求，虽然这是不言自明的道理，但也是初学者最容易犯的错误之一。切记要细心地阅读和分析以文字形式表达的待解决问题，在未弄清问题时，切忌急于"调遣"指令来编写程序。

（2）确定算法。根据实际问题的要求和指令系统的特点，决定所采用的计算公式和计算方法，这就是一般所说的算法。算法是进行程序设计的依据，它决定了程序的正确性和程序的质量。

（3）制定程序流程图。解题步骤可以用一行行的文字来加以描述和说明，但当问题较复杂时，往往不易用文字将问题描述得既正确又清楚，也不便于他人的阅读。因此，人们常将文字步骤加以图解，而成为流程图（又称程序框图）。

程序流程图是解题步骤及其算法进一步具体化的重要环节，它是设计程序的重要依据，它能比较清楚、形象地表达程序运行的过程，并且直观、清晰地体现程序的设计思路，可以使人迅速抓住程序的基本线索。

流程图是由预先约定的各种图形、流向线及必要的文字符号构成的。标准的流程图符号如图 6－1 所示。

图 6－1　流程图符号

（4）编写源程序。程序流程图设计后，基本思路已比较清楚，接下来的任务就是编制源程序，也就是用程序设计语言把用流程图所表明的步骤描述出来。如果选用汇编语言书写程序，则可用一些合适的汇编语言指令来实现流程图中每一框内的要求，从而编制出一个有序的指令流，这就是源程序设计。

（5）上机调试。只有通过上机调试并得出正确结果的程序，才能认为是正确的程序。对于单片机来说没有自开发的功能，需要使用仿真器或利用仿真软件进行仿真调试，排除程序中的错误，直至正确为止。

（6）程序优化。程序优化的目的在于缩短程序的长度，加快运算速度和节省数据存储单元。如恰当地使用循环程序和子程序结构，通过改进算法和正确使用指令来节省工作单元和减少程序执行的时间。

事实上，所谓程序设计方法，也只是在大量的程序设计实例中归纳、提炼出的某些规律而已。因此，读者欲掌握程序设计的技术，除了多读懂一些程序实例，学习一些程序设计的方法之外，最重要的是自己应多练习设计各式各样的程序，并在计算机上调试，实现自己编制的程序。

6.2　顺序程序的设计

顺序程序设计也称简单程序设计，它是所有程序设计中最基本的一种，是程序设计的基础，其主要特点是按操作顺序依次排列，完全是按指令书写顺序，从第一条指令开始执行直到最后一条指令结束。

下面通过几个实例来说明顺序程序的结构和设计技术。

例 6.1　两个 8 位无符号数相加，和仍为 8 位。

解：假设两个无符号数 X1，X2 分别存放在内部 RAM 的 60H，61H 单元中，求和并送入 62H 单元。

程序如下：

```
START： MOV    R0, #60H    ; 设 R0 为数据指针
        MOV    A, @R0      ; 取 X1
        INC    R0
        ADD    A, @R0      ; X1 + X2
        INC    R0
        MOV    @R0, A      ; 保存结果
        RET
```

例 6.2　将片外数据存储器中 2040H 的内容拆成两段，其高 4 位存入 2041H 单元的低 4 位，其低 4 位存入 2042H 单元的低 4 位。

解：程序流程图如图 6-2 所示。

根据流程图设计源程序如下：

```
START： MOV    DPTR, #2040H
        MOV    XA, @DPTR    ; 取数送 A
        MOV    R0, A        ; 数据暂存于 R0
        SWA    PA           ; （A）的高、低 4 位互换
        ANL    A, #0FH      ; 分离出（A）的低 4 位
        INC    DPTR
        MOV    X@DPTR, A     ; 将分离结果送 2041H 单元
```

MOV	A，R0	；重新取数
ANL	A，#0FH	；分离出（A）的低4位
INC	DPTR	
MOVX	@DPTR，A	；将分离结果送2042H单元
RET		

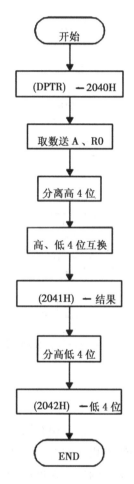

图6-2 数据拆分程序流程图

例6.3 单字节十六进制数转换为BCD码。

解：分析题意，单字节十六进制数在0~255之间，将其除100后，商即百位数，余数除以10，商为十位数，余数即个位数。

设单字节数在累加器A中，转换结果的百位数放在R7中，十位和个位数则放入A中。流程图如图6-3所示。

程序如下：

HBCD：	MOV	B，#100	；分离出百位数
	DIV	AB	
	MOV	R7，A	；R7←百位数
	MOV	A，#10	；分离十位和个位数

XCH A，B

DIV AB

SWA PA

ADD A，B

RET

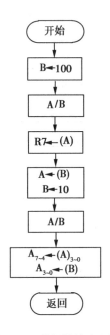

图 6 - 3　数据转换流程图

6.3　分支程序的设计

  单纯由顺序结构构成的程序比较简单，应用有限，在实际问题中，往往需要计算机对某种情况作出判断，根据判断结果作出相应的处理。通常，计算机依据某些运算结果来判断和选择程序的不同走向，形成分支。因此，在形成分支时，一般要有测试、转向和标识三个部分。

  测试。通过对程序状态寄存器 PSW 中各位状态的测试，或通过对指定的单元或指定的寄存器的某位或某些位或全部位的测试，判断某条件是否成立，决定是否转移，形成分支。MCS - 51 系列单片机指令系统中的条件转移类指令、比较转移类指令和位转移类指令均具有这种测试功能，可用它们来实现。

  转向。根据测试结果决定程序的走向。在源程序中由转移类指令完成，在流程图中以菱形逻辑框表示走向。

  标识。对每个程序分支，给出一个标识，以标明程序转移的方向，一般将分支程序转向的第一个语句赋予一个标号，作为此分支的标识。

  需要指出的是，一条转移控制指令，经一次判别只能形成两个分支，若要形成多分支程序，需由多个转移控制指令组合，经多次判别来实现，所以，分支程序设计比顺序程序设计复杂。

例6.4 求单字节有符号二进制数的补码。

解：正数的补码是其本身，负数的补码是其反码加1，因此，程序首先判断被转换数符号，负数进行转换，正数即为补码。

设二进制数放在累加器A中，其补码放回到A中，其程序框图如图6-4所示，程序如下：

```
CMPT：JNB     ACC. 7, NCH      ；（A）＞0，不需转换
      MOV     C, ACC. 7        ；保存符号
      MOV     00H, C
      CPL     A
      ADD     A, #1
      MOV     C, 00H
      MOV     ACC. 7, C        ；恢复符号
      NCH：RET
```

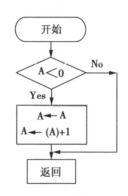

图6-4 求二进制数补码流程图

例6.5 求符号函数

$$Y = \begin{cases} 1 & \text{当 } X > 0 \\ 0 & \text{当 } X = 0 \\ -1 & \text{当 } X < 0 \end{cases}$$

解法一：X存放在30H单元，Y存放在31H单元，程序流程图如图6-5所示，程序如下：

```
START：MOV    A, 30H
       CJNE   A, #00H, NZ
       AJMP   LL
NZ：JBA    CC. 7, MM
    MOV    A, #01H
    AJMP   LL
MM：MOV     A, #0FFH
LL：MOV     31H, A
END
```

解法二：设X存放在片外程序存储器的DATA单元中，Y存放在片外数据存储器的

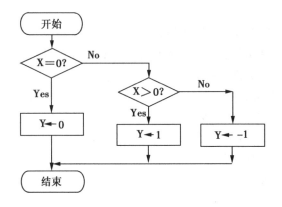

图 6-5 求符号函数的流程图（一）

BUF 单元中，程序流程图如图 6-6 所示。

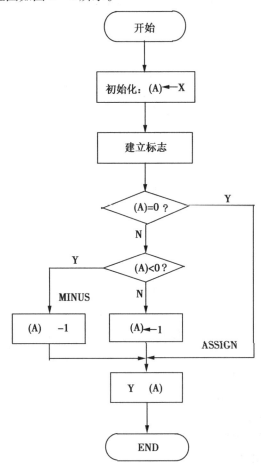

图 6-6 求符号函数的流程图（二）

根据流程图设计源程序如下：

```
START：MOV    DPTR，#DATA
       MOV    A，#00H
       MOV    CA，@A+DPTR；取数（A）←X
```

JZ	ASSIGN；若 X = 0，转 ASSIGN
JB	ACC. 7，MINUS；若 X < 0, 0 转 MINUS
MOV	A，#01H；若 X > 0，则（A）←01H
AJMP	ASSIGN

```
MINUS：MOV    A，#0FFH；若 X < 0，则（A）←0FFH
ASSIGN：MOV   DPTR，#BUF
        MOVX   @DPTR，A；（A）←（BUF）
RET
```

6.4 循环程序的设计

在上述顺序程序中，所有的指令仅被执行一次，而在分支程序中有的指令被执行一次，有的可能一次也未被执行。事实上，一个复杂的计算问题，常常包括许多重复的计算步骤，这时可设法控制某段程序重复执行的次数，这种程序称为循环程序。使用循环程序的设计方法，能缩短程序设计的时间，同时也节省了程序的存储空间，故循环程序设计是程序员必须掌握的一种程序设计技术。

然而，要使程序能循环运行，需要一些附加的工作，如设置循环次数、结束判断等指令，因此采用循环程序不能节省程序执行的时间。

6.4.1 循环程序的基本结构

循环程序由以下四部分组成。

（1）置初值（又称初始化）部分。把初值赋给某些控制变量和某些数据变量，如置循环次数数据及地址指针等。

（2）循环工作部分。这部分重复执行某些操作，实际的功能是通过它的执行而完成的，因而它是循环程序的主体。

（3）循环控制变量修改部分。修改循环次数、数据及地址指针等。

（4）循环终止控制部分。判断控制变量是否满足结束条件，如果不满足则转去继续执行循环工作部分，满足则退出循环程序。循环程序的结构如图 6 – 7 所示。

6.4.2 用计数器控制循环

6.4.2.1 单循环

循环终止控制一般采用计数方法，即用一个寄存器作为循环次数计数器，每循环一次后加 1 或减 1，达到终止数值后循环停止。对于 MCS – 51 系列单片机，可以用减 1 不等于 0 转移指令 DJNZ 来实现计数方法的循环终止控制，工作寄存器 R0 ~ R7 和片内数据 RAM 单元均可作为循环计数器，但 A 寄存器不能作为循环计数器。

例 6.6 编一段程序完成下列计算：

$$Y = \sum_{i=1}^{n} X_i$$

设 n = 10，X_i 顺序存放在片内 RAM 从 50H 开始的连续单元中，所求的和放在 R3 及 R4 中。

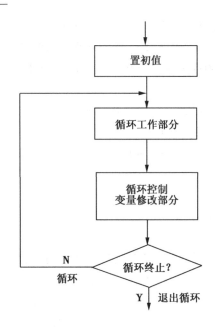

图 6-7 循环程序结构示意图

解：程序流程图如图 6-8（a）所示。

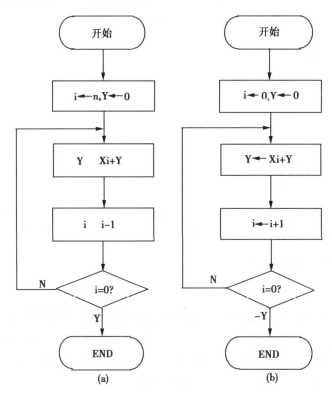

图 6-8 求 n 个单字节数据和流程图

根据流程图设计源程序如下：

NSUN：MOV   R2，#10   ；数组长度送 R2

```
        MOV     R3, #0         ；（R3）清零
        MOV     R4, #0         ；（R4）清零
        MOV     R0, #50H       ；数据块首址送 R0
LOOP：  MOV     A, R4
        ADD     A, @ R0
        MOV     R4 , A         ；和数的低字节送 R4
        CLR     A
        ADDC    A, R3
        MOV     R3, A          ；和数的高字节送 R3
        INC     R0             ；修改地址指针
        DJN     ZR2，LOOP       ；数据未加完，则继续执行
RET
```

程序中用 R2 作为减法计数器，同样也可用加法计数器来控制循环，流程图如图 6 – 8 （b）所示。程序清单可参照例 6.6 设计。

6.4.2.2　多重循环

如前面介绍的，一个循环程序中不再包含其他的循环程序，则称该循环程序为单循环程序；如果一个循环程序中包含了其他的循环程序，则称该循环程序为多重循环程序。这在实际问题中也是经常遇到的。

最简单的多重循环是由 DJNZ 指令构成的软件延时程序。

例 6.7　设计一个实现 50ms 延时程序。

解：延时程序与指令的执行时间关系密切，在使用 12MHz 晶振时，一个机器周期（T_M）为 $1\mu s$，执行一条 DJNZ 指令需 2 个机器周期，即 $2\mu s$，这时我们可用双重循环方法写出如下的延时 50ms 程序：

```
DEL：   MOV     R7, #200        ；T_M = 1μs
DEL1：  MOV     R6, #123
        NOP
DEL2：  DJNZ    R6, DEL2        ；(2×123 + 2) T_M = 248μs
        DJNZ    R7, DEL1        ；[（248 + 2）×200 + 1] T_M = 50.001ms
        RET
```

若需延时更长时间，可采用更多重的循环，如 1s 延时可用三重循环。

6.4.3　按条件控制转移

以上介绍的循环程序的循环次数都是已知的，而有些问题具体循环次数事先无法知道，但已知与问题有关的一些条件，也可以利用这些条件来控制循环。

例 6.8　把片内 RAM 中从 ST1 地址开始存放的数据块传送到 ST2 地址开始的存储区中，数据块长度未知，但已知数据块的最后一个字节内容为 00H，而其他字节均不为 0。设源地址空间与目的地址空间不重叠。

解：我们可利用判断每次传送的内容是否为 0 这一条件来控制循环，流程图如图 6 – 9 所示。

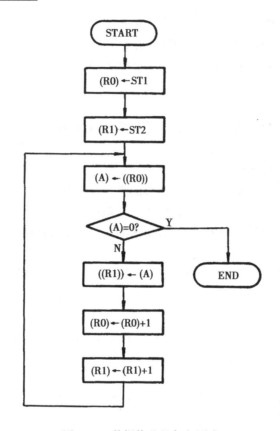

图 6 – 9　数据传送程序流程图

根据流程图设计的源程序如下：

EXAM：	MOV	R0，#ST1	
	MOV	R1，#ST2	
LOOP：	MOV	A，@ R0	
	JZ	ENT	；若（A）＝0，则跳出循环，返回
	MOV	@ R1，A	；若（A）≠0，将数送入目标数据区
	INC	R0	；修改源数据区指针
	INC	R1	；修改目标数据区指针
	SJMP	LOOP	；继续执行
ENT：	RET		

6.4.4　循环程序设计中应注意的问题

（1）循环程序是一个有始有终的整体，它的执行是有条件的，所以要避免从循环体外直接转移到循环体内部，因为这样做，未经过置初值，会引起程序的混乱。

（2）多重循环程序是从外层向里层一层层进入，但要结束循环时，是由里层到外层一层层退出，所以在循环嵌套程序中，不要在外层循环中用转移指令直接转到里层循环体中。

（3）循环体内可以直接转到循环体外或外层循环中，实现一个循环由多个条件控制结束的结构。

（4）在编写循环程序时，首先要确定程序的结构，弄清逻辑关系。一般来说，一个循环体的设计可以从第一次执行情况着手，先画出重复运算部分的流程图，然后加上修改、判断和置初值部分，使其成为一个完整的循环程序。

6.4.5 循环程序的优化

循环体是循环程序中重复执行的部分，如经过仔细推敲，合理安排，使其执行时间缩短 T_s，如果循环次为 n，程序就可节约 nT_s，故应对循环体进行优化，如从改进算法选用最合适的指令和工作单元入手，以达到缩短执行时间的要求。对于循环体来说，缩短程序的长度并不是特别重要，我们关心的主要是程序的执行时间。

6.5 查表程序的设计

在单片机应用系统中，查表程序使用频繁。利用它能避免进行复杂的运算或转换过程，故它广泛应用于显示、打印字符的转换以及数据补偿、计算、转换等程序中。

查表就是根据自变量 X 的值，在表中查找 y，使 y = f（X）。X 和 y 可以是各种类型的数据。表的结构也是多种多样的。表格可以放在程序存储器中，也可以存放在数据存储器中。一般情况下，对自变量 X 是有变化规律的数据，可以根据这一规律形成地址，对应的 y 则存放于该地址单元中；对 X 是没有变化规律的数据，在表中存放 X 及其对应的 y 值。前者形成的表格是有序的，后者形成的表格可以是无序的。

例 6.9 将 1 位十六进制数转换为 ASCII 码。

解：这里采用查表的方法完成十六进制数到 ASCII 码的转换。

建立一个表格，首先确定表格的首地址，在相对于表首的地址单元中存放 ASCII 码。设十六进制数存放在 R0 中，转换结果存放在 R1 中。

程序为：

```
          ORG    0300H
          MOV    A，R0
          ANL    A，#0FH      ；屏蔽高 4 位
          MOV    DPTR，#TAB
          MOV    CA，@A+DPTR
          MOV    R1，A
          ORG    0380H
TAB：     DB  '01234567'
          DB  '89ABCDEF'
          END
```

例 6.10 在一个单片机测温装置中，已知电压和温度之间是非线性关系。在校正过程中，电压值取连续的 10 位二进制数，在这些电压值下，测量对应温度最多可达 1024 个。用这些校正数据建立一个表格，以电压为相对地址，这样就可以根据测得的不同电压值求出被测温度。

解：设电压测量值 X 放在 R2，R3 中（10 位二进制数占两个字节），求出的温度仍放在 R2，R3 中（也是双精度数）。与 X 值的对应的温度放在地址为 2X 加表格的首地址的单元中。

程序为：

```
        MOV     DPTR, #TAB
        MOV     A, R3
        CLR     C
        RLC     A               ; X * 2
        MOV     R3, A
        XCH     A, R2
        RLC     A
        XCH     A, R2
        ADD     A, DPL          ; 加表首地址
        MOV     DPL, A
        MOV     A, DPH
        ADD     CA, R2
        MOV     DPH, A
        CLR     A
        MOV     CA, @ A + DPTR
        MOV     R2, A
        CLR     A
        INC     DPTR
        MOV     CA, @ A + DPTR
        MOV     R3, A
        RET
TAB:    DW
        …
```

例 6.11 某智能化仪器的键盘程序中，根据命令的键值（0，1，2，…，9），转换相应的双字节 16 位命令操作入口地址，其键值与对应入口地址关系如下：

键值	0	1	2	3	4
入口地址	0123	0186	0234	0316	0415
键值	5	6	7	8	9
入口地址	0520	0626	0710	0818	0929

解：设键值存放在 20H 单元中，出口地址值存放在 22H，23H 单元中。

程序如下：

```
        ORG     2200H
        MOV     DPTR, #TAB       ; 指向表首高 8 位
        MOV     A, 20H           ; 取键值
        RL      A                ; 乘 2 作查表偏移量
```

```
        MOV     20H，A
        MOV     CA，@ A + DPTR      ；取高 8 位地址
        MOV     22H，A
        INC     DPTR               ；指向表首低 8 位
        MOV     A，20H
        MOV     CA，@ A + DPTR      ；取低 8 位地址
        MOV     23H，A
        RET
TAB：   DB      01，23H
        DB      02，86H
        DB      03，34H
        DB      04，15H
        DB      05，20H
        DB      06，26H
        DB      07，10H
        DB      08，18H
        DB      09，29H
```

6.6　散转程序的设计

散转指令的操作是把 16 位数据指针 DPTR 的内容与累加器 A 中的 8 位无符号数相加，形成地址，装入程序计数器 PC，此即散转的目的地址，其操作结果不影响 A 和 DPTR。

散转程序的设计可采用下面两种方法：

（1）数据指针 DPTR 固定，根据累加器 A 的内容，程序转入相应的分支程序中去；

（2）累加器 A 清零，根据数据指针 DPTR 的值，决定程序转向目的地址。DPTR 的值可用查表或其他方法获得。

下面介绍几种不同方法的散转程序。

6.6.1　采用转移指令表

在许多简单的应用中，根据某标志单元的内容（输入或运算结果）是 0，1，2，…，n，分别转向操作程序 0，操作程序 1，操作程序 2，…，操作程序 n。针对这种情况，可以先用无条件直接转移指令（AJMP 或 LJMP 指令）按序组成一个转移表，再将转移表首地址装入数据指针 DPTR 中，然后将标志单元的内容装入累加器 A 作为变址值，最后执行 JMP@ A + DPTR 指令实现散转。

例 6.12　根据 R7 的内容，转向各个操作程序。

R7 = 0，转入 OPR0

R7 = 1，转入 OPR1

　　　…

R7 = n，转入 OPRn

解：程序清单如下：

JUMPl：	MOV	DPTR，#JPT1	；跳转表首送数据指针
	MOV	A，R7	
	ADD	A，R7	；R7×2→A（修正变址值）
	JNC	NOAD	；判有否进位
	INC	DPH	；有进位则加到高字节地址
NOAD：	JMP	@ A + DPTR	；转向形成的散转地址入口
JPT1：	AJMP	OPR0	；直接转移地址表
	AJMP	OPR1	
	…		
	AJMP	OPRn	

在程序中，转移表由双字节短转移指令 AJMP 组成，各转移指令地址依次相差两个字节，所以累加器 A 中变址值必须作乘 2 修正。若转移表由三字节长转移指令 LJMP 组成，则累加器 A 中变址值必须乘 3。当修正值有进位时，则应将进位先加在数据指针高位字节 DPH 上。

此外，转移表中使用 AJMP 指令，这就限制了转移的入口 OPR0，OPR1，…，OPRn 必须和散转表首 JPT1 位于同一个 2KB 字节空间范围内。另一个局限性表现在散转点不得超过 256，这是因为工作寄存器 R7 为单字节。为了克服上述两个局限性，除了可用 LJMP 指令组成跳转表外，还可采用双字节的工作寄存器存放散转点，并利用对 DPTR 进行加法运算的方法，直接修改 DPTR，然后再用 JMP @ A + DPTR 指令来执行散转。

例 6.13 根据 R6R7 中数（小于 4FFFH）转向对应的操作程序。

解：程序清单如下：

JUMP2：	MOV	DPTR，#JPT2	；跳转表首送数据指针
	MOV	A，R6	；取散转点高 8 位
	MOV	B，#03H	
	MUL	AB	；R6×3→BA
	ADD	A，DPH	
	MOV	DPH，A	；R6×3 + DPH→DPH
	MOV	A，R7	；取散转点低 8 位
	MOV	B，#03H	
	MUL	AB；R7×3→BA	
	XCH	A，B	
	ADD	A，DPH	
	MOV	DPH，A	；R7×3 + DPH→DPH
	XCH	A，B	；R7×3 低位在 A 中
	JMP	@ A + DPTR	；散转
JPT2：	LJMP	OPR0	
	LJMP	OPRl	
	…		

　　　　　　　LJMP　　　　OPRn

　　在程序中，跳转表由三字节指令 LJMP 组成，操作程序入口允许 64KB 地址空间范围，同时散转点应先乘 3 然后再计算查表偏移量。散转点超过 256，占两个字节，乘 3 后结果仍应在双字节范围内，所以散转点高 8 位乘 3 的结果没有进位，可直接加在数据指针 DPTR 高 8 位上，散转点低 8 位乘 3 后，把低 8 位（在 A 中）加在 DPL 上，高 8 位（在 B 中）再加在 DPH 上。

6.6.2　采用地址偏移量表

　　上面介绍的散转程序，首先必须建立转移表，程序根据散转点，执行 JMP@ A + DPTR 指令，进入转移表后，再由双字节 AJMP 指令转入 2KB 空间范围内的操作入口或由三字节 LJMP 指令转入 64KB 空间范围内的操作入口。

　　如果散转点较少，所有操作程序处在同一页（256 字节）内时，可使用地址偏移量转移表。

　　例 6.14　按 R7 的内容转向 5 个操作程序。

　　解：程序清单如下：

```
JUMP3：MOV      A，R7
       MOV      DPTR，#TAB3
       MOVC     A，@ A + DPTR
       JMP      @ A + DPTR
TAB3： DB       OPR0 – TAB3
       DB       OPR1 – TAB3
       DB       OPR2 – TAB3
       DB       OPR3 – TAB3
       DB       OPR4 – TAB3
```

OPR0：┃操作程序 0┃

OPR1：┃操作程序 1┃

OPR2：┃操作程序 2┃

OPR3：┃操作程序 3┃

OPR4：┃操作程序 4┃

　　从本例中可以看出，地址偏移量表每项对应一个操作程序的入口，占一字节，分别表示对应入口地址与表首的偏移量。如当 R7 = 0 时，执行 MOVC A，@ A + DPTR 指令后，A 中值为 OPR0 – TAB3，而 DPTR 为 TAB3，执行 JMP@ A + DPTR 时，A + DPTR = OPR0 – TAB3 + TAB3 = OPR0，所以程序转入 OPR0 去。

　　使用这种方法，地址偏移表的长度加上各操作程序长度必须在同一页内。当然最后一个操作程序的长度不受限制，只要其程序入口与地址偏移表首的偏移量在一字节内（小于 256）就可以了。显然转移表和各操作程序可位于 64KB 程序存储器中任何地方，它的特点是方便、简单。

6. 6. 3　采用转向地址表

前面讨论的采用地址偏移量表的方法，其转向范围局限于一页，在使用时受到较大的限制。若需要转向较大的范围，可以建立一个转向地址表，即将所要转向的双字节地址组成一个表，在散转时，先用查表方法获得表中的转向地址，然后将该地址装入数据指针 DPTR 中，再清累加器 A，最后执行 JMP　@A + DPTR 指令，程序转入所要到达的目的地址中去。

例 6. 15　根据 R7 的内容转入各对应的操作程序中去。

解：设转移入口地址为 OPR0，OPRl，…，OPRn，散转程序及转移表如下：

```
JUMP4：MOV      DPTR，#TAB4
       MOV      A，R7
       ADD      A，R7；R7×2→A
       JNC      NADD
       INC      DPH              ；R7×2 进位加至 DPH
NADD： MOV      R3，A；暂存
       MOVC     A，@A + DPTR     ；取地址高 8 位
       XCH      A，R3            ；置转移地址高 8 位
       INC      A
       MOVC     A，@A + DPTR     ；取地址低 8 位
       MOV      DPL，A           ；置转移地址低 8 位
       MOV      DPH，R3
       CLR      A
       JMP      @A + DPTR
TAB4： DW       OPR0
       DW       OPR1
       …
       DW       OPRn
```

这种散转方法显然可以达到 64KB 地址空间范围内的转移，但也可看出，散转数 n 小于 256。若要 n 大于 255，可仿前面用双字节加法运算的方法来修改 DPTR。

6. 6. 4　利用 RET 指令实现散转程序

MCS－51 指令系统中，除了用 JMP @A + DPTR 指令可以实现散转功能，也可以利用 RET 指令。RET 指令的功能是将堆栈中的内容弹出到程序计数器 PC 中去。如例 6.14 中，在查表找到转向地址后，把它先压入堆栈中（先为低位字节，后为高位字节，即模仿调用指令），然后执行 RET 指令，把该地址弹入 PC 中，使程序转向到所需的散转地址，同时堆栈指针也被调整到原来值。

例 6. 16　根据 R7 的内容转向各个操作程序。

解：程序清单如下：

```
JUMP5：     MOV      DPTR，#TAB5
```

```
            MOV      A，R7
            ADD      A，R7
            JNC      NADD
            INC      DPH
NADD：      MOV      R3，A
            MOVC     A，@A+DPTR        ；取高 8 位散转地址
            XCH      A，R3            ；暂存
            INC      A
            MOVC     A，@A＋DPTR        ；取低 8 位散转地址
            PUSH     A               ；入栈
            MOV      A，R3
            PUSH     A               ；高 8 位地址入栈
            RET      ；转向散转目的地址
TAB5：      DW       OPR0
            DW       OPR1
            …
            DW       OPRn
```

6.7 子程序的设计

在子程序中，应按实际情况设置保护现场和恢复现场两部分。

保护现场。所谓现场是指当前时刻 CPU 的状态及各寄存器、存储单元的内容，保护现场就是将转入子程序前一时刻的现场压入堆栈进行保护。

恢复现场。在子程序结束而返回主程序之前，要将原保护的现场从堆栈中弹出，以便返回主程序后能与调用子程序之前的内容衔接，即恢复现场。

在调用子程序时，主程序应先将子程序所要用到的有关参数（即入口参数）放到某些约定的寄存器或存储单元中，子程序在运行时，可以从这些约定的地方得到有关参数。同样子程序在运行结束前也应将运行结果（出口参数）送到约定的寄存器或存储单元存放，以便返回主程序后，主程序可以从这些地方获得所需要的结果，这就是参数传递。

实现参数传递可以采用多种约定方法，下面按照 MCS－51 系列单片机的特点介绍几种常用的方法。

6.7.1 工作寄存器或累加器传递参数

这种方法就是将入口参数或出口参数放在工作寄存器或累加器中。使用这种方法，程序最简单，运算速度最高，其缺点是工作寄存器数量有限，不能传递太多的数据；主程序必须先把数据送到工作寄存器；参数个数固定，不能由主程序任意设置。

例 6.17 把累加器 A 中的一个十六进制数的 ASCII 码字符转换为十六进制数存放于 A。

解：根据十六进制数和它的 ASCII 码字符编码之间的关系，可得到如图 6－10 所示的

流程图。

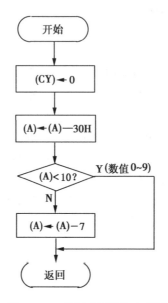

图 6-10　数据进制转换流程图

子程序如下：

; 调用地址（标号）ASCH

; 入口参数：ASCII 码字符在累加器 A 中

; 出口参数：转换所得十六进制数在累加器 A 中。

```
ASCH:   CLR     C
        SUBB    A，#30H
        CJNE    A，#10，AH9
AH9:    JC      AH10
        SUBB    A，#07H
AH10:   RET
```

6.7.2　用指针寄存器来传递参数

由于数据一般存放在存储器中，而不是存放在工作寄存器中，所以可用地址指针来表示数据的位置，这样可以节省传递数据的工作量，并可实现可变长度计算。一般如果参数在片内数据 RAM 中，可用 R0 或 R1 作指针；如果参数在片外存储器中，可用 DPTR 作指针。可变长度运算时，可用一个寄存器来指出数据长度，也可在数据中指出其长度（如使用标记等）。

例 6.18　将（R0）和（R1）指出的片内数据 RAM 中两个 N 字节无符号整数相加，结果送（R0）指出的片内 RAM 中。

解：利用 MCS-51 系列单片机的带进位加法指令，可直接编写下面的程序：

; 调用地址（标号）NADD

; 入口参数：（R0），（R1）分别指向被加数和加数的低位字节，数据长度 N 存放在

R7 中

; 出口参数：（R0）指向结果的高位字节

NADD：	CLR	C	
NADD1：	MOV	A，@ R0	
	ADDC	A，@ R1	；两数相加
	MOV	@ R0，A	；结果存入被加数单元
	INC	R0	
	INC	R1	；修改地址指针
	DJNZ	R7，NADD1	；数据块尚未加完，继续执行
	DEC	R0	
	RET		

6.7.3 用堆栈传递参数

堆栈也可用于传递参数，调用时，主程序可用 PUSH 指令把参数压入堆栈中，以后子程序可按栈指针来间接访问堆栈中的参数，同时可把结果参数送回堆栈，返回主程序后，可用 POP 指令得到这些结果参数。这种方法的一个优点是简单，能传递大量参数，不必为特定的参数分配存储单元。后面讲到的中断服务程序将使用这种方法。由于参数在堆栈中，所以可大大简化中断响应时的现场保护。

例 6.19 将 N 个字节数求和，用堆栈传送参数。

解：程序如下：

; 调用地址标号　NADD

; 入口参数：字节长度 N 在 R7 中，N 个字节的数据在栈中从栈顶依次存放

; 出口参数：和数存在栈顶的相邻两个单元中，先低后高

NADD：	POP	30H	；首先弹出地址码
	POP	31H	
	MOV	R4，#0	；R4，R3 清零
	MOV	R3，#0	
LOOP：	POP	ACC	；取数据
	ADD	A，R4	；求和的低字节
	MOV	R4，A	
	CLR	A	
	ADD	CA，R3	；求和的高字节
	MOV	R3，A	
	DJNZ	R7，LOOP	
	PUSH	03H	；存和的高字节
	PUSH	04H	；存和的低字节
	PUSH	31H	；压入地址码
	PUSH	30H	；压入地址码
	RET		

下面通过具体的例子说明主程序和子程序之间的设计和调用。

例 6.20 用程序实现 $C = a^2 + b^2$。设 a、b 均小于 1，a 存在 31H 单元，b 存在 32H 单元，把 C 存入 33H 单元。

解：因本题两次用到平方值，所以在程序中采用把求平方值编为子程序的方法。依题意编写主程序和子程序如下：

主程序：

```
ORG      0200H
MOV      SP, #3FH
MOV      A, 31H
LCALL    SQR
MOV      R1, A
MOV      A, 32H
LCALL    SQR
ADD      A, R1
MOV      33H, A
SJMP     $
```

子程序：

```
ORG      0400H
SQR：INC     A
     MOV     A, @A + PC
     RET
TAB：DB      0, 1, 4, 9, 16
     DB      25, 36, 49
     DB      64, 81
```

求平方的子程序在此采用的是查表法。A 之所以要增一，是因为 RET 指令占了一个字节。

下面说明一下堆栈内容在执行程序过程中的变化。当程序执行完第一条 LCALL SQR 指令时，断点地址为 0208H，此时 08 压入 40H，02H 压入 41H，0400H 装入 PC，当子程序执行 RET 指令时，0208H 弹入 PC，主程序接着从此地址运行。当执行完第二条 LCALL SQR 指令时，断点地址为 020EH，此时 0EH 压入 40H，02H 压入 41H，0400H 装入 PC。当子程序执行完 RET 指令时，020EH 弹入 PC，主程序接着从此地址运行。

例 6.21 求两个无符号数据块中的最大值。数据块的首地址分别为 60H 和 70H，每个数据块的第一个字节都存放数据块长度，结果存入 5FH 单元。

解：本例可采用分别求出两个数据块的最大值，然后比较其大小的方法，求最大值的过程可采用子程序。子程序的入口条件是数据块首地址，返回参数为最大值，放在 A。

下面分别列出主程序和子程序：

主程序：

```
ORG      2000H
MOV      R1, #60H        ; 置入口条件参数
```

```
        ACALL   QMAX            ; 调求最大值子程序
        MOV     40H, A          ; 第一个数据块的最大值暂存 40H
        MOV     R1, #70H        ; 置入口条件参数
        ACALL   QMAX            ; 调求最大值子程序
        CJNE    A, 40H, NEXT    ; 两个最大值进行比较
NEXT:   JNC     LP              ; A 大则转 LP
        MOV     A, 40H          ; A 小则把 40H 中内容送入 A
LP:     MOV     5FH, A          ; 把两个数据块中的最大值送入 5FH
        SJMP    $
子程序:
        ORG     2200H
QMAX:   MOV     A, R1           ; 取数据块长度
        MOV     R2, A           ; 设置计数值
        CLR     A               ; 设 0 为最大值
LP1:    INC     R1              ; 修改地址指针
        CLR     C               ; 0→C
        SUBB    A, @R1          ; 两数相减
        JNC     LP3             ; 原数仍为最大值转 LP3
        MOV     A, @R1          ; 否, 用此数代替最大值
        SJMP    LP4             ; 无条件转 LP4
LP3:    ADD     A, @R1          ; 恢复原最大值
LP4:    DJNZ    R2, LP1         ; 若没比较完, 继续
        RET                     ; 比较完, 返回
```

例 6.22　在 50H 单元中存放着两个 16 进制数字, 编程使它们分别转换成 ASCII 码, 并存入 51H, 52H 单元。

解: 在本题中, 16 进制数转换成 ASCII 码的过程可采用子程序。为进一步说明在子程序调用过程中如何利用堆栈, 我们采用堆栈来传递参数。

主程序:

```
        ORG     2000H
        MOV     SP, 3FH         ; 设堆栈指针
        PUSH    50H             ; 把 50H 单元内的数推入堆栈
        ACALL   HASC            ; 调用子程序
        POP     51H             ; 低半字节的 ASCII 码弹入 51H 单元
        MOV     A, 50H
        SWAP                    ; 准备处理高半字节的 16 进制数
        PUSH    ACC
        ACALL   HASC
        POP     52H             ; 高半字节的 ASCII 码弹入 52H 单元
        SJMP    $
```

子程序：

```
           ORG       2200H
HASC：     DEC       SP
           DEC       SP          ; 修改 SP 指针到参数位置
           POP       ACC         ; 把待处理参数弹入 A
           ANL       A, #0FH     ; 屏蔽高 4 位
           ADD       A, #07      ; 修正查表位置
           MOV       CA, @A + PC ; 取表中数至 A
           PUSH      ACC         ; 把结果压入堆栈
           INC       SP
           INC       SP          ; 修改 SP 指针到断点位置
           RET
TAB：      DB        '01234567'
           DB        '89ABCDEF'
```

本例中堆栈的操作示意图见图 6 – 11。当第一次执行 PUSH 50H 时，即把 50H 中的内容压入 40H 单元内。执行 ACALL HASC 指令后，则主程序的断点地址高低位（PCH、PCL）分别压入 41H，42H 单元。进入子程序后，二次执行 DEC SP，则把堆栈指针修正到 40H。此时执行 POP ACC 则把 40H 中的原 50H 单元内的数据弹入到 ACC 中。当查完表以后，执行 PUSH ACC，则已转换的 ASCII 码值压入堆栈的 40H 单元，再执行两次 INC SP，则 SP 变为 42H，此时执行 RET 指令，则恰好把原断点内容又送回 PC，SP 又指向40H，所以返回后执行 POP 51H，正好把 40H 的内容弹出到 51H。第二次调用过程类似，不再赘述。

本题也可以不采用堆栈传递参数的办法，此时可以把 ACC 既作为入口条件，也作为出口条件，在主程序中把 PUSH 50H 改为 MOV A，50H 把 POP 51H 改为 MOV 51H，A 以下类似即可。在子程序中把 6 条有关堆栈的操作指令都去掉，再把 ADD A，#07 改为 ADD A，#01 即可。

在这一节里，我们只举了几个简单应用子程序的例子。实际上，我们可以把各种功能的程序均编成子程序，例如，任意数的平方，数据块排序，多字节的加、减、乘、除等。把子程序结构利用到编写大块的复杂的程序中去，就可以把一个复杂的程序分割成很多独

图 6 – 11　堆栈操作示意图

立的、关联较少的功能模块，通常称为模块化结构。这种方式不但结构清楚、节省内存，而且也易于调试，是大程序设计中经常采用的编程方式。

6.8 典型程序举例

例 6.23 无符号数双字节乘法。

功能：（R2R3）＊（R6R7）→（R4R5R6R7）

```
WMUL：   MOV    A，R3
         MOV    B，R7
         MUL    AB          ；（R3）＊（R7）
         XCH    A，R7        ；（R7）＝（R3＊R7）L
         MOV    R5，B        ；（R5）＝（R3＊R7）H
         MOV    B，R2
         MUL    AB          ；（R2）＊（R7）
         ADD    A，R5
         MOV    R4，A
         CLR    A
         ADDC   A，B
         MOV    R5，A        ；（R5）＝（R2＊R7）H
         MOV    A，R6
         MOV    B，R3
         MUL    AB          ；（R3）＊（R6）
         ADD    A，R4
         XVH    A，R6
         XCH    A，B
         ADDC   A，R5
         MOV    R5，A
         MOV    F0，C        ；暂存 CY
         MOV    A，R2
         MUL    AB          ；（R2）＊（R6）
         ADD    A，R5
         MOV    R5，A
         CLR    A
         MOV    ACC.0，C
         MOV    C，F0        ；加以前的加法进位
         ADDC   A，B
         MOV    R4，A
         RET
```

该程序的乘法流程如图 6－12 所示。

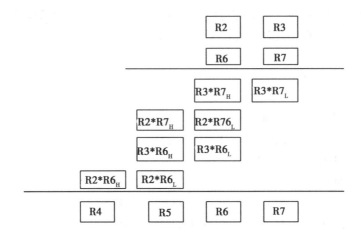

图 6 – 12 双字节乘法流程

例 6.24 采用比较法的多字节除法。

功能：（R2R3R4R5） ÷ （R6R7） → （R4R5），余数为（R2R3）

程序框图如图 6 – 13 所示。在这个框图中，（R2R3R4R5）为被除数，同时（R4R5）又是商。运算前，先比较（R2R3）与（R6R7），如果（R2R3）≥（R6R7）则为溢出，置位 F0 直接返回。否则执行除法，这时的出口 F0 = 0。上商时，上商 1 采用加 1 的方法，上商 0 不加 1。比较操作采用减法来实现，只是先不回送结果。而是保存在累加器 A 和寄存器 R1 中。在需要执行减法时才回送结果。B 为循环次数控制计数器，初值为 16（除数和商为 16 位）。运算结束后，（R4R5）为商，（R2R3）为余数，（R6R7）不变。在左移时，把移出的最高位存放到用户标志 F0 中。

```
NDIV:      MOV     A，R3
           CLR     C
           SUBB    A，R7
           MOV     A，R2
           SUBB    A，R6
           JNC     NDVE1
           MOV     B，#16
NDIV1:     CLR     C
           MOV     A，R5
           RLC     A
           MOV     R5，A
           MOV     A，R4
           RLC     A
           MOV     R4，A
           MOV     A，R3
           RLC     A
           MOV     R3，A
           XCH     A，R2
```

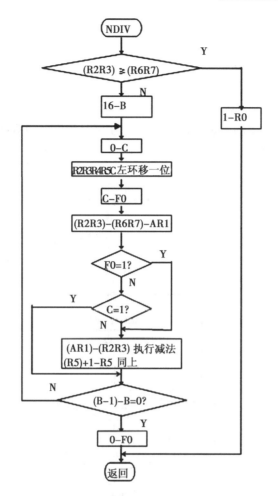

图 6-13 无符号双字节除法程序流程

```
        RLC     A
        XCH     A, R2
        MOV     F0, C
        CLR     C
        SUBB    A, R7
        MOV     R1, A
        MOV     A, R2
        SUBB    A, R6
        JB      F0, NDVM1
        JC      NDVD1
NDVM1:  MOV     R2, A
        MOV     A, R1
        MOV     R3, A
        INC     R5
NDVD1:  DJNZ    B, NDIV1
```

```
              CLR     F0
              RET
NDVE1：        SETB    F0
              RET
```

例 6.25 双字节二进制数转换为 BCD 码。

功能：将（R2R3）中的二进制转换为压缩的 BCD 码存入（R4R5R6），其中 R4 的低四位为转换结果的最高位。程序流程见图 6 – 14。

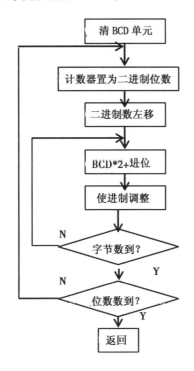

图 6 – 14　二进制转换为 BCD 流程

```
BINTOBCD：     CLRA
              MOVR4，A
              MOVR5，A
              MOVR6，A
              MOVR7，#16
NEXT：         CLRC
              MOVA，R3
              RLCA
              MOVR3，A
              MOVA，R2
              RLCA
              MOVR2，A
              MOVA，R6
```

```
ADDC A, R6
DA   A
MOV  R6, A
MOV  A, R5
ADDC A, R5
DA   A
MOV  R5, A
MOV  A, R4
ADDC A, R4
DA   A
MOV  R4, A
DJNZ R7, NEXT
RET
```

6.9　浮点数及其程序设计

在单片机应用系统的数据处理过程中，经常会遇到小数的运算问题，如求解 PID 的增量算式、线性化处理等，因此需要用二进制数来表示小数。表示小数的方法一般有两种——定点数和浮点数。定点数结构简单，与整数的运算过程相同，运算速度快，但随着所表示数的范围的扩大，其位数成倍增加，给运算和存储带来不便，而且也不能保证相对精度不变。浮点数的结构相对复杂，但它能够以固定的字节长度保持相对精度不变，用较少的字节表示很大的数的范围，便于存储和运算，在处理的数据范围较大和要求精度较高时，浮点数被广泛采用。

6.9.1　浮点数的概念

我们经常用科学计数法来表示一个十进制数，如

$1234.75 = 1.23475E3 = 1.23475 \times 10^3$

在数据很大或很小时，采用科学计数法避免了在有效数字前加 0 来确定小数点的位置，突出了数据的有效数字的位数，简化了数据的表示。可以认为，科学计数法就是十进制数的浮点数表示方法。

在二进制数中，也可以用类似的方法来表示一个数，如

$1234.75 = 0.1001\ 1010\ 01011 \times 10^{1011}$（二进制）

$= 0.1001\ 1010\ 01011 \times 2^{11}$

一般表达式为

$$N = S \times 2^P$$

在这种表示方法中，数据由四个部分组成，即尾数 S 及符号，阶码 P 及符号。

在二进制中，通过定义相应字节或位来表示这四部分，就形成了二进制浮点数。二进制浮点数可以有多种不同的表示方法，下面是一种常见的三字节浮点数的格式：

7	6	5	4	3	2	1	0	
数符	阶符			阶　　码				Addr
			尾数高 8 位					Addr+1
			尾数低 8 位					Addr+2

其中尾数占 16 位，阶码占 6 位，阶符占 1 位，数符占 1 位。阶码通常用补码来表示。

在这种表示方法中，小数点的实际位置要由阶码来确定，而阶码又是可变的，因此称为浮点数。

1234.75 用这种格式的浮点数表示就是：

$$0000\ 1011\ 1001\ 1010\ 0101\ 1000$$

用十六进制表示为：

1234.75 = 0B9A58H

−1234.75 = 8B9A58H

0.171875 = 043B00H

−0.171875 = 443B00H

三字节浮点数所能表示的最大值为：

$$1 \times 2^{63} = 9.22 \times 10^{18}$$

能表示的最小数的绝对值为：

$$0.5 \times 2^{-63} = 5.42 \times 10^{-20}$$

其所表示的数的绝对值范围在 5.42×10^{-20} 和 9.22×10^{18} 之间，由此可以看到，三字节浮点数比三字节定点数表示的数的范围大得多。

按同样方法可以定义一个四字节的浮点数，以满足更高精度的需要。

6.9.2　规格化浮点数

同一个数用浮点数表示可以是不同的，如

$$1234.75 = 0B9A58H = 0C4D2CH = 0D2696H$$

虽然这几种方法表示的数值是相同的，但其尾数的有效数字的位数不同，分别为 16 位、15 位和 14 位。在运算过程中，为了最大限度地保持运算精度，应尽量增加尾数的有效位数，这就需要对浮点数进行规格化处理。

在只考虑用二进制原码表示尾数时，尾数的最高位为 1，则该浮点数为规格化浮点数。在规格化浮点数中，用尾数为 0 和最小阶码表示 0，三字节规格化浮点数的 0 表示为 410000H。

浮点数在运算之前和运算之后都要进行规格化，规格化过程包括以下步骤：

（1）首先判断尾数是否为 0，如果为 0，规格化结果为 410000H；

（2）如果尾数不为 0，判断尾数的最高位是否为 1，如果不为 1，尾数左移，阶码减 1；

（3）再判断尾数的最高位是否为 1，如果不为 1，继续进行规格化操作；如果为 1，规格化结束。

6.9.3　浮点数运算

浮点数运算包括加、减、乘、除四则运算，比较运算，开方运算，多项式运算和函数运算。其他运算都可用这些基本运算的组合来完成。本节主要介绍浮点数四则运算及其子程序。

（1）浮点数的加、减运算

浮点数的运算就是求结果的尾数、数符、阶码包括阶符的过程。在加、减运算中，参加运算的浮点数的阶码可能是不同的，其尾数所代表的值也是不同的。在这种情况下，尾数不能直接相加或相减，必须首先使两个数的阶相同，这一过程称为对阶。一般是让小阶向大阶对齐，尾数相应右移。对阶相当于算术中的小数点对齐或代数中的通分。尾数相加或相减得到了结果的尾数，数符由尾数的运算结果的符号确定，阶码就是两个数中较大的阶码。

例 6.26　计算 132.25 +69.75。

132.25 +69.75 =088440H +078B80H =088444H +0845C0H =08CA00H =202

由于两个浮点数的阶码分别为 8 和 7，先将加数的阶码变为 8，其尾数右移 1 位。两个数的阶码相同后，尾数直接相加即为和的尾数，和的尾数的最高位为 1，为规格化浮点数。

例 6.27　计算 12.39 −93.1。

12.39 −93.1 =04C651H −07BA33H =87A169H = −80.71

本例中被减数小于减数，差为负数，结果的数符为 1。差的阶码为两个数中较大的阶码。

（2）浮点数乘法运算

如果设参加运算的两个操作数分别表示为

$$Na = (-1)^{SSa} \times Sa \times 2^{Pa}$$
$$Nb = (-1)^{SSb} \times Sb \times 2^{Pb}$$

它们的积为

$$N = Na \times Nb = (-1)^{SSa+SSb} \times (Sa \times Sb) \times 2^{Pa+Pb}$$

式中 SSa 和 SSb 为两个数的数符。

乘法运算可总结为：

①积的数符为乘数和被乘数的符号位按模 2 求和的结果，即符号位的异或为结果的符号位；

②积的阶为乘数和被乘数的阶的和；

③积的尾数为被乘数和乘数的尾数的积；

参加运算的浮点数一般都是规格化的浮点数，尾数的积小于 1，不需进行右规格化处理。但有可能小于 0.5，所以需进行左规格化处理，使积为规格化浮点数。如果乘数或被乘数的尾为 0，则积为 410000H。由于在尾数相乘时，积的低 16 位不能反映在结果中，因此，积可能会产生一定的误差。

例 6.28　计算 22.41 × 4.23。

22.41 ×4.23 =05B349H ×03875EH =07BD9AH =94.8

积的阶为乘数和被乘数的和，即 8，尾数相乘时，积小于 0.5，进行左规格化处理，阶码变为 7。

例 6.29 计算 2586.5 × （-6.91）。

$$2586.5 × （-6.91） = 0CA1B0H × 83DD13H = 8F8BA0H = -17872$$

被乘数为正数，数符为 0，乘数为负数，数符为 1，积的数符为 0 + 1 = 1，所以积为负数。

（3）浮点数的除法运算

除法运算可以表示为

$$N = Na/Nb = （-1）^{SSa-SSb} × （Sa/Sb） × 2^{Pa-Pb}$$

浮点数的除法运算可以总结为：

①商的数符为被除数与除数的符号位的差；

②商的阶码为被除数和除数的阶码的差；

③商的尾数为被除数和除数的尾数的商。

规格化的浮点数进行除法运算时，尾数相除，商不会小于 0.5，不需要进行左规格化处理。但有可能人于 1，有时需进行右规格化处理。

例 6.30 计算 390.67 ÷ 14.31。

$$39.67 ÷ 14.31 = 09C357H ÷ 04E511H = 05DA4EH = 27.3$$

商的阶码为被除数与除数的阶码的差。尾数相除时，结果的最高位为 1，商为规格化浮点数。

例 6.31 计算 -6.02 ÷ 16.157。

$$-6.02 ÷ 16.157 = 83C0AAH ÷ 058143H = FFBEC8H = -0.373$$

异号相除时，商为负数。由于被除数的尾数大于除数的尾数，所以，被除数先进行右规格化，阶码变为 4，商的阶码为 -1，用补码来表示。

6.9.4 浮点数运算子程序

通过前面的分析我们看到，浮点运算比较复杂，有其特有的方法和规格规律。这里介绍几种常用的三字节浮点数运算子程序，通过分析、设计这些程序，学生们可以进一步了解浮点数的运算过程和特点，熟悉复杂程序的设计方法。

6.9.4.1 浮点数通用规格化子程序

在浮点数运算过程中，有时需要左规格化，有时需要右规格化。通用规格化子程序既可实现左规格化，又可实现右规格化，其具体功能如图 6 - 15 所示。

当 CY = 0 时，进行右规格化；F0 = 0 时，对 R6（阶）R2R3（尾数）右规格化 1 位；F0 = 1 时，对 R7（阶）R4R5（尾数）右规格化 1 位。

当 CY = 1 时，对 R6（阶）R2R3（尾数）进行左规格化。

程序开始时，判断是进行左规格化还是右规格化。如果是右规格化，还要判断是对 R6（阶）R2R3（尾数）还是对 R7（阶）R4R5（尾数）进行规格化。如果是左规格化，直至将操作数变为规格化浮点数，其程序框图如图 6 - 16 所示。

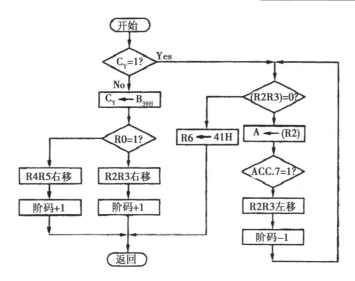

图6-15 通用规格化子程序流程图

程序如下：

```
FSDT:   JC    FS2        ; 判断 CY
        MOV   C, 39H     ; CY = 0 右规格化
        JB    F0, FS1
        MOV   A, R2      ; CY = 0, F0 = 0, 对 R6R2R3 右移 1 位
        RRC   A
        MOV   R2, A
        MOV   A, R3
        RRC   A
        MOV   R3, A
        INC   R6
        RET
FS1:    MOV   A, R4      ; CY = 0 F0 = 1, 对 R7R4R5 右移 1 位
        RRC   A
        MOV   R4, A
        MOV   A, R5
        RRC   A
        MOV   R5, A
        INC   R7
        RET
FS2:    MOV   A, R2      ; CY = 1, 对 R6R2R3 左规格化
        JNZ   FS4
        CJNE  R3, #0, FS5 ; 判断尾数 = 0? 若非 0 左规格化
        MOV   R6, #40H   ; 是 0 = 40 00 00H
FS3:    RET
```

```
FS4：        JB    ACC.7，FS3    ；判断尾数最高位 =1？如是左规格化完毕
FS5：        MOV   C，F0        ；=0？如是继续左规格化
             MOV   A，R3
             RLC   A
             MOV   R3，A
             MOV   A，R2
             RLC   A
             MOV   R2，A
             CLR   F0
             DEC   R6
             SJMP  FS2
```

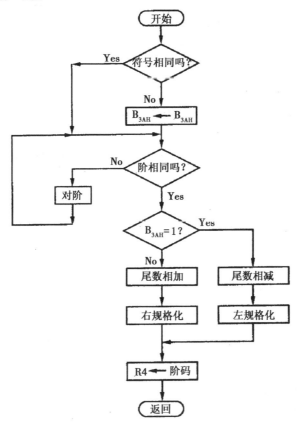

图 6 - 16　浮点数加减运算子程序流程图

6.9.4.2　浮点数加减运算子程序

　　参加运算的浮点数可能是正数，也可能是负数。对于加法运算，当加数和被加数的数符相同时，尾数相加，不同时尾数相减；对于减法运算，当减数和被减数的数符相同时，尾数相减，不同时尾数相加。当两个浮点数的阶码不同时，要进行对阶，使小阶与大阶相等，因此，结果的阶码与其较大的阶码相同。

　　在执行加法运算时，尾数有可能大于 1，因此要进行右规格化处理；执行减法运算时，尾数有可能小于 0.5，因此，要进行左规格化处理。

下面是三字节浮点数加、减法处理子程序，具体功能为：

R6（阶）R2R3（尾）±R7（阶）R4R5（尾）——→R4（阶）R2R3（尾）；

当位 3AH＝0 时，执行加法；

当位 3AH＝1 时，执行减法。

程序框图如图 6－16 所示。

程序如下：

FABP:	MOV	A，R6	
	MOV	C，ACC.7	；R6 位 38H＝尾数符号位
	MOV	38H，C	
	XRL	A，R7	；判断两数符号是否相同
	JNB	ACC.7，FA1	；相同，若 3AH＝0，加法；若 3AII＝1，减法
	CPL	3AH；	不同，若原 3AH＝0，减法；若 3AH＝1，加法
FA1：	MOV	A，R6	
	MOV	C，ACC.6	；R6 阶码符号位扩展到尾数符号位
	MOV	ACC.7，C	
	MOV	R6，A	
	MOV	A，R7	；R7 阶码符号位扩展到尾数符号位
	MOV	C，ACC.6	
	MOV	ACC.7，C	
	MOV	R7，A	
	CLR	C	；CY＝0 右移 1 位
	MOV	A，R6	
	SUBB	A，R7	；判断两阶码相同？
	JZ	FA2	；相同
	CLR	F0	；不同，F0＝0
	CLR	39H	；位 39H＝0
	JB	ACC.7，FA5	；两阶码相减结果＜0，R6＜R7
	CJNE	R4，#0，FA5	；R6＞R7 或两阶码相同
	CJNE	R5，#0，FA6	
FA2：	JB	3AH，FA8	；两阶码相同 3AH＝1 减法
	MOV	A，R3	；浮点数加法 R6R2R3＋R7R4R5＝R4R2R3
	ADD	A，R5	；两阶码相同，3AH＝0 加法
	MOV	R3，A	
	MOV	A，R2	
	ADDC	A，R4	
	MOV	R2，A	
	JNC	FA4	
	SETB	39H	；CY＝1 加法溢出
	CLR	C	；CY＝0，F0＝0，对 R6R2R3 右移 1 位

FA3：	CLR	F0	
	LCALL	FSDT	；规格化
FA4：	CJNE	R2, #0, FAA	
	CJNE	R3, #0, FAA	
	MOV	R4, #41H	
	RET		
FAA：	MOV	A, R6	
	MOV	C, 38H	
	MOV	ACC. 7, C	
	XCH	A, R4	
	MOV	R6, A	
	RET		
FA5：	CJNE	R2, #0, FA7	
	CJNE	R3, #0, FA7	
	MOV	A, R7	；若 R2R3 – 0—>R6 – R7
	MOV	R6, A	
	SJMP	FA2	
FA6：	CPL	F0	
FA7：	CLR	C	；CY = 0，F0 = 0，对 R6R2R3 右移 1 位，CY = 0，
			；F0 = 1　对 R7R4R5 右移 1 位
	LCALL	FSDT	；规格化
	SJMP	FA1	
FA8：	MOV	A, R3	；浮点数减法 R6R2R3 – R7R4R5 = R4R2R3
	CLR	C	
	SUBB	A, R5	
	MOV	R3, A	
	MOV	A, R2	
	SUBB	A, R4	
	MOV	R2, A	
	JNC	FA9	
	CLR	A	
	CLR	C	
	SUBB	A, R3	
	MOV	R3, A	
	CLR	A	
	SUBB	A, R2	
	MOV	R2, A	
	CPL	38H	
FA9：	SETB	C	

　　　　　　SJMP　　　FA3

6.9.4.3　浮点数乘法运算子程序

　　浮点数相乘时，阶码直接相加即获得积的阶码，尾数相乘时，结果可能小于0.5，需进行左规格化处理。下面是三字节浮点数乘法运算子程序，具体功能为：

　　（R0）指向的三字节浮点数 × （R1）指向的三字节浮点数→R4（阶）R2R3（尾数）。

　　图6-17为三字节浮点数乘法的程序框图。

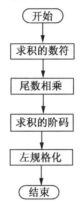

图6-17　浮点数乘法程序流程图

程序如下：

FMUL：	MOV	A, R6
	XRL	A, R7
	MOV	C, ACC. 7
	MOV	38H, C
	LCALL	DMUL
	MOV	A, R7
	MOV	C, ACC. 7
	MOV	F0, C
	MOV	A, @R0
	ADD	A, @R1
	MOV	R6, A
	SETB	C
	LCALL	FSDT
	MOV	A, R6
	MOV	C, 38H
	MOV	ACC. 7, C
	MOV	R4, A
	RET	
DMUL：	MOV	A, R3
	MOV	B, R5

```
MUL     AB
MOV     R7, B
MOV     A, R3
MOV     B, R4
MUL     AB
ADD     A, R7
MOV     R7, A
CLR     A
ADDC    A, B
MOV     R3, A
MOV     A, R2
MOV     B, R5
MUL     AB
ADD     A, R7
MOV     R7, A
MOV     A, R3
ADDC    A, B
MOV     R3, A
MOV     F0, C
MOV     A, R2
MOV     B, R4
MUL     AB
ADD     A, R3
MOV     R3, A
CLR     A
ADDC    A, B
MOV     C, F0
ADDC    A, #0
MOV     R2, A
RET
```

需要说明的是，DMUL 为双字节无符号数乘法子程序。

6.9.4.4 浮点数除法运算子程序

在进行除法运算时，被除数的尾数可能比除数的尾数大很多，使结果大于 1。为避免这种情况出现，如果被除数尾数大于除数的尾数，先将被除数的尾数右移，使其小于除数的尾数，阶码也相应增加，保持其数值不变。下面是三字节浮点数除法运算子程序，其功能为：

（R0）指向的三字节浮点数除以（R1）指向的三字节浮点数→R4（阶）R2R3（尾数）中。

程序框图如图 6-18 所示。

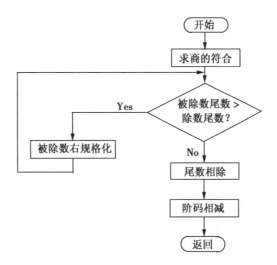

图 6－18 浮点数除法运算子程序流程图

程序如下:

```
FDIV:     MOV     A, R6
          XRL     A, R7
          MOV     C, ACC. 7
          MOV     38H, C
          CLR     A
          MOV     R6, A
          MOV     R7, A
          CJNE    R4, #0, FD1
          CJNE    R5, #0, FD1
          SETB    C
          RET
FD1:      MOV     A, R3
          SUBB    A, R5
          MOV     A, R2
          SUBB    A, R4
          JC      FD2
          CLR     F0
          CLR     39H
          LCALL   FSDT
          MOV     A, R7
          RRC     A
          MOV     R7, A
          CLR     C
```

	SJMP	FD1
FD2：	CLR	A
	XCH	A，R6
	PUSH	ACC
	LCALL	DDIV
	POP	ACC
	ADD	A，@R0
	CLR	C
	SUBB	A，@R1
	MOV	C，38H
	MOV	ACC.7，C
	MOV	R4，A
	CLR	C
	RET	
DDIV：	MOV	A，R1
	PUSH	ACC
	MOV	B，#10H
DV1：	CLR	C
	MOV	A，R6
	RLC	A
	MOV	R6，A
	MOV	A，R7
	RLC	A
	MOV	R7，A
	MOV	A，R3
	RLC	A
	MOV	R3，A
	XCH	A，R2
	RLC	A
	XCH	A，R2
	MOV	F0，C
	CLR	C
	SUBB	A，R5
	MOV	R1，A
	MOV	A，R2
	SUBB	A，R4
	JB	F0，DV2
	JC	DV3
DV2：	MOV	R2，A

```
        MOV     A，R1
        MOV     R3，A
        INC     R6
DV3：   DJNZ    B，DV1
        POP     ACC
        MOV     R1，A
        MOV     A，R7
        MOV     R2，A
        MOV     A，R6
        MOV     R3，A
        RET
```

需要指出的是，DDIV 为双字节无符号数除法子程序。

思考题与习题

（1）试编写双字节无符号数的加法程序，具体功能为 R2R3 + R6R7→R4R5。

（2）试编写双字节无符号数的减法程序，具体功能为 R2R3 – R6R7→R4R5。

（3）试编写将 16 位二进制数右移 1 位的程序。

（4）试编写将 16 位二进制数左移 1 位的程序。

（5）试编写将 2 位 BCD 码转换为二进制数的程序。

（6）已知 A 中为十六进制数的 ASCII 码，试编写一段程序将其转换为对应的十六进制数。

（7）已知 A 中为 1 位十六进制数，试编写将其转换为其对应的 ASCII 码的程序。

（8）试编写求符号函数的程序。

$$f(x) = \begin{cases} 1 & (x > 0) \\ -1 & (x \leqslant 0) \end{cases}$$

（9）编程计算片内 RAM 区 60H ~ 67H 八个单元中数的平均值，结果存放在 6AH。

（10）试编写将以 R0 中的内容为首地址的内部 RAM 中 n 个连续单元清零的程序。

（11）试编写一段程序，将内部数据存储器以 30H 开始的 16 个数搬到以 40H 开始的 16 个单元中。

（12）试编写统计资料区长度的程序，该资料区以 0 结束。

（13）设在数据存储器中连续存放着 n 个数，试编写求这 n 个数和的程序。

（14）试编写多字节加法程序。

（15）试编写多字节 BCD 码加法程序。

（16）试编写多字节减法程序。

（17）试编写一无符号数乘法程序，功能为

①R2R3 × R7→R4R5R6

②R2R3 × R6R7→R4R5R0R6

（18）试编写一无符号数除法程序，功能为

①R2R3 ÷ R7 商→R6R7，余数→R5

②R2R3 + R6R7 商→R6R7，余数→R5

（19）试编写将以内部数据存储器中 60H 开始的 32 个数倒序排列起来的程序。

（20）试编一段程序，找出一连续数据区中最大的数，并放入 R2 中。

（21）试编写一段程序，将一连续数据区中的资料由小到大排列起来。

（22）试编写一段程序，将若干个十六进制数转换为 ASCII 码。

（23）试编写延时 2ms 的程序。

（24）已知 16 位二进制数放在 R7R6 中，请编写对它们进行求补操作的程序，结果放入 R1R0 中。

（25）如何编写一个具有 128 个分支的程序？

（26）利用查表技术将累加器中的一位十进制数的七段码转换为相应的 BCD 码，结果仍放在 A 中（设显示管 0 ~ 9 的七段码分别是：40H，79H，24H，30H，19H，12H，02H，78H，00H，1BH）

（27）用查表程序求 0 ~8 之间整数的立方。

（28）编写有 6 个命令键的散转程序。

①键号为 0，1，2，3，4，5；

②6 个键 A，B，C，D，1，2 的 ASCII 码放在累加器 A 中。

（29）试编写双字节有符号原码的加、减法程序。

（30）试编写一段程序，将 R2 中的 2 位十六进制数转换为 ASCII 码。

（31）试用子程序求下列多项式。

① $y = a^2 + b^2 + c^2$

②$y = (a+b)^2 + (b+c)^2 + (c+a)^2$（a，b，c 均为二进制无符号单字节数）。

（32）试编写一段程序，将内部数据存储器中连续存放的若干单字节十六进制数转换为 ASCII 码，放入外部数据存储器的连续单元中。

（33）浮点数由哪几部分组成？各有什么特点？

（34）下面浮点数中，哪些是正数？哪些是负数？哪些绝对值大于 1？哪些绝对值小于 1？

07E033H　　　3088EAH　　　92B3D0H　　　E3C131H

B08D59H　　　FEA000H　　　43FA57H　　　410000H

（35）浮点数能否精确地表示任意数（在其所能表示的范围）？

（36）求下列浮点数的十进制表示。

05DE11H　　E38143H　　83D14AH

（37）什么是规格化浮点数？为什么要进行规格化？

7 MCS－51单片机的扩展应用

前面已经介绍了 MCS－51 单片机的基本原理及程序设计，这一章主要介绍 MCS－51 输入/输出接口、中断、定时器/计数器、串行口的原理及其应用，MCS－51 存储器的扩展方法等。通过本章的学习，读者将进一步掌握 MCS－51 单片机的工作原理，并加深其对使用方法的了解。

7.1 输入/输出的控制方式

7.1.1 概　述

7.1.1.1 输入/输出接口电路的功能

输入/输出接口电路的种类很多，某些通用集成电路芯片可以用作 I/O 接口，但更大量的是专门为计算机设计的 I/O 接口电路芯片。一般地说，I/O 接口电路有以下的功能。

（1）锁存数据。外围设备的工作速度与计算机不同，传送数据的过程中常常需要等待，为此，I/O 接口电路中要设置锁存器，用以暂存数据。例如，键按下时，键的代码要送入 I/O 电路中的锁存器锁存，待计算机在合适的时候读取。

（2）信息转换。计算机通信时，为节省传输线，信息常以串行方式逐位传送。而在计算机内部，为加快运行速度，信息却以并行方式传送。为此，计算机发送数据时，I/O 接口电路要将并行数据转换成串行数据，而接收数据时，要将串行数据转换成并行数据。

有些外围设备（如传感器）提供的信息是模拟量，有些执行部件（如示波器）需要计算机系统提供模拟量，但计算机只能处理数字量，所以，模－数转换器和数－模转换器也是一种转换信息的接口电路。

（3）电平转换。计算机输入/输出的信息大多采用 TTL 电平，高电平 +5V 代表"1"，低电平 0V 代表"0"。如果外围设备的信息不是 TTL 电平，那么在这些外围设备与计算机连接时，I/O 接口电路要完成电平转换工作。

（4）缓冲。输入/输出接口电路是挂在计算机总线上的，都应具备缓冲的功能。

（5）地址译码。计算机通常具有多个外围设备，每个外围设备应赋予一个地址，以便计算机得以识别。I/O 接口电路中的地址译码器能根据计算机送出的地址找到指定的外围设备。

（6）传送联络信号。许多外围设备与计算机间要传送状态信息和控制信息，这需要由 I/O 接口电路转换。

7.1.1.2 计算机与外围设备间传送的信息

微型计算机与外部设备之间的数据传送称为输入/输出（I/O）。实现输入/输出既需要有把外围设备与计算机连接起来的硬件电路——输入/输出接口电路，又需要编制控制输入/输出接口电路工作的程序。

计算机与外围设备间传送 3 种信息：数据信息、状态信息与控制信息，如图 7 - 1 所示。例如，作为输入设备的键盘与计算机接口时就传送 3 种信息，键按下时，键盘送出的选通信号（状态信息），一方面将键入的代码（数据信息）送入 I/O 接口电路中的锁存器，另一方面又通过接口电路转接后送到 CPU，通知 CPU 可以读取键的代码。计算机读取代码后，通过 I/O 电路向键盘发送信号（控制信息），用以解除键盘的自锁。作为输出设备的行式打印机与计算机接口时也传送 3 种信息。首先由计算机将待打印的字符代码（数据信息）送入 I/O 电路锁存，同时通过 I/O 电路送出控制信息启动打印机电路接收字符代码。代码接收后，打印机头打印一行字符。打印完后，打印头托架返回打印纸左端起始位置，等待再次启动，同时打印机电路向计算机发出状态信息，要求 CPU 再次输出数据。

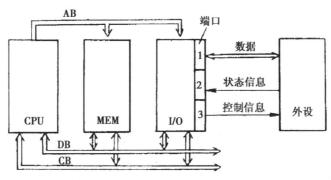

图 7 - 1　计算机与外设之间传送的信息

3 种信息的性质不同，必须分别传送，所以一个外围设备所对应的接口电路常需要几个端口（PORT）。

7.1.2　端口地址

如前所述，微型计算机是通过 I/O 接口电路与外围设备相连的，CPU 只有通过 I/O 电路才能与外围设备传送信息，因此，只要选中 I/O 电路就能找到相应的外围设备。从这个意义上讲，应该对 I/O 电路编址。实际上，是对 I/O 电路的端口编址，因为选中了端口就选中了端口所在的 I/O 电路，从而选中对应的外围设备，而且采用端口编址的方法可以区分同一外围设备的 3 种不同的信息，如图 7 - 2 所示。端口有以下两种编址方法。

（1）存储器单元与接口电路端口统一编址。所谓统一编址，就是将每个端口作为存储器的一个单元来对待，故一个端口占有存储器一个单元的地址。CPU 从 I/O 接口电路输入一个数据，作为一次存储器读操作，而向 I/O 接口输出一个数据，作为一次存储器写操作。这种方法的优点是对外围设备的操作可使用全部有关存储器的指令，因而指令多，编程方便，并可对接口电路中的数据进行算术运算和逻辑运算；缺点是接口电路占用了存储器的单元地址，减少了内存容量。

（2）存储器单元与接口电路端口分别编址。在这种编址方式中，存储器单元与接口电路端口各自独立编址。这样，某个地址可能是指存储器某个单元，也可能是指某一个端口，因此，要用不同的指令来区分存储器与接口电路。

存储器的容量很大，地址的位数多，而端口的数量有限，所需地址位数不多。使用分

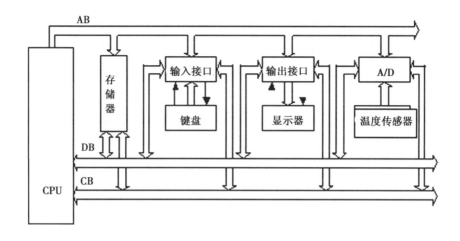

图7-2 外部设备与接口电路

别编址的方法，存储器地址和端口地址采用的位数可以不同，访问I/O电路指令的字节数可减少，也提高了此类指令的执行速度。

7.1.3 数据传送方式

虽然外围设备的种类繁多，但归纳起来，传送数据的方式共有4种：无条件传送方式、查询传送方式、中断传送方式和直接数据通道方式（Direct Memory Access）。

7.1.3.1 无条件传送方式

一些外围设备的信息变化缓慢，如有些温度传感器几分钟提供一个新数据，开关、指示灯几分钟甚至几小时才改变工作状态。相对于高速运行的计算机而言，可认为这些外围设备随时处在准备就绪状态。也就是说，CPU在输入信息以前，不必询问输入设备是否准备好了数据，只要执行输入指令就可输入所需信息。同样，CPU输出数据前不必询问输出设备是否已进入准备接收数据状态，只要执行输出指令，输出信息就会被外围设备所接收。这类I/O接口电路与外围设备间只是传送数据信息。这种传送方式称为无条件传送方式。

无条件传送方式是最简单的传送方式，所配置的硬件和软件最少。

7.1.3.2 查询传送方式

许多外围设备与CPU在速度上存在差异，同样传送一个数据CPU要快得多。于是，CPU要读取数据但外设可能未准备好，CPU要输出数据外设也不一定能够接收，所以CPU在传送数据前要先访问外设状态，仅当外设准备好了才传送，否则CPU就等待。这种数据传送方式称为查询工作方式，流程图如图7-3所示。

例如，逐次逼近式A/D转换器与计算机接口，该转换器转换一次信息约需几十微秒。CPU首先通过I/O接口电路输出控制命令启动A/D转换，然后准备输入转换结果。结果输入前，先要询问转换结束信号（状态信息）是否出现，以判断A/D转换器是否准备好了数据。如尚未准备好，CPU将等待和反复询问。如果已转换好，CPU就执行输入指令输入一个数据，然后再输出控制命令，启动A/D转换器，准备下一个数据。

用查询方式传送数据时，在接口电路与外设间要交换数据、状态和控制3种信息。查

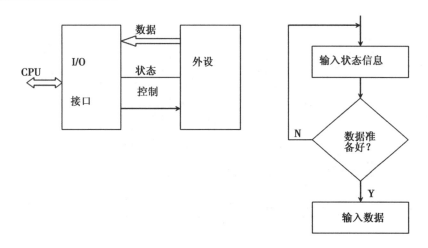

图 7 – 3　用查询方式输入数据

询方式的缺点是 CPU 的利用率受到影响，陷于等待和反复查询之中，不能再作他用，而且这种方法不能处理掉电、设备故障等突发事件。

7.1.3.3　中断传送方式

（1）中断的特点。中断（Interrupt）传送方式是计算机最常用的数据传送方式。除了传送数据外，实时控制、故障自动处理、实现人机联系等也多采用中断方式。实现中断的硬件、软件称为中断系统。中断系统的性能也是衡量计算机质量的一项重要指标。图 7 – 4 是计算机采用中断方式与外设间传送数据过程的示意图。CPU 启动外设后不再询问它的状态，依然执行自己的操作（主程序），即 CPU 与外设平行工作。外设完成操作后发出状态信息，经 I/O 接口电路转换成中断请求信号，向 CPU 申请中断，要求 CPU 暂时中断自己的主程序，转入中断服务程序为外设服务。在中断服务程序中 CPU 执行自外设输入或输出数据的操作，并在完成后再次启动外设，然后返回主程序继续执行原来被中断了的工作。

利用中断技术管理外设后，CPU 从反复询问外设状态中解放出来，提高了工作效率，而且可以同时为多个外设服务。利用中断技术后，现场的参数信息在需要处理时，可随时向 CPU 发中断请求信号，以便及时响应、及时处理，实现实时控制。

利用中断技术还可处理设备故障、掉电等突发事件。例如，电源掉电，由于直流电源的滤波电容容量很大，使电压下降比较缓慢，如在电压下降到允许范围的的下限前发出中断请求，CPU 响应中断后把正在执行的程序当前状态——PC、工作寄存器、累加器的内容送到 RAM 保存起来，然后接入备用电源对 RAM 供电，不使 RAM 中内容丢失，这样，当重新供电后程序即可从断点处继续顺利往下执行。

能发出中断请求的各种来源称为中断源。外设、现场信息、故障以及定时控制用的实时时钟等都是中断源。

（2）中断过程与中断系统。

①中断请求。外围设备向 CPU 发出中断请求信号需要两个条件：

第一，外设本身的工作已完成，如键已按下，光电输入机已准备好数据，实时时钟的定时时间已到等，才可向 CPU 申请中断。

第二，计算机系统允许该外设发中断请求信号。如果系统由于某种原因不允许它发中

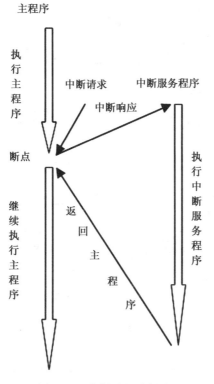

图7-4   中断过程示意图

断请求，即使外设本身的工作已经完成并发出了状态信号，对应的I/O接口电路也不能发出中断请求信号，这称为接口电路中断屏蔽或中断禁止；反之，则称为接口电路中断允许或中断开放。

图7-5是实现上述功能的逻辑图，输入设备准备好数据后发出状态信息READY，该脉冲在将数据打入接口电路锁存器的同时，还送到中断请求触发器，使它的输出Q1=1。

中断请求触发器将脉冲转换成电平，起到保持外部设备状态信息的作用。中断屏蔽触发器控制与非门1实现接口电路中断允许或中断屏蔽的功能。若计算机系统允许该外设申请中断，则预先由CPU输出中断允许信号（高电平），寄存在中断控制寄存器中，并使中断屏蔽触发器的输出端Q2=1，从而打开与非门1。此时，中断请求触发器输出的高电平（Q1=1）经与非门1后变成低电平，送到CPU的中断请求脚$\overline{INT}$，向CPU申请中断；反之，若计算机系统禁止该设备申请中断，则CPU事先输出中断屏蔽信号"0"，使Q2=0，关闭与非门1。不管外设是否已经发出状态信号，CPU脚上始终为高电平。

满足上述两个条件后中断源可以向CPU提出中断请求，但CPU是否响应中断，还取决于它处在允许中断状态还是禁止中断状态，这由CPU内部设置的中断允许触发器控制。只有中断允许触发器输出端Q3=1，中断源的中断请求信号$\overline{INT}$才能通过门2，CPU才会响应，这称为CPU中断允许或中断开放。如果Q3=0，则门2被封锁，CPU一概不响应任何中断请求，即计算机的中断系统停止工作，这称为CPU中断屏蔽或中断禁止。中断允许触发器的状态由软件控制。通常CPU在执行每一条指令的最后时刻查询有无中断请求，如果有中断请求，则响应中断，寻找和确定请求服务的中断源，以便为其服务；否

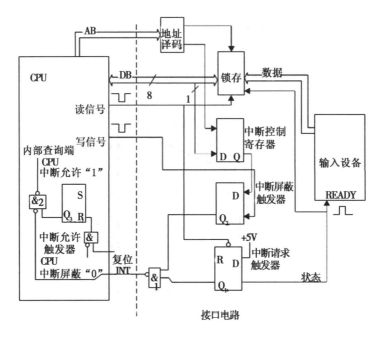

图 7 – 5　中断请求逻辑

则，继续取下一条指令执行。

　　需要指出的是，CPU 响应中断后应撤消中断请求信号，否则执行完中断服务程序返回主程序后，将重复进入中断过程，出现一次中断请求却有多次响应的错误结果。利用中断请求触发器直接置 0 端 R 可撤消中断请求信号。在执行中断服务程序的过程中，当 CPU 用输入指令读入锁存器的数据时，控制总线发出的读信号将使中断请求触发器复位。

　　②中断优先权。一个计算机系统常有多个中断源，同一个中断请求引脚也可以接有多个会提出中断请求的外围设备，见图 7 – 6 。遇到几个设备同时提出中断请求时，CPU 先响应谁，这就有一个中断优先权的问题。

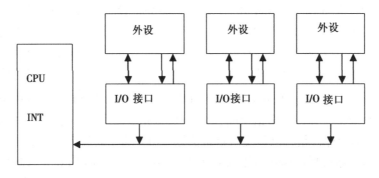

图 7 – 6　多个外设接在同一个中断请求引脚

　　中断优先权有三条原则：第一，多个中断源同时申请中断时，CPU 先响应优先权高的中断请求；第二，优先权级别低的中断正在处理时，若有级别高的中断请求，则 CPU 暂时中断正在进行的中断服务程序，去响应优先权级别高的中断请求，在高级别中断服务程序执行完后再返回原来低级别中断服务程序继续执行，这称为中断嵌套；第三，同级或低级别的中断源提出中断请求时，CPU 要到正在处理的中断服务程序执行完毕返回主程序并执行了主程序的一条指令后才接着响应。

中断源中断优先权的高低有的是在计算机设计、制造时就规定了的。例如，有的计算机规定掉电、故障处理等中断请求的优先权级别高于一般中断请求。有的是让用户自己安排，这可采用硬件办法，也可采用软件办法，如许多会提出中断请求的外设用电路连接成一个链，排在前面的外设优先权高，连成链的逻辑电路使排在后面的外设只在它前面各外设均不中断请求时才能提出中断请求，当前面的外设有中断请求时，将屏蔽后面各外设的中断请求或中断后面外设原已进入的中断服务程序。软件办法采用查询手段依次询问各外设有无提出中断请求，如有将转去为该外设服务，如没有则循序询问下一外设，这样先问的外设便优先权高，后问的外设便优先权低。

③中断响应。如果提出中断请求的中断源优先权高，而且接口电路与 CPU 都中断开放，CPU 将响应中断，自动执行下列工作：

保留断点。将程序计数器 PC 的当前值推入堆栈保存，以便中断服务程序执行完后能返回断点处继续执行主程序。

转入中断服务程序。将中断服务程序的入口地址送入 PC，以转到中断服务程序。各中断源要求服务的内容不同，所以要编制不同的中断服务程序，它们有不同的入口地址。CPU 首先要确定是哪一个中断源在申请中断，然后将对应的入口地址送入 PC。

④中断服务及返回。中断服务程序的流程图如图 7-7 所示，其中保护现场与恢复现场的意义和方法都与一般子程序的相同。

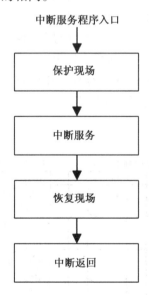

中断服务程序入口

保护现场

中断服务

恢复现场

中断返回

图 7-7 中断服务流程图

中断服务程序的最后一条指令必须用中断返回指令，不能用一般子程序返回指令。该指令不仅把堆栈顶的内容（断点地址）送回 PC，以继续执行原先被中断了的主程序，而且还释放中断逻辑，使 CPU 随后能接收同级或低级的中断请求。

7.1.3.4 直接数据通道传送方式

高速度的外围设备与计算机间传送大批量数据时常采用直接数据通道传送方式（DMA 方式）。例如，磁盘与内存储器交换数据时就使用该方式。此时令 CPU 交出总线的控制权，改由 DMA 控制器进行控制，使外设与内存利用总线直接交换数据，不经过 CPU 中转，也不通过中断服务程序，即不需要保存、恢复断点和现场，所以传送数据的速度比中断方式更快。

7.2 MCS – 51 系列单片机中断系统

良好的中断系统能提高计算机对外界异步事件的处理能力和响应速度，从而扩大计算机的应用范围。单片机本来就是为实时控制而设计的，所以 MCS – 51 系列单片机在加强片内 I/O 口的种类、功能和数量的同时，更增强了片内中断系统的性能。这样，在一般的应用场合，可以不加任何的硬件就能满足要求。这是 MCS – 51 单片机得到广泛应用的原因之一。

本书以 MCS – 51 单片机的中断系统为例，讲述中断技术的各种具体应用，以便进一步了解中断的作用。

7.2.1 MCS – 51 中断系统的总体结构

MCS – 51 系列单片机的中断功能很强，下面以 8031 芯片为例，对 MCS – 51 系列单片机的中断系统进行探讨。

8031 共有 5 个中断源，分为 2 个中断优先级，可实现二级中断服务嵌套。由片内特殊功能寄存器中的中断允许寄存器 IE 控制 CPU 是否响应中断请求。由中断优先级寄存器 IP 安排各中断源的优先级，同一优先级内各中断同时提出中断请求时，由内部的查询逻辑确定其响应次序。8031 单片机的中断系统如图 7 – 8 所示，它由中断请求标志位（在有关的特殊功能寄存器中）、中断允许寄存器 IE、中断优先级寄存器 IP 及内部硬件查询电路组成，它反映了中断系统的功能和控制情况。

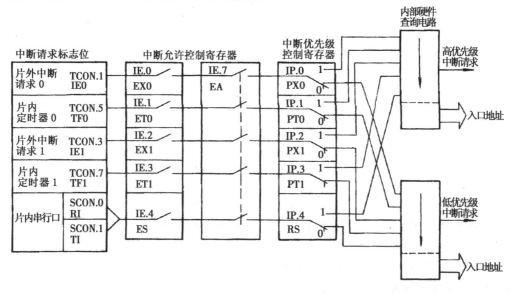

图 7 – 8 8031 单片机的中断系统

下面介绍中断源及其中断服务程序的入口地址以及与中断有关的寄存器。

7.2.2 中断源及其中断服务程序入口地址

8031 提供 5 个中断请求源，两个由$\overline{INT0}$，$\overline{INT1}$（P3.2，P3.3 的第二功能）输入的外部中断请求，两个为片内的定时器/计数器 T0 和 T1 的计数溢出中断请求 TF0，TF1，另一个为片内的串行口的发送和接收中断请求 TI 或 RI，这些中断请求源分别由 8031 的特殊功能寄存器 TCON 和 SCON 的相应位所锁存。

TCON 为定时器/计数器的控制寄存器，它也锁存外部中断请求标志，其字节地址为88H，格式如下：

TF1		TF0		IE1	IT1	IE0	IT0

IT0：选择外部中断请求 0（$\overline{INT0}$）为边沿触发方式或电平触发方式的控制位。IT0 =0，为电平触发方式，$\overline{INT0}$低电平有效；IT0 = 1，$\overline{INT0}$ 为边沿触发方式，$\overline{INT0}$输入脚上由高到低的负跳变有效。IT0 可由软件置 "1" 或清 "0"（SBTB IT0 或 CLR IT0）。

IE0：外部中断 0 的中断申请标志。当 IT0 = 0 即电平触发方式时，每个机器周期的S5P2 采样$\overline{INT0}$，若$\overline{INT0}$为低电平，则置 "1" IE0；否则置 "0" IE0。当 IT0 = 1，即$\overline{INT0}$程控为边沿触发方式时，若第一个机器周期采样到$\overline{INT0}$为高电平，第二个机器周期采样到$\overline{INT0}$为低电平时，则置 "1" IE0。因为每个机器周期采样一次外部中断输入电平，因此，采用边沿触发方式时，外部中断源输入的高电平和低电平时间必须保持 12 个振荡周期以上，才能保证 CPU 检测到由高到低的负跳变。IE0 为 1 表示外部中断 0 正在向 CPU 申请中断。当 CPU 响应该中断进入中断服务程序后，IE0 位被硬件自动清 "0"（指脉冲边沿触发方式，电平触发方式时 IE0 不能由硬件清 "0"）。

IT1：选择外部中断请求 1 为边沿触发方式或电平触发方式的控制位，其作用和 IT0类似。

IE1：外部中断 1 的中断申请标志，其意义和 IE0 相同。

TF0：8031 片内定时器/计数器 0 溢出中断申请标志。当启动 T0 计数后，定时器/计数器 0 从初始值开始加 1 计数，当最高位产生溢出时，由硬件置 "1" TF0 向 CPU 申请中断，CPU 响应 TF0 中断时，会自动清 "0" TF0，也可由软件清 "0"（查询方式）。

TF1：8031 片内的定时器/计数器 1 的溢出中断申请标志，功能和 TF0 类似。

当 8031 复位后，TCON 被清 "0"。

SCON 为串行口控制寄存器，SCON 的低二位，锁存串行口的接收中断和发送中断标志，其字节地址为 98H，格式如下：

						TI	RI

TI：8031 串行口的发送中断标志。当串行口发送完 1 个字符后，由内部硬件置位发送中断标志 TI（TI =1）。需要注意的是，CPU 响应发送器的中断请求，转向执行中断服务程序时，并不清 "0" TI，TI 必须由用户的中断服务程序清 "0"，即中断服务程序中必须有 CLR TI 或 ANL SCON，#0FDH 等清 "0" TI 的指令。

RI：串行口接收中断标志。接收到 1 个字符后，由内部硬件置位接收中断标志 RI

（RI＝1）。同样 RI 必须由用户的中断服务程序清"0"。其详细使用将在后继章节中讲述。

8031 复位以后，SCON 也被清"0"。

7.2.3 中断控制

7.2.3.1 中断允许寄存器 IE

8031CPU 对中断源的开放或屏蔽，是由片内的中断允许寄存器 IE 控制的，字节地址为 A8H，其格式如下：

EA	——	——	ES	ET1	EX1	ET0	EX0

EA：8031 CPU 的中断开放标志。EA＝1，CPU 开放中断；EA＝0，CPU 屏蔽所有的中断申请。

ES：串行口中断允许位。ES＝1，允许串行口中断；ES＝0，禁止串行口中断。

ET1：定时器/计数器 T1 的溢出中断允许位，ET1＝1，允许 T1 中断；ET1＝0，禁止 T1 中断。

EX1：外部中断 1 中断允许位。EX1＝1，允许外部中断 1 中断；EX1＝0，禁止外部中断 1 中断。

ET0：定时器/计数器 T0 溢出中断允许位。ET0＝1，允许 T0 中断；ET0＝0，禁止 T0 中断。

EX0：部中断 0 中断允许位。EX0＝1，允许外部中断 0 中断；EX0＝0，禁止外部中断。

8031 复位以后，IE 被清"0"，由用户程序置"1"或清"0"，IE 相应的位实现允许或禁止各中断的中断申请。若使某一个中断源允许中断，必须同时使 CPU 开放中断。更新 IE 的内容，可由位操作指令来实现（SETB BIT；CLR BIT），也可用字节操作指令实现（MOV IE，#data；ANL IE，#data；OR IE，#Data；MOV IE，A 等）。

它们的中断服务程序的入口地址是不可自选的，其入口地址由系统规定，见表 7－1。

表 7－1　各种中断源的入口地址

中　断　源		中断入口地址
$\overline{INT0}$	外部中断 0	0003H
T0	定时/计数器 0 溢出中断	000BH
$\overline{INT1}$	外部中断 1	0013H
T1	定时/计数器 1 溢出中断	001BH
RI（TI）	串行口中断	0023H

例 7.1　假设允许片内定时器/计数器中断，禁止其他中断，试根据假设条件设置 IE 的相应值。

解：（1）用字节操作指令：

        MOV　IE，#8AH

或   MOV　0A8H，#8AH

（2）用位操作指令：

SETB ET0；定时/计数器 0 允许中断

SETB ET1 ；定时/计数器 1 允许中断

SETB EA ；CPU 开中断

7.2.3.2 中断优先级寄存器 IP

8031 有两个中断优先级，对于每一个中断请求源可编程为高优先级中断或低优先级中断，可实现二级中断嵌套。一个正在被执行的低优先级中断服务程序，能被高优先级中断所中断。若 CPU 正在执行高优先级的中断服务程序，则不能被任何中断源所中断，一直执行到结束，遇到返回指令 RETI，返回主程序后，再执行一条指令才能响应新的中断源申请。为了实现上述功能，8031 的中断系统有两个不可寻址的优先级状态触发器，一个指出 CPU 是否正在执行高优先级中断服务程序，另一个指出 CPU 是否正在执行低优先级中断服务程序，这两个触发器的 1 状态，分别屏蔽所有的中断申请和同一优先级的其他中断源申请。另外，8031 的片内有一个中断优先级寄存器 IP，其字节地址为 B8H，格式如下：

——	——	——	PS	PT1	PX1	PT0	PX0

PS：串行口中断优先级控制位。PS = 1，串行口中断定义为高优先级中断；PS = 0，定义为低优先级中断。

PT1：定时器 1 中断优先级控制位。PT1 = 1，定时器 T1 定义为高优先级中断；PT1 = 0，定时器 T1 中断定义为低先级中断。

PX1：外部中断 1 优先级控制位。PX1 = 1，外部中断 1 定义为高优先级中断；PX1 = 0 外部中断 1 定义为低优先级中断。

PT0：定时器 0 中断优先级控制位。PT0 = 1，定时器 T0 中断定义为高优先级中断；PT0 = 0，定时器 T0 定义为低优先级中断。

PX0：外部中断 0 中断优先级控制位，PX0 = 1 外部中断 0 定义为高优先级中断；PX0 = 0，外部中断 0 定义为低优先级中断。

中断优先级控制寄存器 IP 的各位都由用户程序置位和复位，可用位操作指令或字节操作指令更新 IP 的内容，以改变各中断源的中断优先级。8031 复位后 IP 为全 0，各个中断源均为低优先级中断。

例 7.2 设 8031 的片外中断为高优先级，片内中断为低优先级。试设置 IP 相应的值。

解：（1）用字节操作指令：

    MOV IP，#05H

或   MOV 0B8H，#05H

（2）用位操作指令：

    SETB PX0

    SETB PX1

    CLR   PS

    CLR   PT0

    CLR   PT1

7.2.4 中断硬件查询电路

在 CPU 接收到同样优先级的几个中断请求源时，一个内部的查询序列确定优先服务于哪一个中断申请，这样在同一个优先级里，由查询序列确定了优先级结构，其优先级别排列如表 7 - 2 所示。

表 7 - 2　中断优先级别排列

中　断　源	中断入口地址	同一级的中断优先级
IE0 外部中断 0	0003H	最高
TF0 定时/计数器 0 溢出中断	000BH	
IE1 外部中断 1	0013H	↓
TF1 定时/计数器 1 溢出中断	001BH	
RI + TI 串行口中断	0023H	最低

当多个中断源同时提出中断请求时，则

（1）先处理高优先级，再处理低优先级。

（2）若数个同一级的中断源同时提出中断请求，按中断硬件查询顺序排队，依次处理。

（3）若当前正处理的是低优先级中断，在开中断的条件下，它能被另一高优先级中断请求所中断，即中断嵌套。

（4）若当前正处理的是高优先级中断，则暂时不响应其他中断请求。

7.2.5　MCS - 51 系列单片机对中断的响应

7.2.5.1　响应条件

首先当然是中断源有中断请求；其次是此中断源的中断允许位为 1；第三是 CPU 开中断（即 EA = 1）。同时满足这三个条件时，CPU 才有可能响应中断。CPU 在每个机器周期对所有中断都顺序检测，可在任一周期的 S6 期间找到所有有效的中断请求，并对其按硬件查询电路的查询顺序进行排队，在满足下列条件时：

①无同级或更高级中断正在服务；②当前的指令周期已经结束；③若现行指令为 RETI 或者是访问 IE 或 IP 指令时，执行完该指令以及紧接着的另一条指令也已执行完。CPU 将在紧接着的下一个机器周期的 S1 期间响应中断；否则，CPU 将丢弃查询结果。中断查询是在每个机器周期中重复进行的，所查到的是前一个机器周期所采样到的中断请求标志，如果采样到的中断标志已被置位 1，但因上述条件封锁而未响应，或上述封锁条件解除后中断请求已复位，被拖延的中断请求就不再被响应。

7.2.5.2　响应过程

MCS - 51 系列单片机的中断系统中有两个不可编程的"优先级生效"触发器，一个是"高优先级生效"触发器，用以指明已进行高优先级中断服务，并阻止其他一切中断请求；一个是"低优先级生效"触发器，用以指示已进行低优先级中断服务，并阻止除高优先级以外的其他一切中断请求。MCS - 51 系列单片机一旦响应中断，首先置位相应的中断"优先级生效"触发器，然后由硬件执行一条长调用 LCALL 指令，把当前 PC 值压入堆栈，以保护断点，再将相应的中断服务程序入口地址（如外中断 0 的入口地址为0003H）送入 PC，于是 CPU 接着从中断服务程序的入口处开始执行。

在上述的响应过程中，只保护断点，不保护程序状态字 PSW 等现场，故用户应在中断服务程序中用软件加以保护。

由于 MCS－51 系列单片机的两个相邻中断服务程序入口地址相距只有 8 个单元，一般的中断服务程序是不够存放的，通常是在相应的中断服务程序入口地址中放一条长跳转指令 LJMP，这样就可以转到 64K 字节的任何可用区域。若在 2KB 范围内转移，则可存放 AJMP 指令。在中断服务程序中的最后一条指令必须为中断返回指令 RETI，CPU 执行此指令时，一方面清除中断响应时所置位的"优先级生效器"触发器，一方面从当前栈顶弹出断点地址送入程序计数器 PC，从而返回主程序。若用户在中断服务程序中进行了压栈操作，则在 RETI 指令执行前应进行相应的弹栈操作，使栈顶指针 SP 与保护断点后的值相同，也就是说，在中断服务程序中 PUSH 指令与 POP 指令必须成对使用，否则不能返回断点。

（1）CPU 对片内定时/计数器的响应。当片内定时器/计数器 TX（X＝0，1）启动后，其中的加 1 计数器开始加 1 计数，加到最高位产生溢出时，由硬件将 TFX（X＝0，1）置 1，向 CPU 发中断请求，TFX 的状态一直保持到 CPU 响应该中断时才由硬件清 0。TFX 也可由软件清 0。

（2）CPU 对外部中断的响应。当采用边沿触发方式时，CPU 在每个机器周期的 S5P2 采样外部中断输入信号 $\overline{\text{INTX}}$（X＝0，1），如果在相邻的两次采样中，第一次采样到的 $\overline{\text{INTX}}$＝1，紧接着第二次采样到的 $\overline{\text{INTX}}$＝0，则硬件将特殊功能寄存器 TCON 中 IEX（X＝0，1）置 1，请求中断，IEX 的状态可一直保存，直到 CPU 响应此中断，进入到中断服务程序时，才由硬件自动将 IEX 清 0。由于外部中断每个机器周期被采样一次，所以输入的高电平或低电平至少必须保持 12 个振荡周期（一个机器周期），以保证能被采样到。

当采用电平触发方式时，如果 CPU 采样到 $\overline{\text{INTX}}$ 为低电平，即可直接触发外部中断，使得 CPU 对外部中断请求作及时响应。在这种触发方式中，中断源必须保持 $\overline{\text{INTX}}$ 为低电平，直到 CPU 响应中断。由于 $\overline{\text{INTX}}$ 信号来自于外部硬件，CPU 对 $\overline{\text{INTX}}$ 管脚的信号不能控制，为了避免 CPU 从中断服务程序返回后，$\overline{\text{INTX}}$ 信号尚未及时撤除，从而又产生一次中断请求（误中断请求），用户必须采取措施来撤除这一低电平信号。

图 7－9 所示的电路是用于撤除 $\overline{\text{INTX}}$ 信号的方案之一。如果外部中断 1 采用电平触发方式，外部的中断信号不直接加在 INT1 端，而是加在 D 触发器的时钟 CP 端，当外部有中断请求信号时，时钟脉冲使 D 触发器置 0，由此向 CPU 发出中断请求，当 CPU 响应中断进入中断服务程序后，用软件使 P1.1 输出一负脉冲，使 $\overline{\text{S}}$＝0，则 D 触发器的输出置 1，撤除中断请求。

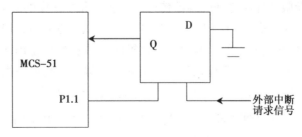

图 7－9　撤除外部中断请求的方案

外部中断信号$\overline{\text{INTX}}$在每个机器周期的 S5P2 期间采样并被锁存，需等到下一个机器周期才被查询并被确定是否有效。若有中断请求并且满足响应条件，则转去执行中断服务程序。这样，从产生外部中断请求到得到 CPU 确认需一个机器周期，而 CPU 保护断点，自动转入中断服务程序需要两个机器周期，所以 CPU 对外部中断的响应时间至少需要三个完整的机器周期。

7.2.6 中断程序举例

中断程序的结构及内容与 CPU 对中断的处理过程密切相关，通常分为两大部分。

7.2.6.1 主程序

（1）主程序的起始地址。MCS－51 系列单片机复位后，（PC）= 0000H，而从 0003H ~002BH 分别为各中断源的入口地址，所以编程时应在 0000H 处写一跳转指令（一般为长跳转指令），使 CPU 在执行程序时，从 0000H 跳过各中断源的入口地址。主程序则是以跳转的目标地址作为起始地址开始编写。

（2）主程序的初始化内容。所谓初始化，即对将要用到的 MCS－51 系列单片机内部部件或扩展芯片进行初始工作状态设定。MCS－51 系列单片机复位后，特殊功能寄存器 IE，IP 的内容均为 00H，所以应对 IE，IP 进行初始化编程，以开放 CPU 中断，允许某些中断源中断和设置中断优先级。

7.2.6.2 中断服务程序.

（1）中断服务程序的起始地址。当 CPU 接收到中断请求信号并予以响应后，CPU 把当前的 PC 值压入栈中进行保护，而转入相应的中断服务程序入口处执行。MCS－51 系列单片机的中断系统对五个中断源分别规定了各自的入口地址（见表 7-1），但这些入口地址相距很近（仅 8 个字节），如果中断服务程序的指令代码小于 8 个字节，则可从规定中断服务程序入口地址开始，直接编写中断服务程序；若中断服务程序的指令代码大于 8 个字节，则可采用与主程序相同的方法，即在相应的入口处写一条跳转指令，以跳转指令的目标地址作为中断服务程序的起始地址进行编程。

（2）中断服务程序编制中的注意事项。

①视需要确定是否保护现场。

②及时清除那些不能被硬件自动清除的中断请求标志，以免产生误中断。

③中断服务程序中的压栈（PUSH）与弹栈（POP）指令必须成对使用，以确保中断服务程序的正确返回。

④主程序和中断服务程序之间的参数传递与主程序和子程序的参数传递方式相同。

例7.3 如图 7-10 所示，将 P1 口的 P1.4 ~ P1.7 作为输入位，P1.0 ~ P1.3 作为输出位，要求利用 8031 将开关所设的数据读入单片机内，并依次通过 P1.0 ~ P1.3 输出，驱动发光二极管，以检查 P1.4 ~ P1.7 输入的电平情况（若输入为高电平则相应的 LED 发亮）。现要求采用中断边缘触发方式，每中断一次，完成一次读写操作。

解：如图所示，采用外部中断 0。中断申请从$\overline{\text{INT0}}$输入，并采用了去抖动电路。

当 P1.0 ~ P1.3 的任何一位输出 1 时，相应的发光二极管就会发光。当开关 S1 闭合时，发中断请求，中断服务程序的入口地址为 0003H。

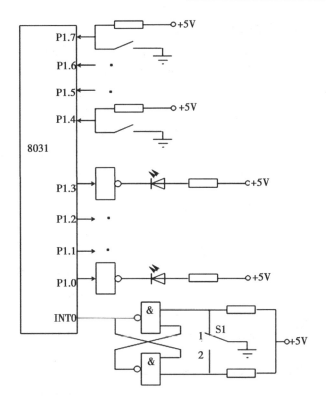

图 7-10 外部中断实验

源程序如下:

```
            ORG       0000H
            AJMP      MAIN         ; 上电，转向主程序
            ORG       0003H        ; 外部中断 0 入口地址
            AJMP      INSER        ; 转向中断服务程序
            ORG       0080H        ; 主程序
MAIN：      SETB      EX0          ; 允许外部中断 0 中断
SETB        IT0                    ; 选择边沿触发方式
SETB        EA                     ; CPU 开中断
HERE：      SJMP      HERE         ; 等待中断
                                   ; 中断服务程序
INSER：     MOV       A, # 0F0H
            MOV       P1, A        ; 设 P1.4 ~ P1.7 为输入
            MOV       A, P1        ; 取开关数
            SWAP      A            ; A 的高低四位互换
            MOV       P1, A        ; 输出驱动 LED 发光
            RETI                   ; 中断返回
            END
```

当外部中断源多于 2 个时，可采用硬件请求和软件查询相结合的办法，把多个中断源通

过硬件经或非门引入到外部中断$\overline{INTX}$，同时又连到某个I/O口。这样，每个中断源都可能引起中断，在中断服务程序中读入I/O口的状态，通过查询就能区分是哪个中断源引起的中断，若有多个中断源同时有中断请求，则查询的次序就是同一优先级中断中的优先权。

  例7.4 如图7-11所示，此中断线路可实现系统的故障显示。当系统的各部分正常工作时，4个故障源的输入均为低电平，显示灯全不亮；当有某个部分出现故障时，则相应的输入线由低电平变为高电平，相应的发光二极管亮。

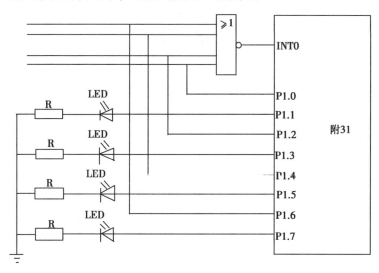

图7-11 利用中断显示系统故障

  解：如图7-11所示，当某一故障信号输入线由低电平变为高电平时，会通过$\overline{INT0}$线引起8031中断（边沿触发方式），在中断服务程序中，应将各故障源的信号读入，并加以查询，进行相应的发光显示。

  源程序如下：

```
            ORG     0000H
            AJMP    MAIN        ；上电，转向主程序
            ORG     0003H       ；外部中断0入口地址
            AJMP    INSER       ；转向中断服务程序
            ORG     00080H
MAIN：      ANL     P1，#55H    ；P1.0，P1.2，P1.4，P1.6为输入，P1.1，P1.3，
                                ；P1.5，P1.7输出为0，允许外部中断0
            SETB    IT0         ；选择边沿触发方式
            SETB    EX0         ；允许外部中断0中断
            SETB    EA          ；CPU开中断
HERE：      SJMP    HERE        ；等待中断
INSER：     JNB     P1.0，L1    ；查询中断源，（P1.0）=0，转L1
            SETB    P1.1        ；是P1.0引起的中断，使相应的二极管亮
L1：        JNB     P1.2，L2    ；继续查询
```

```
            SETB    P1. 3
L2:         JNB     P1. 4, L3
            SETB    P1. 5
L3:         JNB     P1. 6, L4
            SETB    P1. 7
L4:         RETI                    ; 中断返回
            END
```

例 7.5   单步运行控制。

任何一台通用微型计算机都具有单步运行用户程序的功能，使用户能排除程序中的错误。若以 8031 构成一台通用单片机，可以利用中断来实现单步操作。

MCS – 51 系列单片机的各个中断请求标志均可由软件置 1 或清 0，也就是说，可以由软件产生一个中断。另外，CPU 在执行对 IE，IP 的访问指令或 RETI 指令后，至少再执行一条指令后才会响应中断。利用这一特性，就可以实现程序的单步运行控制。

以 8031 为核心的单片机的监控程序在处理用户的单步运行命令时，首先将当前的 PC 压入堆栈，置位 IE0，产生中断请求，接着对 IE，IP 进行写操作，使 EA = 1，EX0 = 1，PX0 = 1，最后执行 RETI。8031 在执行上述操作时，不会响应中断，执行 RETI 后，实际上是将压入堆栈的 PC 值重新取出送回 PC，再执行一条指令后，才会响应中断。进入 $\overline{INT0}$ 的中断服务程序，一般称为单步中断服务程序。

7.2.7   多外部中断源系统设计

MCS – 51 为用户提供了两个外部中断请求源输入端（$\overline{INT0}$ 和 $\overline{INT1}$），在实际的应用系统中，外部中断请求源可能比较多，下面讨论多外部中断源系统的设计方法。

7.2.7.1   定时器中断作为外部中断的使用方法

MCS – 51 有两个定时器/计数器，当它们选择为计数器工作方式时，P3.4（T0）或 P3.5（T1）引脚上发生负跳变时，T0 或 T1 计数器加 1。利用这个特性，我们可以把 P3.4，P3.5 作为外部中断请求输入线，而定时器的溢出中断作为外部中断标志。例如，T0 设置为方式 2（自动恢复常数）外部计数方式，定时器 TH0，TL0 初值为 0FFH，并允许 T0 中断，CPU 开放中断。

初始化程序：

```
MOV     TMOD, #60H      ; 定义 T0 为工作方式 2，外部计数方式
MOV     TL0, #0FFH      ; 置初值
MOV     TH0, #0FFH
SETB    TR0             ; 允许计数
SETB    ET0             ; 允许 T0 中断
SETB    EA              ; CPU 开放中断
```

当连接在 P3.4 的外部中断请求输入线发生负跳变时，TL0 加 1 溢出，置"1"TF0 向 CPU 发出中断申请，同时 TH0 的内容 0FFH 送 TL0，即 TL0 恢复初值 0FFH。这样，P3.4 引脚上的每一个负跳变都置"1"TF0，向 CPU 发出中断申请，P3.4 相当于边沿触发的外部中断请求源输入线。P3.5 也可作类似的处理。

7.2.7.2 中断和查询结合的方法

若系统中有多个外部中断源请求，我们可以按它们的轻重缓急进行中断优先权排队，把其中最高级别的中断源直接接到 MCS – 51 的一个外部中断源$\overline{INT0}$输入端，其余的中断源用线或二的办法连到另一个中断源$\overline{INT1}$输入端，同时还连到一个 I/O 口，中断请求由硬件电路产生，中断源的识别由程序查询处理，查询次序由中断源组别决定。这种方法，原则上可处理任意多个外部中断源。

例如，有 5 个外部中断源。若 5 个中断源的优先级排队顺序为：DVT0，DVT1，DVT2，DVT3，DVT4，因此，将 DVT0 直接经非门接到$\overline{INT0}$，其余的 DVT1、DVT2、DVT3、DVT4 经集电极开路的非门构成或非门电路接到$\overline{INT1}$端并分别与 P1.0—P1.3 相连，如图 7 – 12 所示。当 DVT1、DVT2、DVT3、DVT4 中有一个或几个有效（高电平）时，都会向 CPU 发出中断请求。在$\overline{INT1}$的中断服务程序中依次查询 P1.0—P1.3，就可确定究竟是哪个中断源提出中断请求。

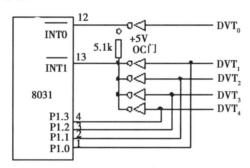

图 7 – 12 多外部中断源连接

系统的中断应用程序片段如下：

```
            ORG        0003H
            LJMPINT0
            ORG 0013H
            LJMPINT1
            ……
INT0：      PUSH       PSW        ；最高级别
            PUSH       A
             .
             .
             .
            POP        A
```

```
              POP        PSW
              RETI
INT1：        PUSH       PSW         ；DVT1 中断处理程序
              PUSH       A
              JB         P1.0，DVT1
              JB         P1.0，DVT2
              JB         P1.0，DVT3
              JB         P1.0，DVT4
PINTIR：      POP        A
              POP        PSW
              RETI
DVT1：
                  .
                  .
                  .
              AJMP       PINTIR
PDVT2：                             ；DVT2 中断处理程序
                  .
                  .
                  .
              AJMP       PINTIR
PDVT3：                             ；DVT3 中断处理程序
                  .
                  .
                  .
              AJMP       PINTIR
PDVT4：                             ；DVT1 中断处理程序
              ...
              AJMP       PINTIR
```

7.3　MCS – 51 系列单片机片内定时器/计数器

在控制系统中，常常要求有一些实时时钟以实现定时或延时控制，如定时中断、定时检测、定时扫描等，也往往要求有计数器，能对外部事件进行计数。

要实现定时或延时功能，一般可用三种方法：软件定时，不可编程的硬件定时，可编程的硬件定时。

软件定时。让 CPU 执行一段程序，而这个程序本身并无具体的执行目的，但由于执行每条指令都要求有一定的时间，则执行该程序段就需要一个固定的时间，因此，可通过正确选择指令和安排循环次数，实现软件的定时功能。但软件的执行占用了 CPU，因此也降低了 CPU 的利用率。

不可编程的硬件定时。采用定时电路 555，外接定时部件（电阻和电容）。这样的定时电路简单，而且利用改变电阻和电容值，可以在一定范围内改变定时值。但是这种定时电路在硬件连接好以后，定时值与定时范围不能由软件进行控制和修改，即不可编程。

可编程的定时器。这种定时器的定时值及定时范围可以很容易地利用软件来确定和修改，因而功能强，使用灵活。

MCS – 51 系列单片机片内集成有两个可编程的定时/计数器，即定时/计数器 0（T0）和定时/计数器 1（T1），它们既可以工作于定时方式，也可以对外部事件进行计数，T1 还可作为串行口的波特率发生器。

7.3.1　定时器/计数器的内部结构及工作原理

MCS – 51 内部的定时器结构如图 7 – 13 所示，定时器 T0 由特殊功能寄存器 TL0 和 TH0 构成，定时器 T1 由 TL1 和 TH1 构成，特殊功能寄存器 TMOD 控制定时器的工作方式，TCON 控制定时器的运行，同时还包含了定时器 T0 和 T1 的溢出标志位。通过对 TL0，TH0，TL1，TH1 的初始化编程来控制 T0 和 T1 的计数初值，及对 TMOD，TCON 的初始编程、选择 T0，T1 的工作方式和控制 T0，T1 的计数。

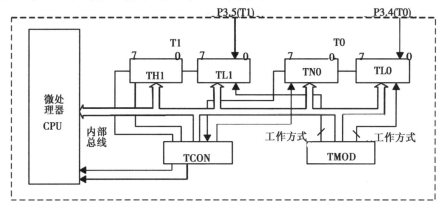

图 7 – 13　定时器结构

TMOD 的低 4 位为定时器 T0 的方式控制字段，高 4 位为定时器 T1 的方式控制字段。

工作方式选择位 M1，M0。定时器的工作方式由 M1，M0 二位状态确定，对应系如表 7 – 3 所示。如图 7 – 14 所示，定时/计数器的核心部件是加 1 计数器，它由两个 8 位的特殊功能寄存器 THX 和 TLX（X = 0，1）构成，可由程序对加 1 计数器置初值。若定时/计数选择端 $C/\bar{T} = 0$，即方式电子开关打在上位，则此时加 1 计数器对由振荡器经 12 分频后输出的脉冲进行加 1 计数，即其计数速率是时钟周期的 1/12；当加 1 计数器计满溢出时，由硬件使特殊功能寄存器 TCON 中的 TFX（X = 0，1）置 1，从而可向 CPU 发中断请求。因此，由预置的计数值就可以算出从加 1 计数器启动到计满溢出所需的时间，即定时时间。

若定时/计数器选择端 $C/\bar{T} = 1$，即方式电子开关打在下位，则加 1 计数器工作于计数方式，此时加 1 计数器对外部引脚（T0 为 P3.4，T1 为 P3.5）上输入的脉冲下降边沿进行计数，计满溢出时，向 CPU 发中断请求。在这种工作方式下，CPU 在每个机器周期的

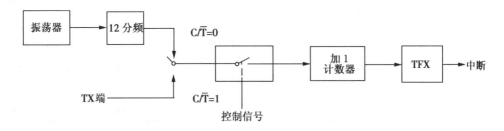

图 7-14 T0，T1 的工作方式

S5P2 采样 TX 端信号，若在一个周期采样到 TX 信号为高电平，而在下一个机器周期采样到 TX 信号为低电平，则计数器加 1。识别一个 "0→1" 的跳变要用 2 个机器周期（24 个振荡周期），所以最快的计数速率是振荡频率的 1/24。外部输入信号必须至少保持一个完整的机器周期，才能确保被采样。

在特殊功能寄存器中，TH0，TL0 为 T0 的 16 位加 1 计数器的高 8 位和低 8 位，TH1，TL1 为 T1 的 16 位加 1 计数器的高 8 位和低 8 位，TMOD 为 T0，T1 的方式控制寄存器，TCON 为定时/计数器控制寄存器，它存放 T0，T1 的运行控制位和中断请求标志位，用户可通过对上述寄存器的初始化编程，来设置 T0，T1 的计数初值和工作方式，控制 T0，T1 的运行。

7.3.2 定时/计数器的方式控制和标志寄存器

7.3.2.1 工作方式控制寄存器 TMOD

特殊功能寄存器 TMOD 用于控制定时/计数器的工作方式，字节地址 89H，规定如表 7-3 所示。其中 M1，M0 是工作方式控制位，用以规定定时/计数器的工作方式。

表 7-3 工作方式寄存器 TMOD

位	D7	D6	D5	D4	D3	D2	D1	D0
TMOD	GATE	C/$\overline{\text{T}}$	M1	M0	GATE	C/$\overline{\text{T}}$	M1	M0
字节地址	定时器 1				定时器 0			

M1	M0	方式	说明
0	0	0	13 位计数器
0	1	1	16 位计数器
1	0	2	计数初值自动再装入的 8 位计数器
1	1	3	把 T0 分为两个 8 位计数器或关闭 T1

C/$\overline{\text{T}}$ 计数或定时方式选择位。C/$\overline{\text{T}}$ = 0 为定时方式；C/$\overline{\text{T}}$ = 1 为计数方式。

GATE 门控信号位。当 GATE = 1 时，只有在 $\overline{\text{INTX}}$ 为高电平且特殊功能寄存器 TCON 中的 TRX 置 1 时，才能选通相应的定时/计数器，这时可用于测量 $\overline{\text{INTX}}$ 线上的脉冲宽度。当 GATE = 0 时，每当 TRX 置 1，就选通相应的定时/计数器。

7.3.2.2 定时/计数器控制寄存器 TCON

特殊功能寄存器 TCON 中的各位用于表示定时/计数器的状态控制和标志，字节地址为 88H，可位寻址，其格式如表 7-4 所示。其中 TF1，TF0 和低 4 位与中断有关，已在上一节中介绍过。

表 7-4　TCON 的格式

位	D7	D6	D5	D4	D3	D2	D1	D0
TCON	TF1	TR1	TF0	TR0	IE1	IT1	IE0	IT0
位地址（H）	8F	8E	8D	8C	8B	8A	89	88

TRX 是定时/计数器 TX 的运行控制位，由软件使其置 1 或清 0，以控制定时/计数器的启动与关闭（如上所述，与 GATE 有关）。

TCON 中各位的作用如表 7-5 所示。总之，MCS-51 系列单片机的片内定时/计数器是可编程控制的，在运行前必须对上述各寄存器 THX，TLX，TMOD，TCON 进行初始化编程，在运行过程中，也可以读出 THX，TLX 及 TCON 中的内容，并随时查询定时/计数器的状态。

表 7-5　寄存器 TCON 中各位的作用

符号	位置	名称及格式
IT0	TCON.0	外部中断 0 触发方式控制位，用于确定是边沿触发还是电平触发。当外部中断 0 是边沿触发时，IT0 应置位，当中断是以 $\overline{INT0}$ 引脚上的低电平触发时，IT0 应清除
IE0	TCON.1	外部中断 0 边沿触发时中断请求标志位，若 IT0 = 1，当引脚 $\overline{INT0}$ 上有一个负跳变时，IE0 由硬件置位，请求中断。当 CPU 转入中断服务程序时，IE0 由硬件清除
IT1	TCON.2	外部中断 1 触发方式控制位，当外部中断 0 是边沿触发时，IT1 应置位，当中断是以 $\overline{INT1}$ 引脚上的低电平触发时，IT0 应清除
IE1	TCON.3	外部中断 1 边沿触发时中断请求标志位，若 IT1 = 1，当 $\overline{INT1}$ 引脚上有一个负跳变时，IE1 由硬件置位，请求中断。当 CPU 转入中断服务程序时，IE1 由硬件清除
TR0	TCON.4	定时器 0 运行控制位。由软件置位或清除，以控制定时器 0 运行或停止
TF0	TCON.5	定时器 0 溢出中断请求标志位，当定时器/计数器 0 溢出时，TF0 由硬件置位，当 CPU 转入中断服务程序时，TF0 由硬件清除
TR1	TCON.6	定时器 1 运行控制位。由软件置位或清除，以控制定时器 1 运行或停止
TF1	TCON.7	定时器 1 溢出中断请求标志位，当定时器/计数器 1 溢出时，TF1 由硬件置位，当 CPU 转入中断服务程序时，TF1 由硬件清除

7.3.3　定时/计数器的工作方式

MCS-51 系列单片机的定时/计数器 0 共有方式 0，1，2 和 3 四种工作方式，而定时/计数器 1 具有 0，1，2 三种工作方式。

7.3.3.1　方式 0

当 M1M0 为 00 时，定时/计数器工作于方式 0，定时/计数器 0 方式 0 的结构如图 7-15 所示。方式 0 为 13 位计数器，由 TL0 的低 5 位和 TH0 的高 8 位组成，当 TL0 的低 5 位溢出时向 TH0 进位，当 TH0 计满溢出时，使 TCON 中的 TF0 置 1，向 CPU 发出中断请求，由中断服务程序进行处理。

由图 7-15 也可以看出 GATE 的作用。当 GATE = 0 时，通过反相器使"或"门输出为 1，此时仅由 TR0 控制"与"门的开启；当 GATE = 1 时，由 $\overline{INT0}$ 控制"或"门的输出，此时"与"门的开启则由 $\overline{INT0}$ 和 TR0 共同控制。

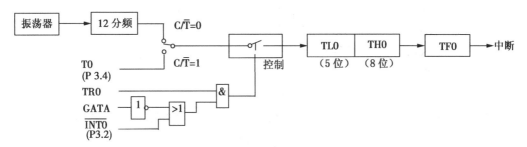

图 7-15　定时器 T0 方式 0 的结构

若定时/计数器 X（X = 0，1）工作于方式 0，计数初值为 a，时钟频率为 f，则定时时间为

$$t = (2^{13} - a) \times \frac{12}{f} \ (\mu s)$$

7.3.3.2　方式 1

当 M1M0 为 01 时，定时/计数器工作于方式 1，方式 1 与方式 0 的差别仅在于计数器的位数不同。定时/计数器 0 方式 1 的结构如图 7-16 所示。此方式中，由 TL0 作为低 8 位、TH0 作为高 8 位，组成了 16 位加 1 计数器。若定时/计数器 X 工作于方式 1，计数初值为 a，时钟频率为 f，则定时时间为

$$t = (2^{16} - a) \times \frac{12}{f} \ (\mu s)$$

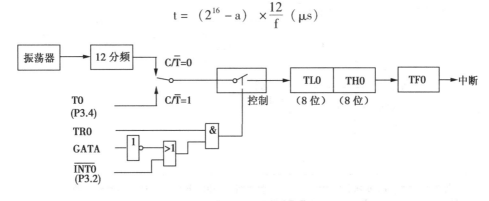

图 7-16　定时器 T0 方式 1 的结构

7.3.3.3　方式 2

M1M0 为 10 时，定时/计数器工作于方式 2。方式 2 为自动恢复初值的 8 位计数器，定时/计数器 0 工作于方式 2 的结构如图 7-17 所示。方式 2 中，TL0 作为 8 位加 1 计数器，TH0 作为 8 位计数初值寄存器，当 TL0 计满溢出时，一方面由硬件使 TF0 置 1，向 CPU 发出中断请求，同时将 TH0 中的计数初值送入 TL0 中，使 TL0 从初值开始重新加 1 计数。

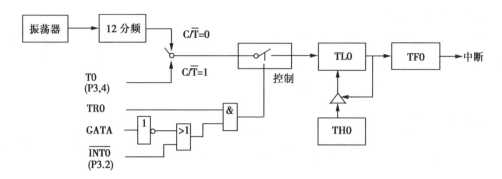

图 7 - 17　定时器 T0 方式 2 的结构

若定时/计数器 X 工作于方式 2，计数初值为 a，时钟频率为 f，则定时时间为

$$t = (2^8 - a) \times \frac{12}{f} \ (\mu s)$$

上面以定时/计数器 0 为例，说明了定时/计数器方式 0，1，2 的工作原理，MCS - 51 系列单片机的 2 个片内定时/计数器的这三种工作方式是完全相同的。

7.3.3.4　方式 3

方式 3 只适用于定时/计数器 0（T0）。当 T0 方式字段中的 M1M0 为 11 时，T0 被设置为方式 3。方式 3 T0 的结构如图 7 - 18 所示。此时 T0 分为两个独立的 8 位计数器 TL0 和 TH0，TL0 使用定时/计数器 0 的所有控制位：C/$\overline{T}$，GATE，TR0，TF0，$\overline{INT0}$（P3.2）及 T0（P3.4）。当 TL0 计满溢出时，由硬件使 TF0 置 1，向 CPU 发出中断请求。而 TH0 被限制为只工作于定时方式，而且使用了定时/计数器 T1 的 TR1 和 TF1，当 TH0 计满溢出时，由硬件使 TF1 置 1，向 CPU 发出中断请求。

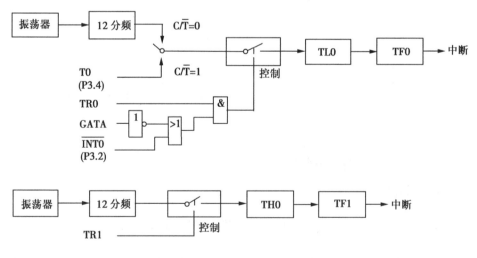

图 7 - 18　定时器 T0 方式 3 的结构

当定时/计数器 T0 工作于方式 3 时，仍需要 T1 工作，此时 T1 仍可工作于方式 0，1，2，但只能工作于不需要中断控制的场合，如工作于方式 2，作为串行口的波特率发生器。此时，MCS - 51 系列单片机相当于增加了一个 8 位定时器。

如果定义 T1 工作于方式 3，则将停止其工作，并保持原有计数值，其效果相当于把

TCON 中的 TR1 置 0，停止定时/计数器 1 工作。

7.3.4 定时/计数器编程举例

例 7.6 设定时/计数器 0 工作于方式 0，定时时间为 1 ms，时钟频率为 6MHz，试确定定时/计数值。

解：对于方式 0，加 1 计数器为 13 位，设定时/计数值为 a，则

$$(2^{13} - a) \times \left(\frac{12}{6}\right) = 1\ 000$$

$$a = 7692$$

化成二进制：a = 1111000001100B

低 5 位：01100B = 0CH

高 8 位：11110000B = F0H

所以（TH0）= 0F0H，（TL0）= 0CH。

例 7.7 设时钟频率为 6MHz，试计算定时/计数器 0 工作于定时方式 0，1，2 时的最大定时时间。

解：设最大时间为 T。

工作于方式 0 时，加 1 计数器为 13 位，$T = 2^{13} \times \left(\frac{12}{6}\right) = 16.384\text{ms}$

工作于方式 1 时，加 1 计数器为 16 位，$T = 2^{16} \times \left(\frac{12}{6}\right) = 131.072\text{ms}$

工作于方式 2 时，加 1 计数器为 8 位，$T = 2^{8} \times \left(\frac{12}{6}\right) = 512\mu\text{s}$

例 7.8 设时钟频率为 6MHz，试利用定时计数器 1，采用方式 0 产生 10ms 的定时，并使 P1.7 输出周期为 20ms 的方波。

解：①计算计数值 a：

因为 $\qquad (2^{13} - a) \times \left(\frac{12}{6}\right) = 10\ 000\mu\text{s}$

所以 $\qquad a = 3\ 192 = 110001111000B$

②初值装入 TL1 和 TH1：

```
        MOV     TL1，#18H
        MOV     TH1，#63H
```

③写方式控制字 TMOD：

M1M0 = 00，GATE = 0，C/$\overline{\text{T}}$ = 0，可取方式控制字 00H。

④当 T1 定时 10 ms 时间到，TF1 = 1，如采用中断方式，则请求中断。也可用软件查询方式。下面分别以两种方法进行编程。

软件查询法源程序清单如下：

```
        ORG     0000H
        LJMP    MAIN            ；上电，转向主程序
        ORG     0080H           ；主程序
```

```
MAIN:   MOV     TMOD, #00H      ; 设 T1 工作于方式 0
        SETB    TR1             ; 启动定时器 T1
LOOP:   MOV     TH1, #63H       ; 装入计数值高 8 位
        MOV     TL1, #18H       ; 装入计数值低 5 位
        JNB     TF1, $          ; TF1 = 0, 等待
        CLR     TF1             ; 清 TF1
        CPL     P1.7            ; 将 P1.7 取反, 输出
        SJMP    LOOP;
        END
```

中断法程序清单如下:

```
        ORG     0000H
        AJMP    MAIN            ; 上电, 转向主程序
        ORG     001BH           ; T1 的中断入口地址
        AJMP    SERVE           ; 转向中断服务程序
        ORG     0080H           ; 主程序
MAIN:   MOV     TMOD, #00H      ; 设 T1 工作于方式 0
        MOV     TH1, #63H       ; 装入计数值高 8 位
        MOV     TL1, #18H       ; 装入计数值低 5 位
        SETB    TR1             ; 启动定时器 T1
        SETB    ET1             ; T1 开中断
        SETB    EA              ; CPU 开中断
        SJMP    $               ; 等待中断
SERVE:  CPL     P1.7            ; P1.7 取反, 输出
        MOV     TH1, #63H
        MOV     TL1, #18H       ; 重新装入计数值
        RETI                    ; 中断返回
        END
```

例 7.9 上例中, T1 工作于方式 2, P1.7 输出 1ms 方波 (采用中断方式)。

解: ①求计数值 a:

$$(2^8 - a) \times \left(\frac{12}{6}\right) = 0.5 \times 10^3 \, \mu s$$

$$a = 6$$

②初值装入:

MOV TL0, #06H

MOV TH0, #06H

③方式控制字 TMOD:

同上例为 20H

④源程序如下:

```
        ORG     0000H
```

	AJMP	MAIN	；上电，转向主程序
	ORG	001BH	；T1 的中断入口地址
	CPL	P1.7	；P1.7 取反，输出
	RETI		
	ORG	0080H	；主程序
MAIN：	MOV	TMOD，#20H	；设 TI 工作于方式 2
	MOV	TH1，#06H	；赋循环计数初值
	MOV	TL1，#06H	；装入计数值
	SETB	TR1	；启动定时器 T1
	SETB	ET1	；允许 TI 中断
	SETB	EA	；允许 CPU 中断
	SJMP	$	；等待中断
	END		

例 7.10 设时钟频率为 6MHz，试编写利用 T0 产生 1s 定时的程序。

解：①定时器 T0 工作方式的确定：

因定时时间较长，我们采用哪一种工作方式呢？方式 0 最长可定时 16.384 ms；方式 1 最长可定时 131.072 ms；方式 2 最长则可定时 512 μs。

题中要求定时 1 秒，可选方式 1，每隔 100 ms 中断一次，中断 10 次为 1 s。

②求计数值 a：

$$(2^{16} - a) \times (\frac{12}{6}) = 100 \times 10^3$$

$$a = 15536 = 3CB0H$$

③（TL0）= 0B0H，（TH0）= 3CH：

④对于中断 10 次计数，可采用 T1 工作于计数方式，也可采用循环程序的方法实现。本例采用循环程序法。

⑤确定方式控制字，因 T0 不受 INT0 控制，故取为 01H。

⑥源程序如下：

	ORG	0000H	
	LJMP	MAIN	；上电，转向主程序
	ORG	000BH	；T0 的中断入口地址
	AJMP	SERVE	；转向中断服务程序
	ORG	0080H	；主程序
MAIN：	MOV	SP，#60H	；设堆栈指针
	MOV	B，#0AH	；设循环次数
	MOV	TMOD，#01H	；设 T0 工作于方式 1
	MOV	TL0，#0B0H	；装入计数值低 8 位
	MOV	TH0，#3CH	；装入计数值高 8 位
	SETB	TR0	；启动定时器 T0
	SETB	ET0	；允许 T0 中断

```
              SETB      EA              ; 允许 CPU 中断
              SJMP      $               ; 等待中断
    SERVE：   MOV       TL0，#0B0H；
              MOV       TH0，#3CH       ; 重新赋计数值
              DJNZ      B，LOOP；
              CLR       TR0             ; 1s 定时到，停止 T0 工作
    LOOP：    RETI      ; 中断返回
              END
```

例 7.11 设计一电子钟，要求计满 1 s 则秒位 32H 单元内容加 1，计满 60 s 则分位 31H 单元内容加 1，计满 60min 则时位 30H 单元内容加 1，计满 24h 则将 30H，31H，32H 的内容全部清 0。

解：根据题意，中断服务程序流程图如图 7 – 19 所示。

源程序如下：

```
              ORG       0000H
              AJMP      MAIN            ; 上电，转向主程序
              ORG       001BH           ; T1 的中断入口地址
              AJMP      SERVE           ; 转向中断服务程序
              ORG       0080H           ; 主程序
    MAIN：    MOV       TMOD，#10H      ; 设 T1 作于方式 1
              MOV       20H，#0AH       ; 设中断次数
              CLR       A
              MOV       30H，A          ; 时单元清 0
              MOV       31H，A          ; 分单元清 0
              MOV       32H，A          ; 秒单元清 0
              SETB      ET1             ; 允许 T1 中断
              SETB      EA              ; 允许 CPU 中断
              MOV       TH0，#3CH
              MOV       TL0，#0B0H      ; 赋计数值
              SETB      TR1             ; 启动定时器 T1
              SJMP      $               ; 等待中断
    SERVE：   PUSH      PSW
              PUSH      ACC             ; 保护现场
              MOV       TH0，#3CH
              MOV       TL0，#0B0H      ; 重新赋计数值
              DJNZ      20H，RETUNT     ; 1s 未到，返回
              MOV       20H，#0AH       ; 重置中断次数
              MOV       A，#01H
              ADD       A，32H          ; 秒位加 1
              DA        A
```

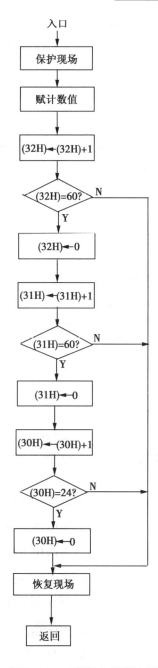

图 7 − 19 中断服务程序流程图

MOV	32H, A	; 转换为 BCD 码
CJNE	A, #60H, RETUNT	; 未计满 60s, 返回
MOV	32H, #00H	; 计满 60 s, 秒位清 0
MOV	A, #01H	
ADD	A, 31H	; 分位加 1
DA	A	
MOV	31H, A	; 转换为 BCD 码

	CJNE	A, #60H, RETUNT	; 未计满 60min, 返回
	MOV	31H, #00H	; 计满 60min, 分位清 0
	MOV	A, #01H	
	ADD	A, 30H	; 时位加 1
	DA	A	
	MOV	30H, A	; 转换为 BCD 码
	CJNE	A, #24H, RETUNT	; 计满 24h, 返回
	MOV	30H, #00H	; 计满 24h, 时位清 0
RETUNT:	POP	ACC	
	POP	PSW	; 恢复现场
	RET	I	; 中断返回
	END		

例 7.12 测试 $\overline{INT0}$ 引脚上正脉冲的宽度。

解：利用方式控制寄存器 TMOD 中的门控位 GATE，使定时/计数器 T0 的启动受外部中断请求输入线 $\overline{INT0}$ 电平的控制。当门控位 GATE = 1 时，TR0 和 $\overline{INT0}$ 同时为 1，T0 才能启动，由此可测试 $\overline{INT0}$ 引脚上正脉冲的宽度。

源程序如下：

	ORG	0000H	
	AJMP	MAIN	; 上电, 转向主程序
	ORG	0080H	; 主程序
MAIN:	MOV	TMOD, #09II	; 设 T0 工作于方式 1, 且 CATA = 1
	MOV	TL0, #00H	
	MOV	TH0, #00H	; 计数器清 0
L1:	JB	P3.2, L1	; 等 $\overline{INT0}$ 变低
	SETB	TR0	; 当 $\overline{INT0}$ 由高变低时, 将 TR0 置 1
L2:	JNB	P3.2, L2	; 等 $\overline{INT0}$ 变高
L3:	JB	P3.2, L3	; 当 $\overline{INT0}$ 由低变高时, 开始计数
	CLR	TR0	; 当 $\overline{INT0}$ 由高变低时, 停止计数
	LCALL	DIR	; 转显示程序, 将 TH0、TL0 的数显示

7.4 MCS-51 系列单片机片内串行通信接口

7.4.1 可编程的串行通信接口概述

7.4.1.1 串行通信的优点

从图 7-20 和图 7-21 中可以看出，在并行通信中，若所传送的数据为 N 位，则需要 N 根数据线进行传送。而在串行通信中仅需两根数据线：一根用于发送数据，另一根用于接收数据。当长距离传送或数据位数较多时，便显示出了串行通信的优点。例如，从微型机传送到远方的终端就常用电话线来进行传送。因此，串行传送可大大减少传送线，从而降低了成本，并且抗干扰能力也有所增强。但是，进行串行通信速度较慢，若 N 位数据并行传送的时间为 T，则串行传送的时间至少为 NT。

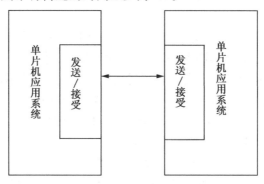

图 7-20 串行总线的双机系统相互通讯

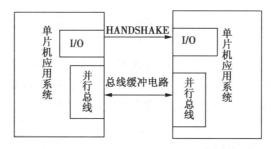

图 7-21 并行总线的双机系统相互通讯

7.4.1.2 传送编码

在计算机中，数和字符等都是以一定的编码表示的。编码的种类很多，常用的主要有：

（1）扩展的 BCD 交换码（Extended Binary Coded Decimal Interchange Code）；

（2）美国标准信息交换码 ASCII（American Standard Code for Information Interchange）。

7.4.1.3 通信方式

在串行通信中，有两种最基本的通信方式：

（1）非同步（异步）通信 ASYNC（Asynchronous Data Communication）。异步通信方式是按字符传送的，字符前有一个起始位（0），字符后有一停止位（1），从起始位到停止位构成一帧数据，如图 7-22 所示。

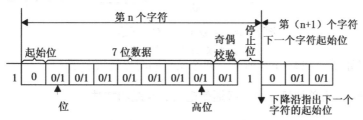

图 7-22 异步通信的格式

起始位占用一位，字符编码为 7 位（ASCII 码），第 8 位为奇偶校验位（即加上这一位使字符中为 1 的位数为奇数或偶数），停止位可占用一位、一位半或两位，因此一帧数据便由 10，10.5 或 11 位构成。

用这样的方式表示字符，则字符可以一个接一个地传送。在异步数据传送中，CPU 与外设之间必须有以下两项约定。

①字符格式，即字符的编码形式、奇偶校验形式以及起始位和停止位的约定。例如，用 ASCII 码（字符为 7 位），采用偶校验，一位起始位，一位停止位，一帧数据共 10 位。

②波特率，即在串行通信中，每秒钟传送数据的位数。它表示出对数据的传送速率的约定。例如，数据传送的速率是 120 帧/s，而每一帧由 10 位组成，则传送的波特率为

$$120 \times 10 = 1200 \text{ 位/s} = 1200 \text{ 波特}$$

每一位的传送时间 Td 则为波特率的倒数：

$$Td = 1/1200 = 0.833 \text{ms}$$

异步通信的传送速率一般为 50～9 600 波特，它常用于计算机与 CRT 终端及打印机之间的通信。

（2）同步通信。在异步通信中，每一帧数据都包括起始位和停止位作为字符的开始和结束标志，这增加了传送时间。所以，在数据块传送时，为了提高速度，要去掉这些标志，采用同步通信。同步通信是按数据块传送的，即将需要传送的字符顺序地连接起来，组成一个数据块，如图 7 - 23 所示。在数据块前面加上特殊的同步字符，作为数据块的起始符号，在数据块的后面加上校验字符，用于校验通信中的错误。在同步通信中字符之间无间隔，因而通信效率较高，其通信速度也高于异步通信，通常为几十至几百（千波特），但它要由时钟来实现发送端与接收端之间的同步，因而硬件复杂。

同步字符 1	同步字符 2	n 个数值字节	校验字节 1	校验字节 2

图 7 - 23　典型的同步通信数据格式

7.4.1.4　串行通信中半双工与全双工的概念

（1）半双工如图 7 - 24（a）所示。每次只能有一个站发送（接收），即只能由 A 发送到 B，或由 B 发送到 A，不能 A，B 同时发送。

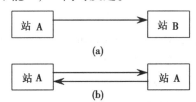

图 7 - 24　半双工与全双工示意图

(a) 半双工；(b) 全双工

（2）全双工如图 7 - 24（b）所示。两个站可同时发送（接收）。

7.4.2　MCS - 51 系列单片机片内串行通信电路的组成和特性

MCS - 51 系列单片机的片内串行口是一个全双工的异步串行通信接口，可以同时发送和接收数据，如图 7 - 25 所示。MCS - 51 系列单片机的串行口主要由两个物理上独立

的串行数据缓冲器SBUF、发送至控制器TX、输出控制门和输入移位寄存器组成。发送数据缓冲器SBUF只能写入，不能读出；接收数据缓冲器SBUF只能读出，不能写入。因此，两个缓冲器都用符号SBUF表示，共用一个地址99H。CPU对特殊功能寄存器SBUF执行写操作，是将数据写入发送缓冲器，对SBUF执行读操作，是读出接收缓冲器的内容。

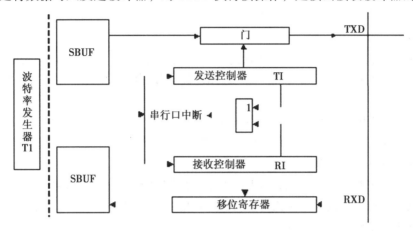

图7－25　MCS－51系单片机串行口组成

特殊功能寄存器SCON存放串行口的控制和状态信息，特殊功能寄存器PCON可改变串行通信的波特率。波特率发生器可由定时器T1构成。

7.4.2.1　串行控制寄存器SCON

SCON是一个特殊功能寄存器，用以设定串行口的工作方式、接收/发送控制以及设置状态标志。字节地址98H，可位寻址，其格式见表7－6。

表7－6　SCON的格式

位	D7	D6	D5	D4	D3	D2	D1	D0
SCON	SM0	SM1	SM2	REN	TB8	RB8	TI	RI
位地址（H）	9F	9E	9D	9C	9B	9A	99	98

各位的功能如下：
·SM0，SM1，串行口的工作方式选择位，可选择四种工作方式，见表7－7。

表7－7　串行口的工作方式

SM0	SM1	方　式	说　明	波特率
0	0	0	移位寄存器器方式	fosc/12
0	1	1	8位数据的UART工作方式	可变
1	0	2	9位数据的UART工作方式	fosc/32或fosc/64
1	1	3	9位数据的UART工作方式	可变

注：UART为通用异步接收/发送器；fosc为晶振的振荡频率。

· SM2　允许方式2或3的多机通讯控制位，仅用于接收时，对于方式2或3，若SM2＝1，则接收到的第9位数据RB8为0时，不激活RI（RI＝0）；对于方式1，若SM2

=1，则只有接收到有效的停止位时，才会激活 RI（RI=1）；对于方式 0，SM2 应为 0。

·REN　允许串行接收位。由软件置位 REN=1，则启动串行口的接收器 RXD，开始接收数据（检测起始位）；用软件使 REN=0，则禁止接收。

·TB8　在方式 2 或 3 时，是发送的第 9 位数据，可以用软件规定其作用，例如可用作数据的奇偶校验位，或是在多机通信中，用以表示地址帧/数据帧的标志位（地址帧/数据帧：TB8=1/0）。

·RB8　在方式 2 或 3 时，是接收到的第 9 位数据，作为奇偶校验位或地址帧/数据帧的标志位。在方式 1 时，若 SM2=0，则 RB8 是接收到的停止位。在方式 0 时，不使用RB8。

·TI　发送中断标志位。在方式 0 时当串行发送第 8 位数据结束时，或在其他方式，串行发送停止位的开始时，由内部硬件使 TI 置 1，向 CPU 发出中断请求。在中断服务程序中，必须用软件将其清 0，取消此中断请求。

·RI　接收中断标志位。在方式 0，当串行接收第 8 位数据结束时，或在其他方式，串行接收到停止位的中间时，由内部硬件使 RI 置 1，向 CPU 发出中断请求。也必须在中断服务程序中，由软件将其清 0。

当 MCS-51 系列单片机复位时，SCON 的各位也复位为 0，所以在通信开始前，必须由软件来设定 SCON 的内容。设定的 SCON 内容在下一条指令的 S1P1 状态期间被锁存到SCON 寄存器中，并开始有效。

在串行通信时，当一帧数据发送完，TI 置 1，向 CPU 请求中断；当一帧数据接收完，RI 置 1，向 CPU 请求中断。若 CPU 允许中断，则都要进入中断服务程序，但 CPU 事先并不能区分是 TI 还是 RI 请求中断，所以在进入中断服务程序后，应通过查询来区分，然后进入相应的中断处理。因此，TI 和 RI 均不允许自动复位，而必须在中断服务程序中，经查询判断是哪一种中断后，才能用指令使其复位。复位中断请求是撤消中断请求必须要做的操作，否则又会引起再次的中断请求，产生误中断。

7.4.2.2　电源控制寄存器 PCON

PCON 属于特殊功能寄存器，字节地址 87H，不可位寻址。它的 D7 位 SMOD 为串行口波特率控制位，可由指令置 1 或清 0。若 SMOD=1，则使工作在方式 1，2，3 时的波特率加倍。当单片机复位时，SMOD=0。

D7	D6	D5	D4	D3	D2	D1	D0
SMOD							

PCON 的其他位为 CHMOS 器件的断电方式控制位，这里不作介绍。

MCS-51 系列单片机的串行口中没有数据寄存器，所有的串行方式中，在写 SBUF 信号的控制下，把数据装入 9 位移位寄存器中，低 8 位为数据字节，其最低位即为移位输出位。根据不同的工作方式，将会自动将 1 或 TB8 的值装入移位寄存器的第 9 位，并进行发送。

串行口的接收寄存器是一个输入移位寄存器，在方式 0 时，移位寄存器字长为 8 位，在其他方式时，其字长为 9 位。一帧接收完毕时，移位寄存器中的数据字节装入串行接收缓冲器 SBUF 中，其第 9 位则装入到 SCON 寄存器的 RB8 位。若 SM2 控制使得已接收的数据无效，则 RB8 和 SBUF 中的内容不变。

7.4.3　MCS－51 系列单片机片内串行通信接口工作方式

　　MCS－5l 系列单片机串行口具有四种工作方式，由 SCON 中的 SM0，SM1 两位进行定义。

7.4.3.1　方式 0

　　方式 0 是外接移位寄存器的工作方式，用以扩展 I/O 接口，输出时将发送 SBUF 中的内容串行地移到外部的移位寄存器；输入时将外部移位寄存器内容串行地移入内部输入移位寄存器，然后写入 SBUF。在以方式 0 工作时，数据由 RXD 端（P3.0 第二功能）串行地输入/输出，TXD 端（P3.l 的第二功能）输出移位脉冲，使外部的移位寄存器移位，波特率固定为 fosc/12。

　　方式 0 时串行口简化的逻辑结构及时序如图 7－26、图 7－27 所示。

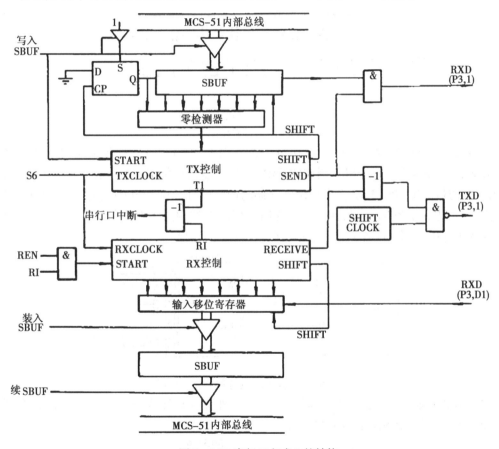

图 7－26　串行口方式 0 的结构

　　（1）方式 0 输出。方式 0 输出时，串行口上可外接串行输入并行输出移位寄存器，如 74LS164，其接口逻辑如图 7－28 所示，TXD 端输出的脉冲将 RXD 端输出的数据逐位移入 74LS164。

　　CPU 对发送数据缓冲器 SBUF 写入一个数据，就启动串行口发送，对 SBUF 的写信号在 S6P2 时把 1 写入输出移位寄存器的第 9 位，并使发送控制电路开始发送。内部的定时逻辑在 SBUF 写入后，经过一个完整的机器周期，使 SEND 被激活（SEND ＝1），输出移位寄存器中输出位的内容，送 RXD 端输出，移位脉冲由 TXD 端输出，它使 RXD 端输出

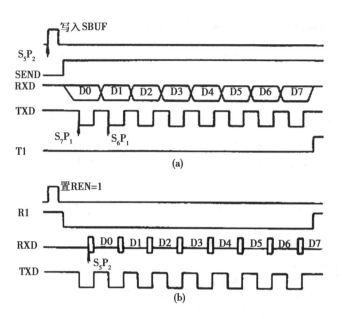

图 7 - 27　串行口方式 0 的时序

（a）发送时序；（b）接收时序

的数据移入外部移位寄存器。TXD 端在每个机器周期的 S3，S4，S5 期间为低电平，S6，S1，S2 期间为高电平，每个机器周期的 S6P2 使内部输出移位寄存器右移一位，左边移入 0。当数据的最高位 MSB 移至输出移位寄存器的输出位时，则 MSB 的左边为 1（原写入的第 9 位），左边其余为 0。检测到这个条件时，标志着控制逻辑在进行最后一次移位，接着使 SEND 清 0，并将 TI 置 1，于是完成了一个字节的输出。

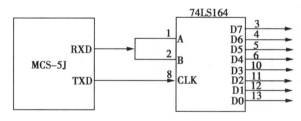

图 7 - 28　方式 0 输出时连接移位寄存器

（2）方式 0 输入。方式 0 输入时，串行口上外接并行输入串行输出的移位寄存器，如 74LS166，其接口逻辑如图 7 - 29 所示。

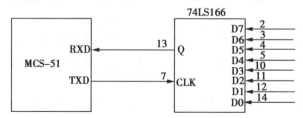

图 7 - 29　方式 0 输入时连接移位寄存器

当 REN = 1，RI = 0 时，启动串行口接收，在下个机器周期的 S6P2 将 11111110B 写入内部输入移位寄存器，接着使 RECEIVE 端置 1，使移位脉冲从 TXD 端输出，它在每个机器周期的 S3P1 和 S6P1 发生跳变，使外部移位寄存器移位，输入移位寄存器在每个机器周期的 S6P2 左移一位，右边移入的值是在 S5P2 期间采样到的 RXD 上的输入值。当原来写入的 11111110B 中的 0 移到最左边一位时，标志着下面为最后一次移位，在最后一次移位结束时，由硬件将输入移位寄存器中的内容写入 SBUF，RECEIVE 端清 0，停止 TXD 端输出脉冲，并将 RI 置 1，这样便完成了一个 8 位数据的输入。

7.4.3.2 方式 1

串行口定义为方式 1 时，它是一个 8 位异步通信口，TXD 为数据输出线，RXD 为数据输入线，传送一帧数据的格式如图 7-30 所示，其中，1 位起始位，8 位数据位，1 位停止位，故一帧数据为 10 位。

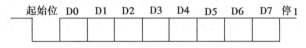

图 7-30 串行口方式 1 的数据格式

方式 1 的串行口简化逻辑结构和时序如图 7-31、图 7-32 所示。

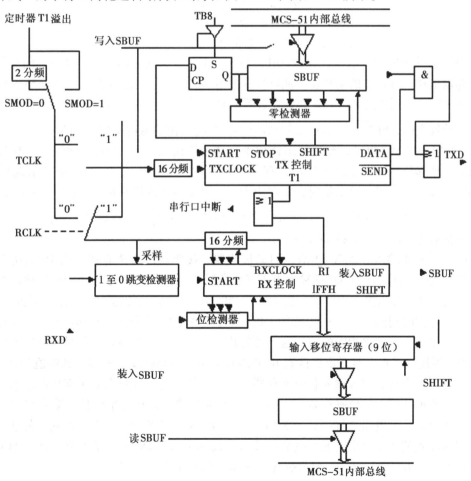

图 7-31 串行口方式 1 的结构

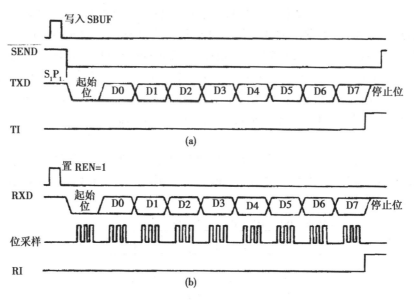

图 7 – 32 串行口方式 1 的时序

(a) 发送时序；(b) 接收时序

方式 1 的波特率由定时器 T1 的溢出率确定。

（1）方式 1 输出。CPU 向发送 SBUF 写入一个数据，便启动串行口发送，同时将 1 写入内部输出移位寄存器的第 9 位。实际发送是在内部 16 分频计数器下一个循环的机器周期的 S1P1，发送定时和这一 16 分频计数器同步。

开始发送时，$\overline{\text{SEND}}$ 和 DATA 都为低电平，把起始位的低电平输出到 TXD 端。一位时间后，DATA 变为高电平，允许输出移位寄存器的输出位送到 TXD，再经过一位时间后，发出第一个移位脉冲，使输入移位寄存器右移一位，左边移入 0。当数据的最高位 MSB 移到输出移位寄存器的输出位时，其左边为 1（原来写入的第 9 位），左边其余位全为 0。零检测器检测到这一条件后，使控制电路进行最后一次移位，然后 $\overline{\text{SEND}}$ 为 1，输出停止位，一帧数据输出结束，将 TI 置 1。

（2）方式 1 输入。REN = 1 后，启动接收器，接收器以所选波特率的 16 倍速率采样 RXD 端电平。当检测到 RXD 端输入电平发生负跳变时（起始位），内部 16 分频计数器复位，并将 1FFH 写入输入移位寄存器。计数器的 16 个状态把传送一位数据的时间分为 16 等份，在每位时间的 7，8，9 这三个计数状态，位检测器采样 RXD 端电平，接收的值是三次采样中至少有两次相同的值，这样可防止外界干扰。如果在第一位时间内接收到的值不为 0，则复位接收电路，重新搜索 RXD 端输入电平的负跳变；若接收到的值为 0，说明起始位有效，则将其移入输入移位寄存器，并开始接收这一帧数据其余部分的信息。接收过程中，数据从输入移位寄存器右边移入，1 从左边移出，在起始位移至输入移位寄存器的最左边时，控制电路进行最后一次移位。当 RI = 0，且 SM2 = 0 或接收到的停止位为 1 时，将接收到的 9 位数据的前 8 位数据装入接收 SBUF，第 9 位（停止位）装入 SCON 寄存器的 RB8，并置 RI = 1，一帧数据接收完毕，向 CPU 请求中断。

7.4.3.3 方式 2 和方式 3

串行口工作于方式 2 或方式 3 时，实际上是一个 9 位的异步通信接口，TXD 为数据发送端，RXD 为数据接收端，传送一帧数据的格式如图 7‑33 所示，其中起始位占 1 位，8 位数据位，1 位附加的第 9 位数据（发送时为 SCON 中的 TB8，接收时为 RB8），1 位停止位，故一帧数据为 11 位。

图 7‑33　串行口方式 2，3 的数据格式

方式 2 的波特率固定为晶振频率的 1/64 或 1/32，方式 3 的波特率由定时器 T1 的溢出率确定。方式 2 和方式 3 时串行口简化的逻辑结构如图 7‑34、图 7‑35 所示，它们的接收部分与方式 1 相同，发送部分仅在于输出移位寄存器的第 9 位上有所不同。方式 2 和方式 3 的时序如图 7‑36 所示。

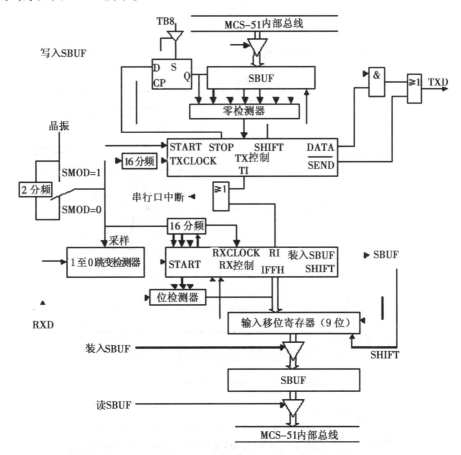

图 7‑34　串行口方式 2 的结构

（1）方式 2 和方式 3 输出。当 CPU 向发送 SBUF 写入一个数据，就启动串行口发送，同时将 TB8 写入输出移位寄存器的第 9 位，实际发送是在内部 16 分频计数器下一次循环的机器周期的 S1P1，使发送定时和这一 16 分频计数器同步。

开始发送时，$\overline{\text{SEND}}$ 和 DATA 均为低电平，把起始位 0 输出到 TXD 端。经一位时间后，DATA 变为高电平，使输出移位寄存器的输出位送到 TXD 端，再经一位时间后，发

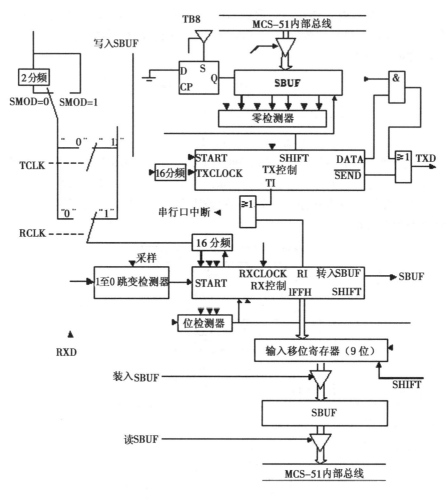

图 7-35　串行口方式 3 的结构

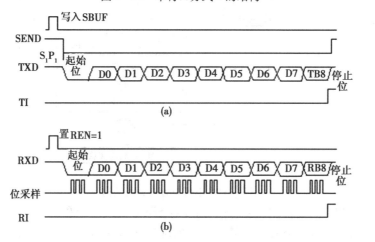

图 7-36　串行口方式 2，3 的时序

(a) 发送时序；(b) 接收时序

第一个移位脉冲。第一次移位时，将 1 移入输出移位寄存器，以后每次移位，左边移入 0。当 TB8 移至输出位时，TB8 的左边是第 1 次移位写入的 1，左边其余位全为 0。当检测电路检测到这一条件时，使控制电路进行最后一次移位，然后 $\overline{\text{SEND}}$ 为 1，输出停止位，一帧数据输出结束，置 TI = 1，向 CPU 请求中断。

（2）方式 2 和方式 3 输入。SCON 中的接收允许位 REN = 1 后，接收器就以所选频率的 16 倍速率开始采样 RXD 端的电平状态，当检测到 RXD 端发生负跳变时（起始位），内部 16 分频计数器复位，并将 1FFH 写入输入移位寄存器，计数器的 16 个状态把一位时间分为 16 等份，在一位时间的 7，8，9 这三个状态检测采样到的 RXD 端电平，接收到的值是三次采样中至少两次相同的值。如果第一位时间接收到的值为 0，说明起始位有效，将其移入输入移位寄存器，开始接收这一帧数据。接收时，数据从右边移入输入移位寄存器，1 从左边移出。在起始位 0 移到最左边时，控制电路进行最后一次移位。当 RI = 0，且 SM2 = 0 或接收到的第 9 位数据为 1 时，接收到的数据装入接收 SBUF 和 RB8（接收到的第 9 位数据），置 RI = 1，向 CPU 请求中断。如果条件不满足，则数据丢失，并且不置位 RI，一位时间后继续搜索 RXD 端的负跳变。

7.4.3.4 方式 1、2、3 的区别

（1）方式 1 是 8 位异步通信接口，第 0 位是起始位。1 ~ 8 位是数据位，最后一位是停止位，故串行口发送和接收的都是 10 位数据。方式 2，3 是 9 位异步通信接口，在 8 位数据后，第 9 位是可编程控制位，如用 1 表示该帧是地址信息，用 0 表示该帧是数据信息，故共有 11 位数据。

（2）方式 1，3 的波特率是可变的，其波特率取决于定时器 T1 的溢出率（此时 T1 作为波特率发生器用，其中断应无效）和特殊功能寄存器 PCON 中 SMOD 位的值，即

$$波特率 = \frac{2^{\text{SMOD}}}{32} \times （T1 \text{ 的溢出率}）$$

而方式 2 的波特率只能取决于晶振频率（即时钟频率）和 PCON 中 SMOD 位的设置，即

$$波特率 = \frac{2^{\text{SMOD}}}{64} \times （晶振频率）$$

（3）方式 2，3 中可以控制 TB8，作为其传送的数据的奇偶校验位或作为多机通信中地址帧或数据帧的标志。

串行口的工作方式如表 7-8 所示。

表 7-8 串行口工作方式一览表

SM1	SM0	方式 0	方式 1	方式 2、3
		0　0	0　1	1　0 或 1　1
输入 （接收）	接收条件	无要求	①R1 = 0 且 ②SM2 = 0 或停止位 = 1	①R1 = 0 且 ②SM2 = 0 或接收的第 9 个数据 位 = 1
	中断	接收完，置中断标志 R1 = 1，响应后由软件清 0		
	RXD	串行输入数据	串行输入数据	
	TXD	输出同步脉冲		

续表 7 – 8

SM1	SM0	方式 0	方式 1	方式 2、3
		0　0	0　1	1　0 或 1　1
输出（发送）	TB8	没用	没用	
	发送位	8 位	10 位（加上启动和停止位）	11 位
	数值	8 位	8 位	8 位
	RXD	输出串行数据		
	TXD	输出同步脉冲	输出（发送）数据	
	波特率	fosc/12	可变：$2^{SMOD}/32 \times$ 定时器 1 溢出率	方式 2：$2^{SMOD}/64 \times fosc$ 方式 3 同方式 1
	中断	发送完，置中断标志 TI = 1，响应后由软件清 0		
输入（接收）	RB8	没用	若 SM2 = 0，接收停止位	接收发送的第 9 位数据
	REN	在接收时必须使 REN = 1		
	SM2	SM2 = 0	通常 SM2 = 0	多机通信时置 1 正常接收时置 0
	接收位	8 位	10 位	11 位
	数据	8 位	8 位	8 位
	波特率	与发送时相同		

7.4.4　波特率的设定

在方式 3 中，当 T1 作为波特率发生器时，最典型的用法是使 T1 工作在自动再装入的 8 位定时器方式（即方式 2，且 TCON 的 TR1 = 1，以启动定时器 1），这时溢出率取决于 TH1 中的计数值，即

$$溢出率 = \frac{fosc}{12 \times [256 - (TH1)]}$$

$$串行口波特率 = \frac{2^{SMOD}}{32} \times \frac{fosc}{12 \times [256 - (TH1)]}$$

常用的串行口波特率以及 T1 各参数间的关系如表 7 – 9 所示。

表 7 – 9　常用波特率

波特率（B/s）	f（MHz）	SMOD	定时器		
			C/$\overline{T}$	方式	重新装入值
方式 0 最大：1M	12	×	×	×	×
方式 2 最大：375K	12	1	×	×	×
方式 1，3：62.5K	12	1	0	2	FFH
19.2K	11.0592	1	0	2	FDH
9.6K	11.0592	0	0	2	FDH

续表 7 - 9

波特率 （B/s）	f（MHz）	SMOD	定时器		
			C/$\overline{\text{T}}$	方式	重新装入值
4.8K	11.0592	0	0	2	FAH
2.4K	11.0592	0	0	2	F4H
1.2K	11.0592	0	0	2	E8H
137.6	11.0592	0	0	2	1DH
110	6	0	0	2	72H
110	12	0	0	1	FEEBH

7.4.5 多机通信原理

串行口控制寄存器 SCON 中的 SM2 为多机通信控制位。当串行口以方式 2 或 3 接收时，若 SM2 = 1，则仅当接收到的第 9 位数据 RB8 为 1 时，数据才装入接收 SBUF，并置 RI = 1，请求 CPU 对数据进行处理。如果接收到的 RB8 = 0，则信息丢失，不激活 RI，CPU 也不做任何处理。若 SM2 = 0，则接收到一个数据后，不管第 9 位数据 RB8 是 1 或 0，都将数据装入接收 SBUF，并置 RI = 1，请求 CPU 处理。应用这一特性，便可实现 MCS-51 系列单片机的多机通信。

设在一个主从式的多机系统中有一个 8031 作为主机，有 3 个 8031 作为从机，并假设它们被安装在同一机壳之内，以 TTL 电平通信，主机与从机的连接如图 7-37 所示。

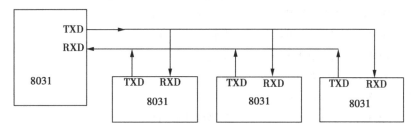

图 7-37　MCS-51 多机系统结构

由 MCS-51 系列单片机的 I/O 特性可知，主机串行口上的信息发送到各个从机，当各个从机的发送端（TXD）全为 1 时，主机才能收到 1，若有一个为 0，则主机会收到 0。因此，在任意时刻，只能有一个从机向主机发送信息。

设三个从机的地址分别定义为 0，1，2，各从机的初始化程序是将各自的串行口设置为 9 位异步通信方式（方式 2 或 3），并使 SM2 = 1，REN = 1，R1 = 0。

当主机要与系统中某一从机通信时，先发出通信联络命令，和指定的从机相互确认以后才进行正式通信。

主机首先发送联络命令，其第 9 位数据 TB8 为 1（地址帧标志），因此各从机接收到的 RB8 也为 1，并置 R1 = 1，请求 CPU 中断处理。各从机的中断处理程序均对所收到的命令格式进行判断，若命令格式正确，从机地址和主机发送的地址相符合，则使 SM2 = 0，回答主机"从机已作好通信准备"，地址不符合，则保持 SM2 = 1。

当主机接收到来自从机（只能是被选中的那一个）的回答后，便可向从机发送命令、数据,从机向主机回送数据、状态或应答信息。在通信过程中,主机发送每帧数据的第9位 TB8 = 0(数据帧标志),则各从机接收到的 RB8 = 0。只有一个事先联络好的地址相符的从机,因其 SM2 = 0,才会接收到来自主机的信息,而其他从机由于保持 SM2 = 1,则对主机的信息不做任何处理,从而实现了主机与从机一对一的通信。当一次通信结束后,从机的 SM2 恢复为 1,主机可发送新的联络命令,以便和所需要的从机进行通信。这是一种简单的主从式多机系统。

7.4.6 串行接口通信举例

例 7.13 设计一个发送程序,将片内 RAM 中 50H ~ 5FH 的数据串行发送,串行口设定为工作方式 2,TB8 作奇偶校验位。

解:在数据写入发送 SBUF 之前,先将数据的奇偶标志 P 写入 TB8,此时第 9 位数据便可作奇偶校验用。

程序清单如下:

①用查询方式:

```
              ORG     0000H
              AJMP    MAIN          ; 上电,转向主程序
              ORG     0080H         ; 主程序
MAIN:  MOV     SCON, #80H     ; 设工作方式 2
              MOV     PCON, #80H     ; 取波特率为 fosc/32
              MOV     R0, #50H       ; 首址 80H 送 R0
              MOV     R7, #10H       ; 数值长度送 R7
LOOP:   MOV     A, @R0         ; 取数据
              ADD     A, #00H        ; 建标志
              MOV     C, P
              MOV     TB8, C         ; 奇偶标志送 TB8
              MOV     SBUF, A        ; 发送数据
WAIT:   JBC     TI, CONT
              AJMP    WAIT           ; 等待中断标志 TI = 1
CONT:   INC     R0
              DJNZ    R7, LOOP       ; 数值尚未发送完,继续发送下一个数据
              SJMP    $
              END
```

②用中断方式:

```
              ORG     0000H
              AJMP    MAIN          ; 上电,转向主程序
              ORG     0023H         ; 串行口的中断入口地址
              AJMP    SERVE         ; 转向中断服务程序
              ORG     0080H         ; 主程序
MAIN:  MOV     SCON, #80H
```

```
          MOV     PCON, #80H
          MOV     R0, #50H
          MOV     R7, #0FH
          SETB    ES              ;允许串行口中断
          SETB    EA              ;允许 CPU 中断
          MOV     A, @ Ro
          ADDA, #00H
          MOV     C, P
          MOV     TB8, C
          MOV     SBUF, A         ;发送第一个数据
          SJMP    $
SERVE：CLR    TI              ;清除发送中断
          INC     R0              ;修改数据地址
          MOV     A, @ R0
          ADD     A, #00H
          MOV     C, P
          MOV     TB8, C
          MOV     SBUF, A         ;发送数据
          DJNZ    R7, ENDT        ;判断数据块发送完否,若未发送完,则转 ENDT
          CLR     ES              ;若发送完,则禁止串行口中断
ENDT：RETI                    ;中断返回
          END
```

例7.14　设计一个接收程序,将接收的 16 个字节数据送入片内 RAM 的 50H ~ 5FH 单元中。设串行口工作于方式 3,波特率为 2 400。

解：方式 3 为 9 位异步通信方式,波特率取决于 T1 的溢出率。查表 7 – 9 可知,当晶振为 11. 059MHz,波特率为 2 400,可取 SMOD = 0,T1 的计数初值为 F4H。

源程序如下：

```
MAIN：    MOV     TMOD, #20H          ;设 T1 工作平方式 2
          MOV     TH1, #0F4H          ;赋循环计数初值
          MOV     TL1, #0F4H          ;赋计数值
          SETB    TR1                 ;启动定时器 T1
          MOV     R0, # 50H           ;首地址送 R0
          MOV     R7, #10H            ;数据长度送 R7
          MOV     SCON, #0D0H         ;串行口工作于方式 3,接收
          MOV     PCON, #00H          ;设 SMOD = 0
WAIT：    JBC     RI, PRI             ;接收数据到,清 RI,转 PR1
          SJMP    WAIT；否则等待
PRI：     MOV     A, SBUF             ;接收数据
          ADD     A, #00H             ;建标志
```

```
            JNB      P, PNP              ; P = 0，转 PNP
            JNB      RB8, PER            ; P = 1，RB8 = 0，转出错处理
            SJMP     RIGHT
PNP：       JB       RB8, PER            ; P = 0，RB8 = 1，转出错处理
RIGHT：     MOV      @R0, A              ; 数据送内存
            INC      R0                  ; 修改地址指针
            DJNZ     R7, WAIT            ; 数据未接收完，继续接收下一个数据
            CLR      PSW.5               ; 置正确接收完毕标志 F0 = 0
            RET
PER：       SETB     PSW.5               ; 置奇偶校验出错标志 F0 = 1
            RET
```

例7.15 设有两个8031应用系统相距很近，将它们的串行口直接相连，以实现全双工的双机通讯，如图7-38所示。设甲机发送，乙机接收，串行口工作于方式3，两机均选用6MHz的振荡频率，波特率为2 400，通讯的功能如下。

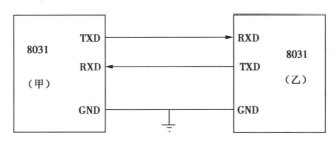

图7-38 8031应用系统的双机通信

甲机：将片外数据存储器4000H～407FH单元的内容向乙机发送，每发送一帧信息，乙机对接收的信息进行奇偶校验，若校验正确，则乙机向甲机回发"数据发送正确"的信号（例中以00H作为回答信号），甲机收到乙机回答"正确"的信号后再发送下一个字节。若奇偶校验有错，则乙机发出"数据发送不正确"的信号（例中以FFH作为回答信号），甲机接收到"不正确"的回答信号后，重新发送原数据，直至发送正确。甲机将该数据块发送完毕后停止发送。

乙机：接收甲机发送的数据，并写入以4000H为首址的片外数据存储器中，每接收一帧数据，乙机对所接收的数据进行奇偶校验，并发出相应的回答信号，直至接收完所有数据。

解：① 计算定时器计数初值a：
$$a = 256 - fosc / （波特率 \times 12 \times （32/2^{SMOD}））$$

将已知数据 $fosc = 6 \times 10^6 Hz$，波特率 = 2400代入，得：
$$a = 256 - 6 \times 10^6 / （2400 \times 12 \times （32/2^{SMOD}））$$

取 SMOD = 0 时，a = 249.49，因取整数误差过大，故设 SMOD = 1，则 a = 242.98 ≈ 243 = F3H，因此实际波特率 = 2 403.85。

② 能实现上述通信要求的甲、乙机的流程图如图7-39、图7-40所示。

源程序如下：

甲机主程序：

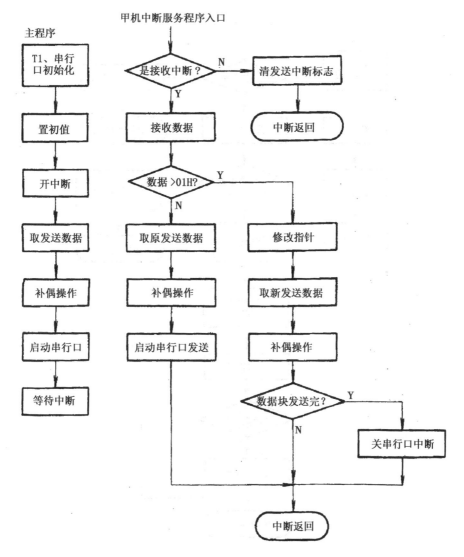

图 7-39 甲机发送流程图

```
        ORG     0000H
        LJMP    MAIN            ;上电,转向主程序
        ORG     0023H           ;串行口的中断入口地址
        LJMP    SERVE1          ;转向中断服务程序
        ORG     0080H           ;主程序
MAIN:   MOV     TMOD, #20H      ;设 T1 工作于方式 2
        MOV     TH1, #0F3H      ;赋循环计数初值
        MOV     TL1, #0F3H      ;赋计数值
        SETB    TR1             ;启动定时器 T1
        MOV     PCON, #80H      ;设 SMOD-1
        MOV     SCON, #0D0H     ;置串行口方式 3,允许接收
        MOV     DPTR, #4000H    ;置数据块首址
```

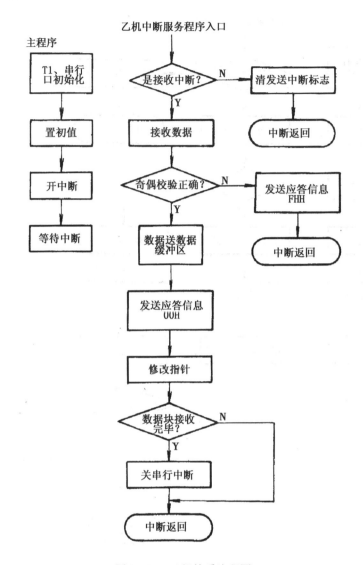

图 7 – 40 乙机接受流程图

MOV	R0，#80H	；置发送字节数初值
SETB	ES	；允许串行口中断
SETB	EA	；CPU 开中断
MOVX	A，@ DPTR	；取第一个数据发送
ADD	A，#00H	；建标志
MOV	C，P	
MOV	TB8，C	；奇偶标志送 TB8
MOV	SBUF，A	；发送数据
SJMP	$	；等待中断

甲机中断服务程序：

SERVE1：	JBC	RI，LOOP	；是接收中断，清除 RI，
			；转入接收乙机的应答信号

	CLR	TI	；是发送中断，清除此中断标志
	SJMP	ENDT	
LOOP：	MOV	A，SBUF	；取乙机的应答信号
	CLR	C	
	SUBB	A，#01H	
	JC	LOOP1	；发送正确，转 LOOP1
	MOVX	A，@ DPTR	；否则重发
	ADD	A，#00H	
	MOV	C，P	
	MOV	TB8，C	
	MOV	SBUF，A	
	SJMP	ENDT	
LOOP1：	INC	DPTR	；修改地址指针，准备发送下一个数据
	MOVX	A，@ DPTR	
	ADD	A，# 00H	
	MOV	C，P	
	MOV	TB8，C	
	MOV	SBUF，A	
	DJNZ	R0，ENDT	；数据块未发送完，返回继续发送
	CLR	ES	；全部发送完，禁止串行口中断
ENDT：	RETI	；中断返回	
	END		

乙机主程序：

	ORG	0000H	
	LJMP	MAIN	；上电，转向主程序
	ORG	0023H	；串行口的中断入口地址
	LJMP	SERVE2	；转向中断服务程序
	ORG	0080H	；主程序
MAIN：	MOV	TMOD，#20H	；设 T1 工作于方式 2
	MOV	TH1，# 0F3H	；赋循环计数初值
	MOV	TL1，#0F3H	；赋计数值
	SETB	TR1	；启动定时器 T1
	MOV	PCON，#80H	；设 SMOD = 1
	MOV	SCON，#0D0H	；置串行口方式 3，允许接收
	MOV	DPTR，#4000H	；置数据区首址
	MOV	R0，#80H	；置接收字节数初值
	SETB	ES	；允许串行口中断
	SETB	EA	；CPU 开中断
	SJMP	$	；等待中断

乙机中断服务程序：

SERVE2：	JBC	RI, LOOP	；是接收中断，清除此中断标志
	CLR	TI	；是发送中断，清除此中断标志
	SJMP	ENDT	
LOOP：	MOV	A, SBUF	；接收数据
	ADD	A, #00H	；建标志
	MOV	C, P	；奇偶标志送 C
	JC	LOOP1	；为奇数，转 LOOP1
	ORL	C, RB8	；检测 RB8
	JC	LOOP2	；奇偶校验错，转 LOOP2
	SJMP	LOOP3	
LOOP1：	ANL	C, RB8	；检测 RB8
	JC	LOOP3	；奇偶校验正确，转 LOOP3
LOOP2：	MOV	A, #0FFH	
	MOV	SBUF, A	；发送"不正确"回答信号
	SJMP	ENDT	
LOOP3：	MOVX	@ DPTR, A	；存放接收数据
	MOV	A, #00H	
	MOV	SBUF, A	；发送"正确"回答信号
	INC	DPTR	；修改数据区指针
	DJNZ	R0, ENDT	；数据块尚未接收完，返回
	CLR	ES	；所有数据接收完毕，禁止串行口中断
ENDT：	RETI		；中断返回
	END		

7.5 程序存储器的扩展

MCS-51 单片机程序存储器的寻址空间为 64KB，对于 8051/8751 片内程序存储器为 4KB 的 ROM 或 EPROM，在单片机的应用系统中，片内的存储容量往往不够，特别是 8031，片内没有程序存储器，必须外扩程序存储器。MCS-51 外扩程序存储器结构图如图 7-41 所示。

对于 8051/8751，由于内部有 4KB 的 ROM/EPROM，在外扩程序存储器时，一般情况下 EA 接高电平。此时 8051/8751 内部 4KB ROM/EPROM 程序存储器地址为 0000H ~ 0FFFH，外部程序存储器的地址为 1000H ~ FFFFH。程序计数器 PC 值在 0000H ~ 0FFFH 时，指向片内程序存储器；当 PC 值大于 0FFFH 时，则指向片外程序存储器。当 EA 接低电平时，8051/8751 内部程序存储器无效，系统只有外部程序存储器，地址从 0000H 开始，此时 8051/8751 相当于 8031。

MCS-51 单片机在访问外部程序存储器时，由 P2 口送出地址的高 8 位。P2 口有输出锁存功能，可直接接至外部存储器的地址端，无需再加地址锁存器。P0 口则作为分时数

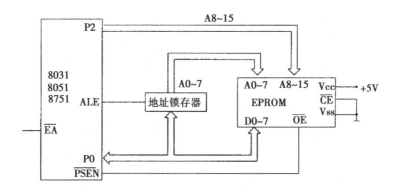

图 7 - 41　MCS - 51 外扩程序存储器结构图

据/地址双向总线，分别用于输出地址的低 8 位和输入指令。在这种情况下，每一个机器周期中，允许地址锁存信号 ALE 两次有效。当 ALE 由低变高时，有效地址高 8 位出现在 P2 口，有效地址低 8 位则出现在 P0 口上，低 8 位地址应通过地址锁存器把地址锁存起来。同时，$\overline{PSEN}$ 也是每个机器周期两次有效，用于选通外部程序存储器，使指令送到 P0 总线上，由 CPU 取入。可见，在外接程序存储器时，P0 口既作为地址低 8 位输出口，又作为指令的输入口，当 ALE 有效时，P0 口上的数据为有效地址；当 $\overline{PSEN}$ 有效时，P0 口上的数据为指令代码，其时序图如图 7 - 42 所示。

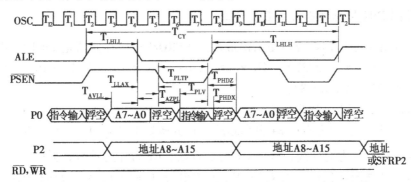

图 7 - 42　程序存储器的读周期时序

7.5.1　地址锁存器 8282 或 74LS373

地址锁存器通常使用 Intel 公司的 8282 或 TTL 芯片 74LS373，它们都是双列直插 20 引脚的塑封芯片，其引脚图如图 7 - 43 所示。

8282 和 74LS373 都是透明的带有三态门的 8D 锁存器。图 7 - 44 所示为 74LS373 结构图，共有 8 个输入端 D1 ~ D8 及 8 个输出端 Q1 ~ Q8。74LS373 的 G 端（或 8282 的 STB 端）为输入选通端，当 G = 1 时，锁存器处于透明工作状态，即锁存器的输出状态随数据端的变化而变化，即 Qi = Di（i = 1，2，…，8）。当 G 端由 1 变 0 时，数据被锁存起来，此时输出端 Qi 不再随输入端的变化而变化，而一直保持锁存前的值不变。G 端（或 STB 端）可直接与单片机的锁存控制信号端 ALE 相连，在 ALE 的下降沿进行地址锁存。

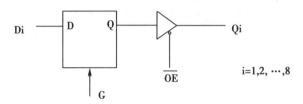

图 7 - 43　74LS373 Intel 8282 引脚图

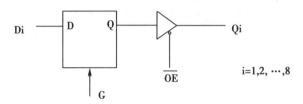

图 7 - 44　74LS373 Intel 8282 原理结构

7.5.2　常用 EPROM 程序存储器芯片介绍

MCS - 51 单片机应用系统中使用得最多的 EPROM 程序存储器是 Intel 公司的典型系列芯片 2716（2K×8），2732A（4K×8），2764（8K×8），27128（16K×8），27256（32K×8）和 27512（64K×8）。

7.5.2.1　2716 及 2732 引脚及功能

2716 及 2732 均为双列直插 24 引脚芯片，其引脚图如图 7 - 45 所示。图中，A0~A10（2732 为 A0~A11）为地址线，O0~O7 为数据线；$\overline{CE}$ 为片选信号，低电平有效；$\overline{OE}$ 为允许数据输出选通线（低电平有效）；V_{CC} 为主电源（ +5V）；V_{PP} 为编程电压（通常为 +25V）。2716 及 2732 读出最大时间为 450ns，具有读、编程、校验等工作方式。2716 与 2732 具有兼容性，将 2732A 插入 2716 电路中也可正常工作，但只能当做 2716，即只有 2KB 有效。

7.5.2.2　2764，27128 引脚及功能

2764 及 27128 均为双列直插 28 引脚的芯片，其引脚图如图 7 - 46 所示。图中，A0~A12（27128 为 A0~A13）为地址线，O0~O7 为 8 位数据线；$\overline{CE}$ 为片选信号，低电平有效；$\overline{OE}$ 为允许数据输出选通线（低电平有效）；PGM 为编程脉冲输入线；V_{CC} 为主电源（ +5V）；V_{PP} 为编程电压（典型值有 21V，12.5V）。2764 及 27128 读出时间为 250 ns，同样具有读出、编程、校验等工作方式。2764 与 27128 也具有相互兼容性。

7.5.2.3　27256 引脚及功能

27256 为 32K×8 的双列直插 28 引脚芯片，引脚及逻辑图如图 7 - 47 所示。其中 A0~A14 为 15 条地址线；O0~O7 为 8 位数据线；$\overline{CE}$ 为低电平有效的片选信号；$\overline{OE}$ 为低电平

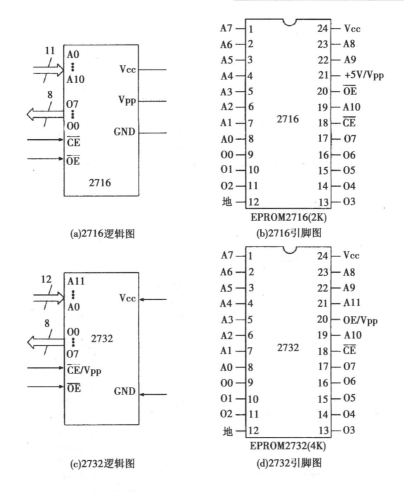

(a)2716逻辑图　　　　(b)2716引脚图

(c)2732逻辑图　　　　(d)2732引脚图

图7-45　2716，2732引脚与逻辑图

有效的数据输出允许信号，Vcc为主电源（+5V）；Vpp为编程电压（典型值12.5V）。

7.5.2.4 实际扩展 EPROM 程序存储器的注意事项

（1）根据应用系统容量要求选择 EPROM 芯片时，应使应用系统电路尽量简化，在满足容量要求后尽可能选择大容量芯片，以减少芯片组合数量。目前大容量芯片价格日趋低廉，故采用较大容量芯片从长远的经济效益看也有好处。

（2）选择好 EPROM 容量后，要选择好能满足应用系统应用环境要求的芯片型号。例如在确定选择 8K EPROM 芯片后，根据不同的应用参数在 2764 中选择相应型号的规格芯片。这些应用参数主要有最大读取时间、电源容差、工作温度以及老化时间等。如果所选择的型号不能满足使用环境的要求，会造成工作不可靠，甚至不能工作。

（3）选用的锁存器不同，电路连接可能不同。目前使用最多的几种锁存器管脚不一定兼容。

（4）Intel 公司的通用 EPROM 芯片管脚有一定的兼容性，在电路设计时应充分考虑其兼容特点。例如，为了保证 2764，27128，27256 在电路中兼容，可将第26，27管脚的印刷电路连线做成易于改接的形式。

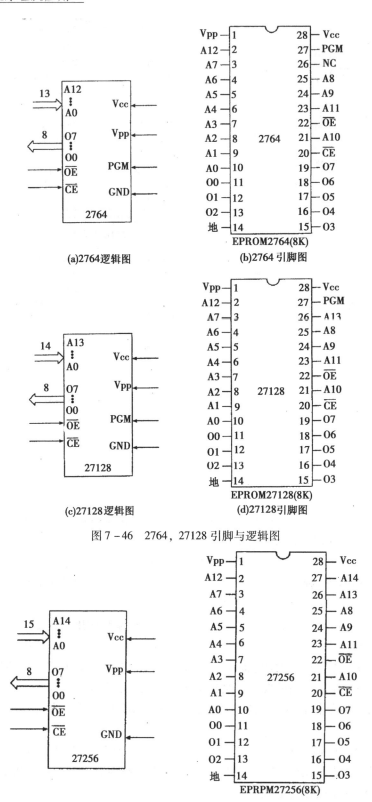

(a)2764逻辑图　　(b)2764引脚图

(c)27128逻辑图　　(d)27128引脚图

图 7-46　2764，27128 引脚与逻辑图

图 7-47　27256 引脚与逻辑图

7.5.3 几种典型的 EPROM 扩展电路

7.5.3.1 EPROM2764 扩展电路

图 7 – 48 为 8031 经过地址锁存器 74LS373 与 2764 的连接图，用于扩展产生 8K 字节的外部程序存储器。8031 的 P0 口作为地址/数据输入/输出接口，既与 74LS373 地址输入端连接，又与 2764 的数据输出端连接。2764 的高位地址由 P2 口的低位来提供，由于 2764 共有 13 条地址线，P2 口使用 P2.0 ~ P2.4 共 5 条地址线，分别与 2764 的 A8 ~ A12 相连。

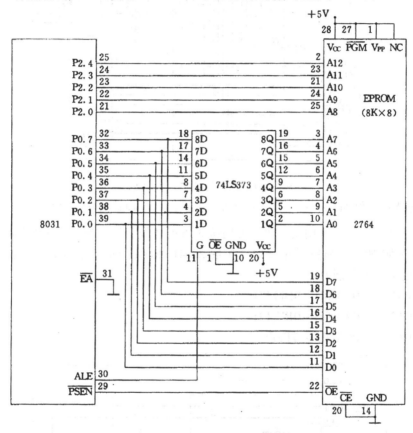

图 7 – 48 8031 与 2764 的连接图

8031 的 $\overline{PSEN}$ 与 2764 的 $\overline{OE}$ 相连，用于从 EPROM 读入数据控制。8031 的 ALE 与 74LS373 的 G 端相连，用于锁存 P0 口送出的低 8 位地址。

7.5.3.2 EPROM27256 扩展电路

图 7 – 49 为 8031 经过地址译码器 8282 与 27256 的连接图，用于扩展产生 32K 字节的外部程序存储器。8031 的 P0 口作为数据口，与 27256 数据输出端连接，同时 P0 口与地址锁存器 8282 输入端连接，8282 输出端与 27256 低 8 位地址线相连，用于提供 EPROM 的低 8 位地址；8031 的 P2 口（共用 7 条引线 P2.0 ~ P2.6）与 27256 的 A0 ~ A14 相连。

7.5.3.3 使用多片 EPROM 的扩展电路

在扩展多片 EPROM 时，所有 EPROM 芯片的选片端 $\overline{CE}$ 都必须按照地址线进行选择，以使不同的 EPROM 芯片具有不同的地址区间。片选线使用 8031 剩余的地址线进行选片

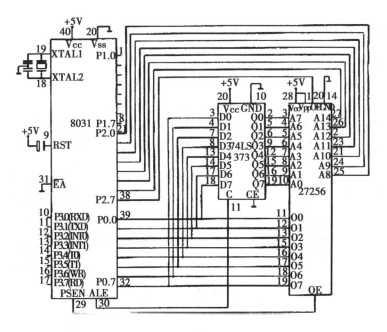

图 7-49 8031 与 27256 的连接图

或地址译码选择。例如，扩展 3 片 2764EPROM 时，每片地址有 8K，每片地址线为 A0～A12，剩余 3 条地址线。采用线选法就可用这 3 条地址线分别选通 3 片 EPROM2764 的$\overline{CE}$端，如图 7-50 所示。显然采用线选法扩展 2764EPROM 只能扩展 3 片。经扩展后 3 片 EPROM 的地址范围分别为

    EPROM#1   0C000H～0DFFFH
    EPROM#2   0A000H～0BFFFH
    EPROM#3   06000H～ 7FFFH

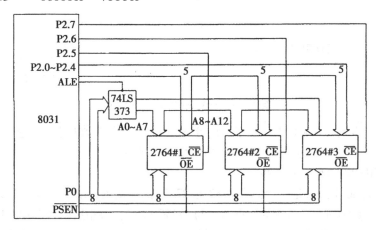

图 7-50 线选 EPROM 扩展图

由图 7-50 可见，采用线选办法扩展多片 EPROM 时，一是扩展容量有限（如扩展 2764 最多 3 片）；二是地址往往不能连续，使用起来不方便。为解决这一问题，可以采用译码选择的方法。常用的译码器有 74LS138（3 线 8 线译码器），其引脚及功能表如图 7-51 所示。采用译

码方式扩展 3 片 2764 如图 7-52 所示。P2.5~P2.7 接 74LS138 的输入端 A, B, C, 输出$\overline{Y0}$, $\overline{Y1}$, $\overline{Y2}$分别接于 3 个 2764 的CE端。这样 3 个 EPROM 芯片工作地址范围为：

EPROM#1   0000H~1FFFH

EPROM#2   2000H~3FFFH

EPROM#3   4000H~5FFFH

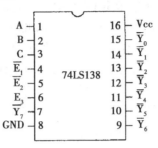

74LS138 真值表

输		入				输			出				
使	能		选	择		$\overline{Y}_0$	$\overline{Y}_1$	$\overline{Y}_2$	$\overline{Y}_3$	$\overline{Y}_4$	$\overline{Y}_5$	$\overline{Y}_6$	$\overline{Y}_7$
E_3	E_2	E_1	C	B	A								
1	0	0	0	0	0	0	1	1	1	1	1	1	1
1	0	0	0	0	1	1	0	1	1	1	1	1	1
1	0	0	0	1	0	1	1	0	1	1	1	1	1
1	0	0	0	1	1	1	1	1	0	1	1	1	1
1	0	0	1	0	0	1	1	1	1	0	1	1	1
1	0	0	1	0	1	1	1	1	1	1	0	1	1
1	0	0	1	1	0	1	1	1	1	1	1	0	1
1	0	0	1	1	1	1	1	1	1	1	1	1	0
0	×	×	×	×	×	1	1	1	1	1	1	1	1
×	1	×	×	×	×	1	1	1	1	1	1	1	1
×	×	1	×	×	×	1	1	1	1	1	1	1	1

图 7-51   74LS138 引脚图及功能表

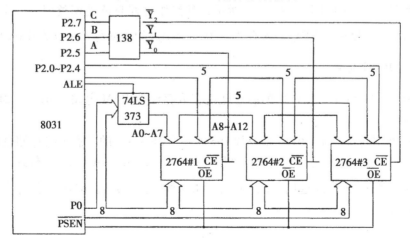

图 7-52   译码方式 EPROM 扩展图

显然，采用译码方式扩展 2764，最多可以扩展 8 片 2764。

7.6 外部数据存储器的扩展

MCS-51 芯片内部具有 128 个字节 RAM 存储器，它们可以作为寄存器、堆栈、数据缓冲器。CPU 对其内部 RAM 有丰富的操作指令，因此这个 RAM 是十分珍贵的资源。在许多系统中，仅有片内的 RAM 存储器往往不够，在这种情况下，可以扩展外部数据存储器。在扩展时，外接电路除了随机存储器 RAM 之外，还有地址锁存器、地址译码器等电路，外接最大容量不超过 64K 字节。图 7-53 给出了单片机扩展 RAM 的电路结构。图中 P0 口分时传送 RAM 的低 8 位地址和数据，P2 口为高 8 位地址线，用于对 RAM 进行页寻址。在外部 RAM 读/写周期，CPU 产生$\overline{RD}/\overline{WR}$信号。

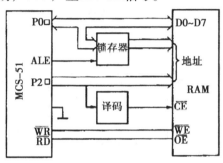

图 7-53　外部数据存储器扩展

MCS-51 单片机与外部 RAM 单元之间数据传送的时序波形如图 7-54 所示。在图 7-54（a）的外部数据存储器读周期中，P2 口输出外部 RAM 单元的高 8 位地，P0 口分时传送低 8 位地址及数据。当地址锁存允许信号 ALE 为高电平时，P0 口输出的地址信息有效，ALE 的下降沿将此地址打入外部地址锁存器，接着 P0 口变为输入方式，读信号$\overline{RD}$有效，选通外部 RAM，相应存储单元的内容出现在 P0 口，由 CPU 读入累加器。外部数据存储器写周期波形，如图 7-54（b）所示，其操作过程与读周期类似。写操作时，在 ALE 下降为低电平以后，$\overline{WR}$信号才有效，P0 口上出现的数据写入相应的 RAM 单元。

7.6.1 常用 RAM 芯片

在 8031 应用系统中，最常用的静态随机存取存储器 RAM 电路有 6116（2K×8）和 6264（8K×8）。

（1）6116 引脚及功能。6116 是一种 16384 位（2K×8）的静态随机存储电路，24 线的双列直插式器件。逻辑符号及引脚图如图 7-55 所示。A0~A10 为 11 位地址线；O0~O7 为 8 位数据线；$\overline{CE}$为片选信号线；$\overline{OE}$，$\overline{WE}$为读/写信号线。6116 的操作方式控制如表 7-10 所列。

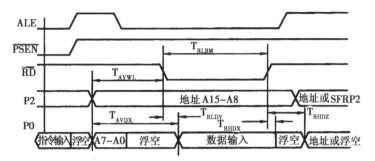

(a) 数据存储器读周期

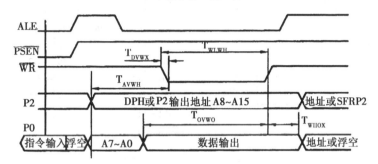

(b) 数据存储器写周期

图 7－54 访问外部 RAM 的时序波形

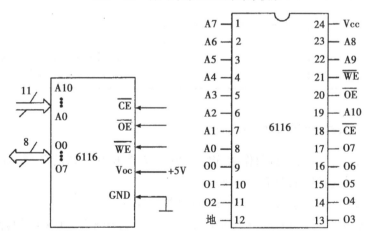

图 7－55 6116 逻辑及引脚图

表 7－10 6116 操作方式选择

$\overline{CE}$	$\overline{WE}$	$\overline{OE}$	方 式	功 能
0	0	1	写	O0 ~ O7 上内容写入 A0 ~ A10 对应单元
0	1	0	读	A0 ~ A10 对应单元内容输出到 O0 ~ O7
1	×	×	非选	O0 ~ O7 呈高阻抗

（2）6264 引脚及功能。6264 是一种 65536 位（8K×8）的存储器电路，28 引脚，其

逻辑符号及引脚如图 7 - 56 所示。A0 ~ A12 为 13 位地址线，输入地址和内部字节的单元对应。O0 ~ O7 为 8 位数据线；$\overline{CE}$ 为选片信号线；$\overline{OE}$，$\overline{WE}$ 为读/写信号线，都是低电平有效。6264 的操作方式控制如表 7 - 11 所列。

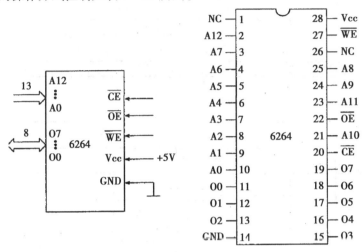

图 7 - 56 6264 逻辑及引脚图

表 7 - 11 6264 操作方式选择

$\overline{CE}$	$\overline{WE}$	$\overline{OE}$	方 式	功 能
0	0	1	写	O0 ~ O7 上内容写入 A0 ~ A12 上地址对应单元
0	1	0	读	A0 ~ A12 上地址对应单元内容输出到 O0 ~ O7
1	X	X	非选	O0 ~ O7 呈高阻抗

7.6.2 典型外部数据存储器的扩展方法

随着 RAM 芯片的发展，目前作为 MCS - 51 外扩数据存储器的典型芯片采用容量为 8K × 8 的 6264，其连接图如图 7 - 57 所示。

8031 的 P0 口一方面与 6264 的 8 条 I/O 数据线相连，同时经锁存器 74LS373 与 6264 的低 8 位地址线相连。P2.0 ~ P2.4 与 6264 的高 5 位地址线相连。6264 的写使能端与单片机的 $\overline{WR}$ 端相连；输出使能位 $\overline{OE}$ 与单片机的 $\overline{RD}$ 端相连；$\overline{CS}$ 片选信号在只有一片 6264 的情况下，可接低电平。对于图 7 - 58 所示线路，6264 的地址范围为 0000H ~ 3FFFH。访问此外部 RAM，可用 MOVX @ DPTR 指令。

7.6.3 8031 外扩程序存储器与数据存储器的典型结构

随着大容量芯片价格的进一步下降，在目前的扩展存储器中可选用一片 16K 字节的程序存储器 27128 和一片 8K 字节的数据存储器 6264，连接如图 7 - 57 所示。如图连接，27128 的地址范围为 0000H ~ 3FFFH；6264 地址范围为 0000H ~ 1FFFH。

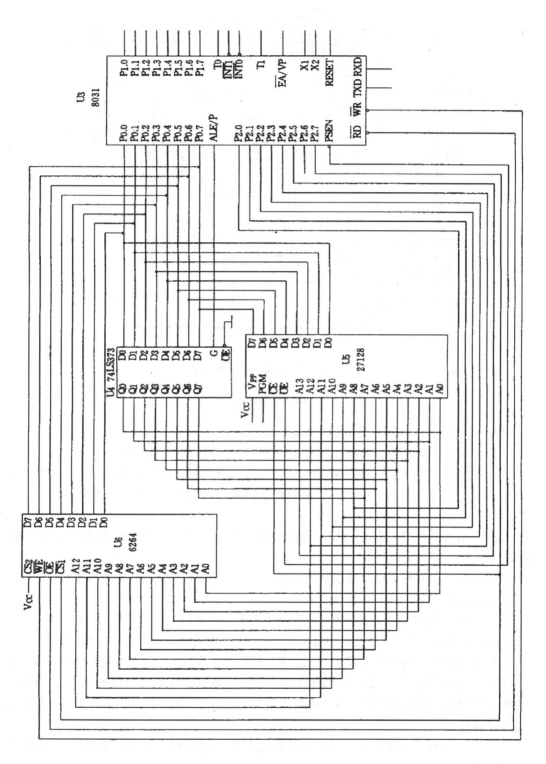

图 7 −57 8031 外存储器的典型结构

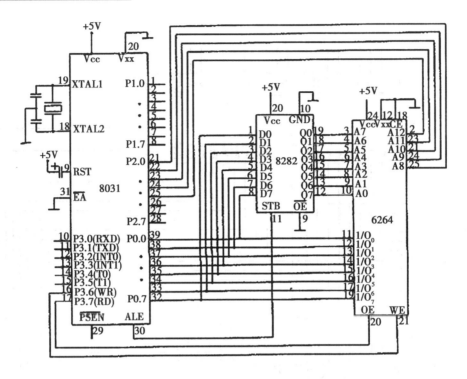

图 7 - 58 8031 外部 8K ROM 连接图

思考题与习题

（1）什么是接口电路？其主要功能是什么？

（2）主机与外设间有哪几种数据传送方式？它们各适用于何种场合？

（3）若有一 CRT 终端，其 I/O 数据端口地址为 0023H，状态端口地址为 0022H，其中 D7 = 1 表示输入缓冲区已空，可以接收数据；D6 = 1 表示输出数据已准备好，可以向 CPU 输出数据。

①编一程序从终端上输入 100 个字节数据，送到片外数据存储器 1000H 开始的连续单元中。

②编一程序把片外数据存储器 1000H 单元开始的 100 个字节数据通过终端显示。

（4）什么叫中断？采用中断技术有何好处？

（5）MCS - 51 系列单片机有几个中断源？这些中断源的入口地址是如何规定的？

（6）当 MCS - 51 系列单片机中有多个中断源同时提出中断请求，响应顺序如何？

（7）某系统有三个外部故障源 1，2，3，当某一故障源变低电平时便要求 CPU 处理，它们的优先处理次序为 3，2，1，其中 3 为最优先，处理程序的入口地址分别为 3000H，3100H，3200H，要求设计 8031 片外接线，编写主程序及中断服务程序（转至三个源的相应入口即可）。

（8）MCS - 51 系列单片机的中断服务程序能否存储在 64K 程序存储器的任意区域？若可以则如何实现？

（9）在一个 8031 系统中，振荡频率为 12MHz，一个外部中断信号是宽度为 500 μs 的负脉冲，则应该用何种触发方式？如何实现？

（10）若外部中断信号是一个低电平有效的信号，是否一定选择电平触发方式，为什么？

（11）8031 片内有几个定时/计数器？有哪些工作方式？如何选择？

（12）若振荡频率为 11.0592MHz，用 T0 产生 1ms 的定时，可以选择哪几种方式？分别写出相应定时器的方式控制字和计数初值。

（13）若振荡频率为 12MHz，如何用 T0 来测试 ZU~IS 之间的方波周期？如何测试频率为 0 SMHz 左右的脉冲频率？

（14）试采用 TI 设计一程序，每隔 500ms，使 PI.0 输出一正脉冲，其宽度为 20ms。

（15）MCS-51 系列单片机串行口有几种工作方式？如何选择？简述其特点。

（16）8051 单片机内设有几个可编程的定时器/计数器？它们可以有 4 种工作方式，如何选择和设定？

（17）简述 8051 单片机内部串行接口的 4 种工作方式。

（18）简述中断、中断源、中断优先级及中断嵌套的含义。

（19）MCS-51 单片机能提供几个中断源？几个中断优先级？在同一优先级中各中断源优先顺序是如何确定的？

（20）MCS-51 的外部中断有哪两种触发方式？如何选择？

（21）简述 MCS-51 单片机中断响应过程。

（22）8051 单片机如何访问外部 ROM 及外部 RAM？

（23）用 Intel 2764，6116 为 8031 单片机设计一个存储系统，它具有 8KEPROM（地址为 0000H~1FFFH）和 16K 的程序、数据兼用的 RAM 存储器（地址为 2000H~5FFFH）。具体要求：画出硬件连接图，并指出每片芯片的地址空间。

8 MCS – 51 单片机接口技术

MCS – 51 系列单片机的特点之一是系统紧凑，硬件电路设计简单灵活。对于简单的应用场合，MCS – 51 系列单片机的最小系统就能满足功能上的要求。对于复杂的应用场合，在需要较大存储容量和较多 I/O 接口的情况下，MCS – 51 系列单片机可提供很强的接口功能，可直接通过标准的 I/O 接口芯片扩展 I/O 接口，构成功能很强、规模较大的系统；也可以通过标准的 I/O 接口将系统所需的外设与单片机连接起来，使单片机系统能与外界进行信息交换。本章将讨论 I/O 接口芯片 8255A，8155 和常用的外设与 MCS – 51 系列单片机的接口技术。

MCS – 51 单片机 I/O 口的扩展方法主要有以下两个。

（1）总线扩展方法。数据通过单片机的 P0 口输入/输出，为了区分不同的外设，每个 I/O 口都应有自己的地址。I/O 口的地址占用外部数据存储器的地址空间，因此在进行 I/O 口扩展时，应全面考虑 I/O 口和外部数据存储器的地址分配，避免地址重叠。

（2）串行扩展方法。利用 MCS – 51 单片机串行口的同步移位寄存器工作方式进行 I/O 口扩展。由于数据是通过串行口传输的，因此传输速度较慢，并且必须进行串行—并行数据的转换。

Intel 公司生产了种类繁多的与计算机配套的外围接口芯片，如 8255A 和 8155 等，这些芯片大多比 MCS – 51 单片机接口电路逻辑简单，因此广泛应用于 51 系列单片机的接口电路中。

下面将介绍几种常用的接口芯片及与单片机的接口电路。

8.1 MCS – 51 单片机的并行接口电路

在 MCS – 51 系列单片机应用系统中，单片机提供给用户的 I/O 接口线并不多，只有 P1 口的 8 位 I/O 线和 P3 口的某些位线可作为 I/O 线使用，因此，在大多数应用系统中，MCS – 51 系列单片机都需要扩展 I/O 接口。MCS – 51 系列单片机的外部数据存储器 RAM 是与 I/O 端口统一编址的，用户可以把外部 64KB 的数据存储器 RAM 地址空间的一部分作为扩展 I/O 接口的地址空间。每一个接口芯片中的一个可寻址寄存器相当于一个 RAM 存储单元，CPU 可以像访问外部 RAM 那样访问 I/O 接口，对其可寻址寄存器进行读写操作。本节主要介绍可编程并行接口芯片 8255A 和可编程 RAM/IO 接口芯片 8155 的工作原理及其与 MCS – 51 系列单片机的接口。

8.1.1 扩展并行接口芯片 8255A

8255A 是一种可编程的并行 I/O 接口芯片，它有 24 条 I/O 引脚，分 A，B 两大组（每组 12 条引脚），允许分组编程，工作方式分为 0，1 和 2 三种。

使用 8255A 可实现以下功能：

并行输入或输出多位数据；

实现输入数据锁存和输出数据缓冲；

提供多个通信接口联络控制信号（如中断请求、外设准备好及选通脉冲等）；

通过读取状态字可实现程序对外设的查询。

8.1.1.1　8255A 的内部结构

8255A 的内部结构如图 8-1 所示，它由以下几部分组成：

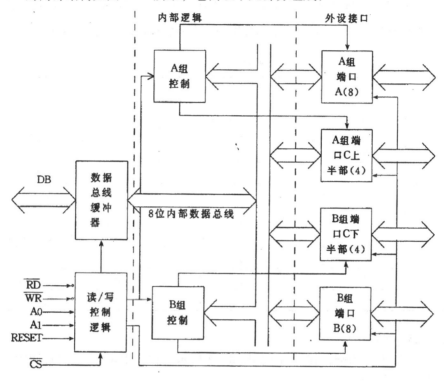

图 8-1　8255 的内部结构

（1）数据端口 A，B，C。8255A 有三个 8 位并行口：端口 A、端口 B 和端口 C。它们都可以选择作为输入或输出工作方式，但功能上有着不同的特点。

①端口 A：一个 8 位数据输出锁存和缓冲器，一个 8 位数据输入锁存器。

②端口 B：一个 8 位数据输入/输出、锁存/缓冲器，一个 8 位数据输入缓冲器。

③端口 C：一个 8 位数据输出锁存/缓冲器，一个 8 位数据输入缓冲器（输入没有锁存）。

通常端口 A 或 B 作为输入/输出数据端口，端口 C 作为控制或状态信息端口，它在"方式字"的控制下，可以分成两个 4 位的端口，每个端口包含一个 4 位锁存器。它们可分别与端口 A 和 B 配合使用，作为控制信号输出或状态信号输入，也可单独使用。

（2）A 组和 B 组控制电路。这是两组根据 CPU 的命令字控制 8255A 工作方式的电路。A 组控制电路控制端口 A 和端口 C 的上半部（PC7 ~ PC4），B 组控制电路控制端口 B 和端口 C 的下半部（PC3 ~ PC0），并可根据它的命令字对端口的每一位按位"置位"或"复位"。

（3）数据总线缓冲器。这是一个三态双向 8 位缓冲器，它是 8255A 与系统数据总线的接口。输入输出数据、输出指令以及 CPU 发出的控制字和外设的状态信息也都是通过这个缓冲器传送的。

（4）读/写控制逻辑。它与 CPU 地址总线中的 A0，A1 以及有关的控制信号（$\overline{RD}$，$\overline{WR}$，RESET，$\overline{CS}$）相连，由它控制将 CPU 发出的控制命令或输出的数据送至相应的端口，也由它控制将外设的状态信息或输入数据通过相应的端口送至 CPU。

（5）端口地址。8255A 共有三个输入输出和一个内部控制寄存器口共四个端口，用 A0，A1 来加以选择。A0，A1 和$\overline{RD}$，$\overline{WR}$及$\overline{CS}$组合所实现的功能见表 8 - 1。

表 8 - 1　8255A 的 I/O 口工作状态

A1	A0	$\overline{RD}$	$\overline{WR}$	$\overline{CS}$	工作状态
0	0	0	1	0	A 口数据→数据总线
0	1	0	1	0	A 口数据→数据总线
1	0	0	1	0	C 口数据→数据总线
0	0	1	0	0	总线数据→A 口
0	1	1	0	0	总线数据→B 口
1	0	1	0	0	总线数据→C 口
1	1	1	0	0	总线数据→控制字寄存器
×	×	×	×	1	数据总线→三态
1	1	0	1	0	非法状态
×	×	1	1	0	数据总线→三态

8.1.1.2　8255A 的引脚

8255A 具有 40 个引脚，其引脚图如图 8 - 2 所示。它采用 40 线双列直插式封装。40 条引脚信号可分为两组：

（1）CPU 控制信号。

①RESET（输入）：复位信号。向 8255A 的 RESET 端发出一高电平后，8255A 将复位到初始状态，端口 A，B，C 均处于输入方式。

②D7 ~ D0（双向、三态）：数据总线。D7 ~ D0 是 8255A 与 CPU 之间交换数据、控制字/状态字的总线，通常与系统数据总线相连。

③$\overline{CS}$（输入）：片选信号，低电平有效。

④$\overline{RD}$（输入）：读脉冲信号，低电平有效。

⑤$\overline{WR}$（输入）：写脉冲信号，低电平有效。

⑥A1，A0（输入）：端口选择信号。A1，A0 输入不同时，数据总线 D7 ~ D0 将与不同的端口或控制字寄存器相连（见表 8 - 1）。使用时一般将 A1，A0 接入系统地址总线的最低 2 位，因而 8255A 芯片占用四个端口地址，分别对应于端口 A、端口 B、端口 C 和控制寄存器。

（2）并行端口信号。

①PA7 ~ PA0（双向）：端口 A 的并行 I/O 数据。

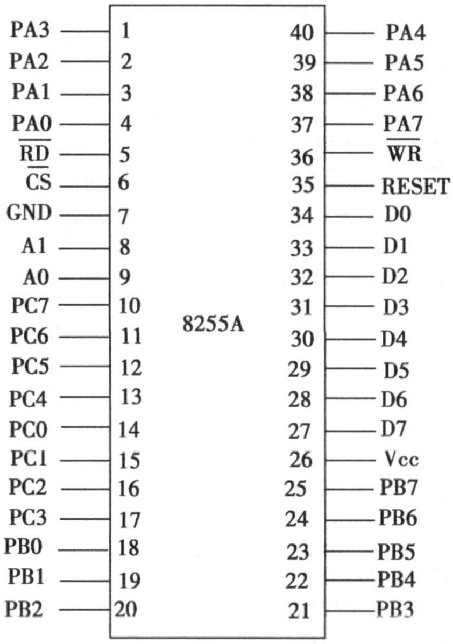

PA3	1	40	PA4
PA2	2	39	PA5
PA1	3	38	PA6
PA0	4	37	PA7
$\overline{RD}$	5	36	$\overline{WR}$
$\overline{CS}$	6	35	RESET
GND	7	34	D0
A1	8	33	D1
A0	9	32	D2
PC7	10	31	D3
PC6	11	30	D4
PC5	12	29	D5
PC4	13	28	D6
PC0	14	27	D7
PC1	15	26	Vcc
PC2	16	25	PB7
PC3	17	24	PB6
PB0	18	23	PB5
PB1	19	22	PB4
PB2	20	21	PB3

（中间为 8255A）

图 8－2　8255A 引脚图

②PB7～PB0（双向）：端口 B 的并行 I/O 数据。

③PC7～PC0（双向）：当 8255A 工作于方式 0 时，PC7～PC0 为并行 I/O 数据。当 8255A 工作于方式 1 或方式 2 时，PC7～PC0 将分别作为 A，B 两端口联络控制信号，此时，每个控制信号将被赋予新的含义。

8.1.1.3　8255A 的工作方式及选择

8255A 有 3 种工作方式，即工作方式 0、工作方式 1 和工作方式 2。

（1）工作方式 0。工作方式 0 为基本输入/输出方式，其功能概括如下：

①具有二个 8 位端口（A 口、B 口）和二个 4 位端口（C 口的上、下半部分）；

②任意一个端口都可以设定为输入或输出，各端口的输入/输出状态可构成 16 种组合；

③数据输出可锁存，输入不锁存。

在工作方式 0 状态下，A 口、B 口和 C 口都作为 I/O 端口，没有设置控制/状态信号。单片机可以通过访问外部数据存储器指令，对任一端口进行读/写操作。图 8－3 和图 8－4 为方式 0 输入和输出的时序。

（2）工作方式 1。工作方式 1 为选通工作方式，其功能概括如下：

①三个端口分为两组——A 组和 B 组，A 组由 A 口和 C 口上半部分组成，B 组由 B 口和 C 口下半部分组成；

②每组包括一个 8 位数据端口和一个 4 位控制/状态端口；

③每个 8 位数据端口均可设置为输入或者输出，输入、输出均可锁存；

④C 口没有用作控制/状态信号的位仍可作为 I/O 口。

图 8－5 为 A 组和 B 组方式 1 输入时的控制/状态信号的示意图，图 8－6 为方式 1 输出时的控制/状态信号示意图。

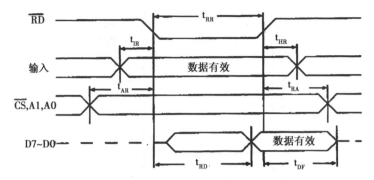

符号	参数	8255A		单位
		MIN	MAX	
t_{RR}	度脉冲宽	300		ns
t_{IR}	输入领先于 $\overline{RD}$ 的时间	0		ns
t_{HR}	输入滞后于 $\overline{RD}$ 的时间	0		ns
t_{AR}	地址稳定领先读信号的时间			ns
t_{RA}	读信号无效后地址保持时间			ns
t_{RD}	从读信号有效到数据稳定			ns
t_{DF}	读信号去除后到数据浮空			ns
t_{RY}	在两次读（或写）之间的时间间隔			ns

图 8 – 3　方式 0 输入时序

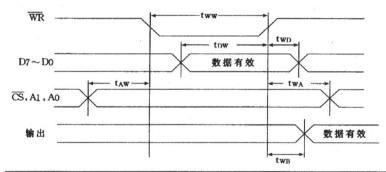

符　号	参　　　数	8255A		单　位
		MIN	MAX	
t_{AW}	地址稳定领先写信号的时间	0		ns
t_{WA}	写信号后地址保持时间	20		ns
t_{WW}	写脉冲宽度	400		ns
t_{DW}	写脉冲结束之前数据有效时间	100		ns
t_{WD}	数据保持时间	30		ns
t_{WB}	从写信号结束到输出		350	ns

图 8 – 4　方式 0 输出时序

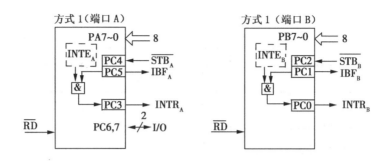

图 8-5 方式 1 输入控制/状态信号

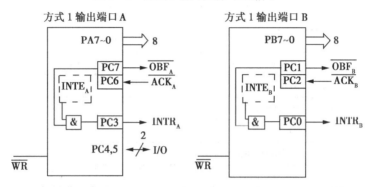

图 8-6 方式 1 输出控制/状态信号

下面简单介绍一下控制/状态信号的功能。

①方式 1 输入。

$\overline{STB}$：选通输入控制信号，低电平有效。该信号由外设提供，用来将外设送来的输入数据送入输入锁存器。

IBF：输入缓冲器满信号，高电平有效。它是由 8255A 输出的状态信号，其有效时，表示数据已输入至输入锁存器。

INTR：中断请求信号，高电平有效。它由 8255A 输出，用于向 CPU 申请中断。

INTE：中断允许控制位，该位为 1 时，允许中断请求。INTE$_A$ 为端口 A 中断允许信号，可由 PC4 来置位/复位控制；INTE$_B$ 为端口 B 中断允许信号，由 PC2 来置位/复位控制。

方式 1 输入的时序如图 8-7 所示。从图中可以看到 $\overline{STB}$ 有效信号使 IBF 置位，表示数据已输入到输入锁存器。$\overline{STB}$，IBF 和 INTE 为高电平时，INTR 置位，向 CPU 申请中断。$\overline{RD}$ 的下降沿将 INTR 复位，上升沿将 IBF 复位。

②方式 1 输出。

$\overline{OBF}$：输出缓冲器满信号，低电平有效。该信号为 8255A 发出的状态信号，表示 CPU 将数据输出到指定的端口。

$\overline{ACK}$：外设响应信号，低电平有效。该信号由外设提供，表示输出到 8255A 端口的数据已被取走。

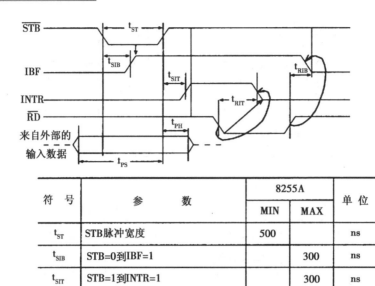

符 号	参　　　　　数	8255A		单 位
		MIN	MAX	
t_{ST}	STB脉冲宽度	500		ns
t_{SIB}	STB=0到IBF=1		300	ns
t_{SIT}	STB=1到INTR=1		300	ns
t_{RIB}	RD=1到IBF=0		300	ns
t_{RIT}	RD=0到INTR=0		400	ns
t_{PS}	数据提前STB无效时间	0		ns
t_{PR}	数据保持时间	180		ns

图8-7　方式1输入时序

INTR：中断请求信号，高电平有效。它由8255A发出，用于向CPU申请中断。

INTE：中断允许控制位，该位为1时，允许中断请求。$INTE_B$由PC6控制置位/复位，$INTE_B$由PC2控制置位/复位。

方式1输出时序如图8-8所示。数据输出过程从CPU向端口输出数据开始，$\overline{WR}$有效信号的上升沿将$\overline{OBF}$信号清0，表示数据已输出到了输出锁存器，同时INTR信号也被清除。外设将数据取走后，发出$\overline{ACK}$有效信号，其低电平将$\overline{OBF}$置位，当$\overline{ACK}$，$\overline{OBF}$和INTE为高电平时，INTR置位，向CPU发出中断请求。

（3）工作方式2。工作方式2为双向数据传送方式，其功能概括如下：

①有一个8位双向数据端口（A）和一个5位控制/状态信号端口（C）。

②输入、输出均锁存。

③工作方式仅适用于A口。

④C口没有用作控制/状态信号的位仍用作I/O口。图8-9为方式2控制/状态号的示意图。

图8-9中各信号的功能如下。

INTR：中断请求信号，高电平有效。输入、输出时都由它来请求中断。

$\overline{OBF}$：输出缓冲器满信号，低电平有效。

$\overline{ACK}$：外设响应信号，低电平有效。该信号由外设提供，通常用来启动A口三态输出缓冲器输出数据。

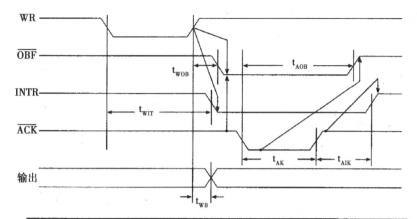

符　号	参　数	8255A		单　位
		MIN	MAX	
t_{WOB}	WR=1 到 OBF=0		650	ns
t_{WIB}	MR=0 到 INTR=0		850	ns
t_{AOB}	ACK=0 到 OBF=1		350	ns
t_{AK}	ACK 脉冲宽度	300		ns
t_{AIT}	ACK=1 到 INTR=1		350	ns
t_{WB}	WR=1 到输出		350	ns

图 8-8　方式 1 输出时序

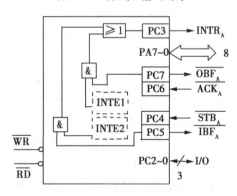

图 8-9　方式 2 控制/状态信号

INTE1：8255A 内部与输出缓冲器有关的中断允许触发器，输出为 1 时，允许输出中断请求。由 PC6 控制置位/复位。

$\overline{STB}$：选通输入控制信号，低电平有效。

IBF：输入缓冲满信号，高电平有效。

INTE2：8255A 内部与输入缓冲器有关的中断允许触发器，输出为 1 时，允许输入中断请求。由 PC4 控制置位/复位。

方式 2 的时序如图 8-10 所示。方式 2 是方式 1 输入与输出的结合，时序图中的时间参数与方式 1 相同, 这里不再赘述。

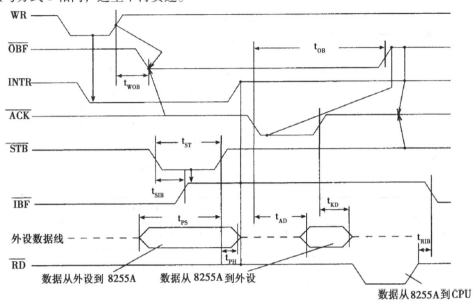

图 8 - 10 方式 2 的时序

工作方式是由 8255A 内的工作方式控制字寄存器的内容所决定的。单片机可以通过编程来改变其内容。方式控制字寄存器的格式如图 8 - 11 所示。

例如: 将 A 口、B 口和 C 口设置成基本输入输出方式, A 口为输入, B 口和 C 口为输出, 则控制字寄存器的内容为 (10010000B) 90H。

C 口具有位操作功能, 通过控制位操作控制字将其某一位置位或复位, 工作方式控制字与按位操作控制字的地址相同, 如图 8 - 12 所示。

例如: 若将 PC7 置位, 向工作方式控制字写入 (00001111 B) 0FH 即可。

8.1.1.4 8031 与 8255A 的接口

8031 和 8255A 的接口电路同单片机 CPU 与 I/O 口之间的数据传送方式有关, 传送方式通常可分为无条件传送方式、查询传送方式和中断传送方式。在无条件传送方式中, 8255A 与单片机之间无需状态/控制信号相连, CPU 可以随时对 I/O 进行访问。后两种传送方式中 8255A 与单片机之间由状态信号或中断请求信号线相连。图 8 - 13 是 8031 扩展一片 8255A 的接口电路。在 CPU 访问 I/O 口之前, 需要先设置 8255A 的工作方式和各 I/O 口的输入/输出状态, 即对 8255A 初始化。图 8 - 13 中, 8255A 的各 I/O 口和控制字寄存器的地址如下。

A 口: 7FFCH; B 口: 7FFDH; C 口: 7FFEH; 控制字寄存器: 7FFFH。

例8.1 设 A 口、B 口和 C 口为基本输入输出工作方式, A 口为输入, B 口和 C 口为输出, 初始化程序为:

```
MOV      A, #90H          ; 置控制字的内容
MOV      DPTR, #7FFFH     ; 置控制字的地址
MOVX     @ DPTR, A
```

图 8 - 13 中, 8255A 中 8031 之间没有状态信号线或中断请求信号线相连, 因此, 只

控制字寄存器

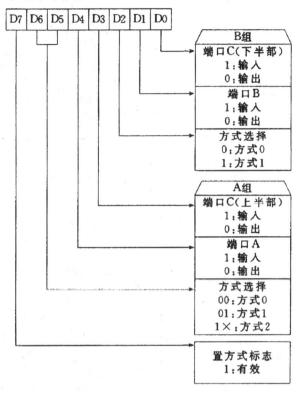

图 8-11 8255A 的控制字

C口按位操作寄存器

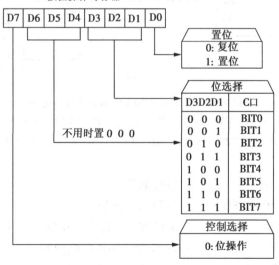

图 8-12 C 口按位操作控制字

能选择 8255A 的工作方式 0。这种 CPU 与 I/O 口之间的数据为无条件传送方式,只相当于单片机系统扩展了 I/O 口的数量。图 8-14 是 8031 采用中断方式从 8255A 的 A 口输入数据的接口电路。

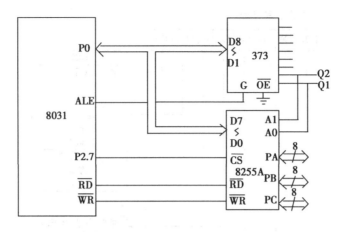

图 8-13 8031 与 8255A 的接口电路

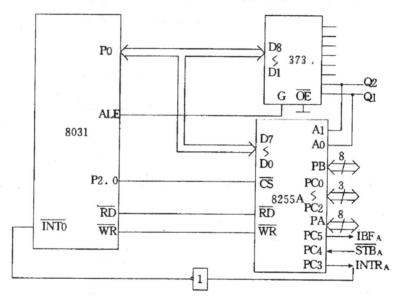

图 8-14 8031 与 8255A 中断方式接口电路

例8.2 设 8255A 的 A 口为工作方式 1 输入，B 口和 C 口下半部分为工作方式 0 输出，数据存入以 R0 为地址寄存器的单元中。初始化程序和中断服务程序如下。

初始化程序：

MOV	A, #0D0H	；置控制字内容
MOV	DPTR, #0FEFFH	；置控制字地址
MOV	X@DPTR, A	；A 口方式 1 输入，B 口、C 口下半部方式 0 输入
MOV	A, #09H	；置 C 四位操作控制内容
MOV	X@DPTR, A	；允许 A 口中断请求
SETB	IT0	
SETB	EX0	
SETB	A	

· · ·

中断服务程序：

```
AI：        PUSH        A
            MOV         DPTR，#0FEFCH    ；指向 A 口
            MOVX        A，@ DPTR
            MOV         @ R0，A
            INC         R0
            POPA
            RETI
```

8.1.2   可编程 RAM/IO 接口芯片 8155

8155 芯片内包含 256 字节的 SRAM、两个 8 位口、一个 6 位口和一个 14 位定时器/计数器，它与 MCS－51 系列单片机的接口简单，是单片机应用系统中广泛使用的芯片之一。

8.1.2.1   8155 的引脚及其功能

8155 引脚如图 8－15 所示，它采用 40 线双列直插式封装。

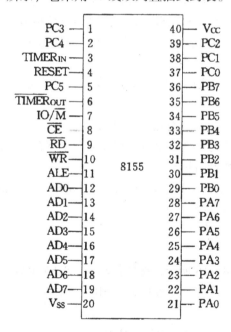

图 8－15   8155 的引脚

8155 各引脚功能如下。

AD7 ~ AD0：三态地址数据总线，可以直接与 MCS－51 系列单片机的 P0 口联接。允许地址锁存信号 ALE 的下降沿将 8 位地址锁存在内部地址寄存器中，该地址可作为存储器部分的低 8 位地址，也可以是 I/O 接口的通道地址，这是由输入的 IO/$\overline{M}$ 信号的状态来决定的。在 AD7 ~ AD0 引脚上出现的数据是写入还是读出 8155，是由系统控制信号 $\overline{WR}$ 或 $\overline{RD}$ 来决定的。

RESET：8155 复位信号输入端，由复位电路提供。该信号的脉冲宽度一般为 600ns，复位后三个 I/O 口总是被置成输入工作方式。

ALE：允许地址锁存输入信号。该控制信号由 MCS – 51 系列单片机发出，其下降沿将 AD7 ~ AD0、片选信号$\overline{\text{CE}}$以及 IO/$\overline{\text{M}}$ 信号锁存在片内锁存器内。

$\overline{\text{CE}}$：片选信号，低电平有效。当 CE 有效时，器件才允许被使用，否则为禁止。

IO/$\overline{\text{M}}$：I/O 口和 SRAM 选择信号。当 IO/$\overline{\text{M}}$ = 1 时，选择 I/O 口；当 IO/$\overline{\text{M}}$ = 0 时，选择 SRAM。

$\overline{\text{WR}}$：写选通信号，低电平有效。在 $\overline{\text{CE}}$ 有效时，将 AD7 ~ AD0 上的数据写入 SRAM 的某一单元（IO /$\overline{\text{M}}$ = 0 时），或写入某一 I/O 口（IO /$\overline{\text{M}}$ = 1 时）。

$\overline{\text{RD}}$：读选通信号，低电平有效。在 $\overline{\text{CE}}$ 有效时，将 8155 SRAM 某单元的内容读至数据总线（IO /$\overline{\text{M}}$ = 0 时），或将 I/O 口的内容读至数据总线（IO /$\overline{\text{M}}$ = 1 时）。

由于系统控制的作用，$\overline{\text{WR}}$ 和 RD 信号不会同时有效。根据以上分析可知如下条件。

写 SRAM 的必要条件：本芯片被选，选择存储器且写信号有效；

写 I/O 口的必要条件：本芯片被选，选择 I/O 口且写信号有效；

读 SRAM 的必要条件：本芯片被选，选择存储器且读信号有效；

读 I/O 口的必要条件：本芯片被选，选择 I/O 口且读信号有效。

PA7 ~ PA0：A 口一组 8 根通用的 I/O 端口线，数据的输入或输出的方向由可编程序的命令寄存器的内容决定。

PB7 ~ PB0：B 口一组 8 根通用的 I/O 端口线，数据的输入或输出的方向由可编程序的命令寄存器的内容决定。

PC5 ~ PC0：C 口一组 6 位既具有通用 I/O 口功能，又具有对端口 A 和 B 起某种控制作用的 I/O 电路。各种功能的实现均由可编程序的命令寄存器的内容决定。

TIMER$_{\text{IN}}$：定时器/计数器时钟输入端。

TIMER$_{\text{OUT}}$：定时器/计数器输出端，其输出信号是矩形还是脉冲、是输出单个信号还是连续信号，则由定时器/计数器的工作方式决定。

Vcc 和 GND：+5V 电源和地。

8.1.2.2　8155 的内部结构

8155 的内部结构如图 8 – 16 所示，按器件功能，8155 由以下三部分组成：

（1）随机存储器部分，该部分是容量为 256B 的 SRAM。

（2）I/O 接口部分。

端口 A：可编程序的 8 位 I/O 口 PA7 ~ PA0；

端口 B：可编程序的 8 位 I/O 口 PB7 ~ PB0；

端口 C：可编程序的 6 位 I/O 口 PC5 ~ PC0；

命令寄存器：8 位寄存器，只允许写入；

状态寄存器：8 位寄存器，只允许读出。

（3）定时器/计数器部分。该部分是一个 14 位的二进制减法计数器/定时器。

在控制信号中，IO /$\overline{\text{M}}$ 为 IO 口和存储器选择信号，当 IO /$\overline{\text{M}}$ = 1 时，CPU 选择对 I/O 口和 8155 片内的寄存器进行读/写操作；当 IO /$\overline{\text{M}}$ = 0 时，CPU 选择对存储器进行读/写操作。256 个字节的存储器的地址范围为 00H ~ FFH，I/O 口和寄存器的地址如表 8 – 2 所示。

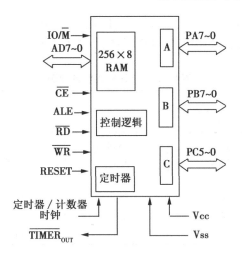

图 8 - 16 8155 的结构框架

表 8 - 2 8155 I/O 的地址表

AD7—AD0								I/O 口与寄存器
A7	A6	A5	A4	A3	A2	A1	A0	
X	X	X	X	X	0	0	0	命令/状态寄存器
X	X	X	X	X	0	0	1	A 口
X	X	X	X	X	0	1	0	B 口
X	X	X	X	X	0	1	1	C 口
X	X	X	X	X	1	0	0	定时器的低 8 位
X	X	X	X	X	1	0	1	定时器的高 6 位与 2 位计数器方式位

8.1.2.3 8155 的工作方式

8155 内的控制逻辑电路中，设置了一个命令/状态寄存器，该寄存器分为两部分。

一个是控制命令寄存器，它只能写入，不能读出，用于选择 I/O 口的工作方式。8155 命令寄存器各位的定义如图 8 - 17 所示。

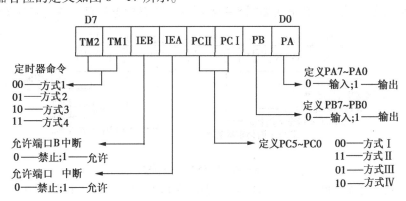

图 8 - 17 8155 命令寄存器定义

PA （D0）：定义端口 A 数据传送方式。0—输入方式；1—输出方式。

PB （D1）：定义端口 B 数据传送方式。0—输入方式；1—输出方式。

PCⅡ，PCⅠ（D3，D2）：定义端口 C 的工作方式。00—方式Ⅰ；11—方式Ⅱ；01—方式Ⅲ；10—方式Ⅳ。各方式中 PC5 ~ PC0 各位功能见表 8 - 3。

表 8 - 3   端口 C 控制分配表

PCⅡ，PCⅠ	00	11	01	10
方式	Ⅰ	Ⅱ	Ⅲ	Ⅳ
PC0	输入	输出	A INTR	A INTR
PC1	输入	输出	A BF	A BF
PC2	输入	输出	A $\overline{STB}$	A $\overline{STB}$
PC3	输入	输出	输出	B INTR
PC4	输入	输出	输出	B BF
PC5	输入	输出	输出	B $\overline{STB}$

IEA（D4）：定义端口 A 的中断。0—禁止；1—允许。

IEB（D5）：定义端口 B 的中断。0—禁止；1—允许。

TM2，TM1（D7，D6）：定义定时/计数器工作的命令。TM1 和 TM2 有四种情况，见表 8 - 4。

表 8 - 4   定时器/计数器工作方式定义表

TM2，TM1	方式
00	不影响定时器工作
01	若计数器未启动，则无操作；若计数器已启动，则停止计数
10	计数器计满后，立即停止，若未启动定时器，则无操作
11	装入方式和计数值后，立即启动定时器，若定时器已在运行，则计数器溢出后，按新方式和长度予以启动

另一个是状态标志寄存器，它只能读出，不能写入，用于存放 A 口和 B 口的工作状态和定时器/计数器状态，其格式如图 8 - 18 所示。状态标志寄存器各位的意义如下。

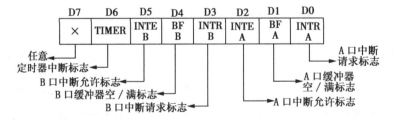

图 8 - 18   8155 状态字格式

INTR：表示有无中断请求。INTR = 1，表示端口有中断请求；INTR = 0，表示端口无中断请求。

BF：端口缓冲器空/满标志。BF = 1，表示端口缓冲器已装满数据，可由外设或单片机取走；BF = 0，表示端口缓冲器为空，可接受外设或单片机发送的数据。

INTE：端口中断允许/禁止标志。INTE = 1，表示允许端口中断；INTE = 0，表示禁止端口中断。

TIMER：计数器计满与否标志。TIMER = 1，表示计数器的原计数初值已计满回 0；TIMER = 0，表示尚未记满。

8.1.2.4　8155 的定时器

8155 片内设置了一个 14 位的减法计数器，用于对外部输入的脉冲信号进行计数或定时。脉冲信号由 TIMER_{IN} 引脚输入，定时器的输出引脚为 $\text{TIMER}_{\text{OUT}}$。8155 定时器的格式如图 8 – 19 所示，其中 T13 ~ T0 为计数器的长度，其范围为 2H ~ 3FFFH。M2，M1 用于设置定时器的输出方式，如图 8 – 20 所示。

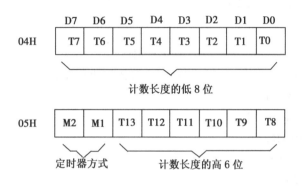

图 8 – 19　8155 定时器的格式

M1	M2	方　式	定时器输出波形
0	0	单方波	
0	1	连续方波	
1	0	单脉冲	
1	1	连续脉冲	

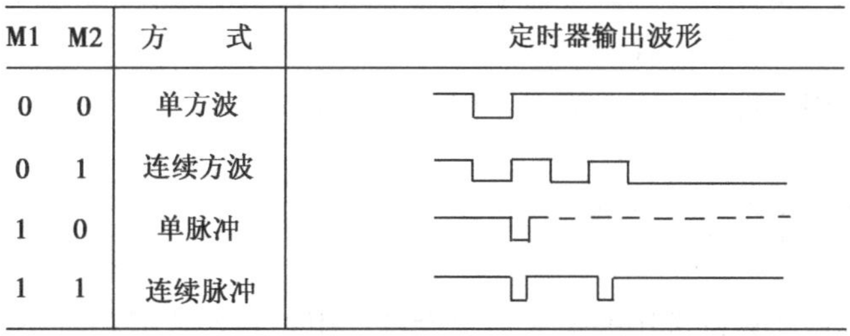

图 8 – 20　8155 定时器输出方式

8.1.2.5　8031 与 8155 的接口电路

由于 8155 内部设有地址锁存器，因此，它与 8031 的接口电路非常简单，不需任何附加电路。图 8 – 21 是 8031 与 8155 的一种接口电路，其 RAM 和 I/O 口的地址分配如下。

数据存贮器的地址：7E00 H ~ 7EFFH

I/O 的地址：

命令/状态寄存器：　　　7FF8H

PA 口：　　　　　　　　7FF9H

PB 口：　　　　　　　　7FFAH

PC 口：　　　　　　　　7FFBH

定时器低 8 位：　　　　7FFCH

定时器高 8 位：　　　　7FFDH

例 8.3　设 8155 的 A 口、B 口为基本输入输出方式，A 口为输入，B 口为输出，定时

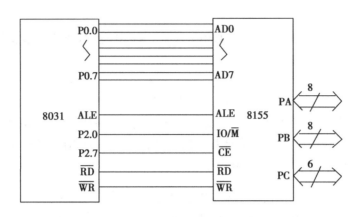

图 8 - 21   8031 与 8155 的接口电路

器输出连续方波，输入脉冲 24 分频，则 8155 的初始化程序为：

MOV	A，#18H	
MOV	DPTR，#7FFCH	
MOVX	@DPTR，A	
MOV	A，#40H	；定时器为连续方波输出
INC	DPTR	
MOVX	@DPTR，A	
MOV	A，#0C2H	；置命令控制字：A 口基本输入，B 口基本输出
MOV	DPTR，#7FF8H	
MOVX	@DPTR，A	；输出，启动定时器

8.2   键盘与数码管显示器接口电路

键盘和显示器是计算机常用的输入输出设备，用于输入数据和命令，显示计算机的运行状态、命令和计算结果。考虑到简化结构，降低成本，单片机系统中经常采用简单键盘和数码管显示器，本节将介绍它们与单片机的接口电路。

8.2.1   键盘接口电路

键盘是由一组常开的按键开关组成，每个按键都被赋予一个代码，称为键码。键盘系统的主要工作包括及时发现有键闭合，求闭合键的键码。根据这一过程的不同，键盘可以分为两种，即编码键盘和非编码键盘。编码键盘是通过一个编码电路来识别闭合键的键码，非编码键盘是通过软件来识别键码。由于非编码键盘的硬件电路简单，用户可以方便地增减键的数量，因此在单片机系统中应用广泛。这里将着重介绍非编码键盘的接口电路。

8.2.1.1   按键电路和消除抖动

键盘中按键的开关状态，通过一定的电路转换为高、低电平状态，如图 8 - 22 所示。按键闭合过程在相应的 I/O 端口形成一个负脉冲，如图 8 - 23 所示。闭合和释放都要经过一定的过程才能达到稳定，这一过程是处于高、低电平之间的一种不稳定状态，称为抖动。抖动持续时间的长短与开关的机械特性有关，一般在 5 ~ 10 ms 之间。为了避免 CPU 多次处理按键的一次闭合，应采取措施消除抖动。

图 8 - 22 按键电路

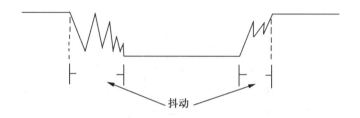

图 8 - 23 键抖动的波形

消除抖动的方法有两种。一种是采用硬件电路来实现，如用滤波电路、双稳态电路等。另一种是利用软件来实现，即当发现有键按下时，延时 10 ~ 20 ms 再查询是否有键按下，若没有键按下，说明上次查询结果为干扰或抖动；若仍有键按下，则说明闭合键已稳定，即可判断其键码。

8.2.1.2　非编码键盘的结构

非编码键盘可以分为二种结构形式：独立式按键和行列式键盘。

（1）独立式按键。独立式按键是指直接用 I/O 口线构成单个按键电路，每个按键占用一条 I/O 口线，每个按键的工作状态不会产生相互影响。图 8 - 24 是一种独立式按键电路，当图中的某一个键闭合时，相应的 I/O 口线变为低电平。当程序查询为低电平的 I/O 口线时，就可以确定处于闭合状态的键。

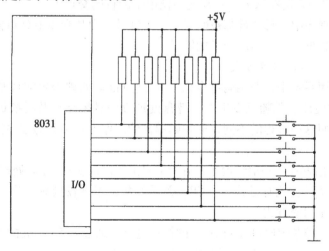

图 8 - 24 独立式按键电路

独立式按键电路的结构和处理程序简单，扩展方便，但其占用的 I/O 口线相对较多，不适合在按键数量较多的场合下采用。

（2）行列式键盘。将 I/O 口线的一部分作为行线，另一部分作为列线，按键设置在行线和列线的交叉点上，这就构成了行列式键盘。行列式键盘中按键的数量可达行线数 n 乘以列线数 m，如 4 行、4 列行列式键盘的按键数可以达到 4×4 = 16 个。由此可见，行列式键盘在按键较多时，可以节省 I/O 口线。图 8 – 25 为 4×4 行列式键盘的电路原理图。8 条 I/O 口线分为 4 条行线和 4 条列线，按键设置在行线和列线的交点上，即按键开关的两端分别接在行线和列线上。行线通过一个电阻接到 +5V 电源上，在没有键按下时，行线处于高电平状态。

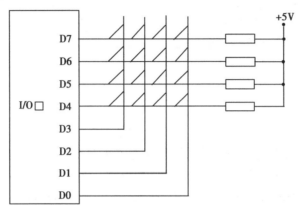

图 8 – 25　行列式键盘的电路原理

判断是否有键按下的方法：向所有的列线 I/O 口输出低电平，然后将行线的电平状态读入累加器 A 中，若无键按下，行线仍保持高电平状态；若有键按下，行线至少应有一条为低电平。

当确定有键按下后，即可进行求键码的过程。其方法是：依次从一条列线上输出低电平，然后检查各行线的状态，若全为高电平，则说明闭合键不在该列（输出低电平）；若不全为 1，则说明闭合键在该列，且在变为低电平的行的交点上。

在键盘处理程序中，每个键都被赋予了一个键号，由从列线 I/O 口输出的数据和从行线 I/O 口读入的数据可以求出闭合键的键号。

8.2.1.3　非编码键盘的工作方式

在单片机应用系统中，非编码键盘由 CPU 通过键盘处理程序完成整个工作过程。相对 CPU 而言，按键闭合是随机发生的，键盘处理程序必须能够及时捕捉到闭合的键，并求出其键码。按照这一过程的不同，非编码键盘的工作方式可分为程序扫描方式和中断扫描方式。

（1）程序扫描方式。一般情况下，在单片机应用系统中，键盘处理只是 CPU 工作的一部分。为了能及时发现有键按下，CPU 必须不断调用键盘处理程序，并对键盘进行扫描，因此称为程序扫描方式。

图 8 – 26 是一种非编码键盘与 8031 的接口电路。通过 8155 扩展的 I/O 口作为行线和列线，构成具有 32 键的 4×8 的行列式键盘。行线与 8155 的 PC0 ~ PC3 相连，列线与 PA 口的 8 条线相连，键码如图 8 – 26 所示。

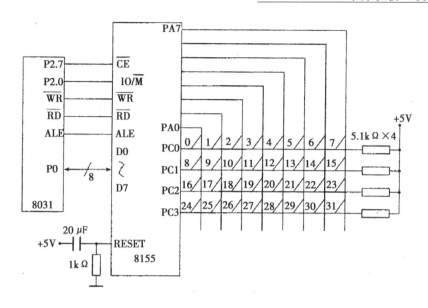

图 8 – 26 8031 与非编码键盘的接口电路

键盘处理程序的功能如下。

①判断键盘中有无键按下。由 PA 口输出 00H，再将 PC 口的状态读入，若 PC0 ~ PC3 全为 1，则说明无键按下，若不全为 1，说明则有键按下。

②消除抖动。当发现有键按下时，延时一段时间后再判断键盘的状态，若仍有键保持按下状态，则可断定有键按下，否则认为是抖动。

③求键号。从 PA 口依次输出下列扫描信号：

每次输入扫描信号后，检查 PC 口的状态，若某一位为 0，则说明闭合的键在该行，即可确定闭合键的行和列。例如：当由 PA 口输出 1111 1011，从 PC 口读入的状态为 1101，说明闭合键位于一行二列。

	PA7	PA6	PA5	PA4	PA3	PA2	PA1	PA0
第一次	1	1	1	1	1	1	1	0
第二次	1	1	1	1	1	1	0	1
第三次	1	1	1	1	1	0	1	1
第四次	1	1	1	1	0	1	1	1
第五次	1	1	1	0	1	1	1	1
第六次	1	1	0	1	1	1	1	1
第七次	1	0	1	1	1	1	1	1
第八次	0	1	1	1	1	1	1	1

④等待闭合键的释放。为了避免一次闭合多次求其键码，等待闭合键释放后再将键号送入 A。

根据以上功能，键盘处理程序的框图如图 8 – 27 所示。

例8.4 设计键盘处理程序，其中 KEYSCAN 为判断有无键闭合子程序，DELAY 为延

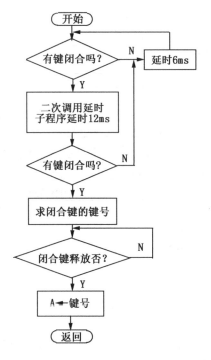

图 8 – 27 键盘处理程序框图

时 6 ms 子程序。

GETKEY：	ACALL	KEYSCAN	；判断有无键闭合
	JNZ	LK1	；（A）≠0，有按键，转去抖动
	ACALL	DELAY	
	AJMP	GETKEY	
LK1：	ACALL	DELAY	
	ACALL	DELAY	
	ACALL	KEYSCAN	
	JNZ	LK2	
	ACALL	DELAY	
	AJMP	GETKEY	
LK2：	MOV	R2，#0FEH	；R2←第一次扫描输出信号
	MOV	R4，#00H	；R4←列号
LK3：	MOV	DPTR，#7F01H	；DPTR←A 口
	MOV	A，R2	
	MOVX	@ DPTR，A	；输出扫描信号
	INC	DPTR	
	INC	DPTR	；指向 C 口
	MOVX	A，@ DPTR	；读 C 口状态
	JB	ACC. 0，LONE	；PC0 =1，转移
	MOV	A，#00H	；A←0 行，0 列键号，准备求键号

```
                 AJMP     LKP
LONE：           JB       ACC.1，LTWO    ; PC1 =1 转移
                 MOV      A，#08H        ; A←1 行 0 列键号
                 AJMP     LKP
LTWO：           JB       ACC.2，LTHR    ; PC2 =1，转移
                 MOV      A，#10H        ; A2 行 0 列键号
                 AJMP     LKP
LTHR：           JB       ACC.3，NEXT    ; PC3 =1，转移
                 MOV      A，#18H        ; A3 行 0 列键号
LKP：            ADD      A，R4          ; 形成/键码
                 PUSH     ACC           ; 暂存键码
LK4：            ACALL    DELAY
                 ACALL    KEYSCAN
                 JNZ      LK4           ; 等待键释放
                 POP      ACC           ; 键号送回 A
NS：             RET
NEXT：           INC      R4            ; 列号加 1
                 MOV      A，R2
                 JNB      ACC.7，NS      ; 8 列扫描完毕，返回主程序
                 RL A                   ; 下次扫描输出信号
                 MOV      R2，A
                 AJMP     LK4
KEYSCAN：        MOV      DPTR，#7F0lH
                 MOV      A，#00H
                 MOVX     @DPTR，A       ; 扫描信号 00H
                 INC      DPTR
                 INC      DPTR
                 MOVX     A，@DPTR       ; 读入 C 口状态
                 CPL      A             ; 求反
                 ANL      A，#0FH        ; 屏蔽高 4 位
                 RET
```

（2）中断扫描方式。在程序扫描工作方式中，为了能及时响应键盘输入，需要不停地对键盘进行扫描，即使没有键操作时也不能中断，这就浪费了大量 CPU 宝贵的时间。为了提高 CPU 的效率，在电路中增加适当的电路，当有键闭合时，产生中断请求信号。在中断服务子程序中进行去抖动、求键码和处理重键等工作。

图 8 - 28 所示为中断扫描方式的接口电路图。行列式键盘与 8031 单片机的 P1 口直接相连，其中 P1.7 ~ P1.4 经二极管与行线连接，P1.3 ~ P1.0 与列线连接，另一端经电阻与 +5V 电源相连，列线与一个与门的输入相连，与门输出端接 8031 的 INT0。当 P1.7 ~

P1.4 全为 0 状态时，若无键闭合，$\overline{\text{INT0}}$ 保持高电平，若有键闭合，$\overline{\text{INT0}}$ 变为低电平，CPU 开中断时，就会响应中断，转向中断服务程序。键盘处理过程与程序扫描方式大致相同，这里不再详细介绍。

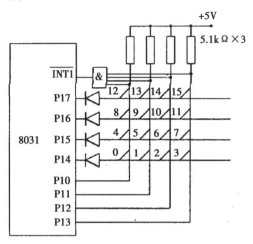

图 8 – 28　中断扫描方式键盘接口电路

8.2.2　数码管显示器接口电路

数码管显示器由于成本低，配置灵活，与单片机接口简单，因此被广泛应用于单片机应用系统中。下面介绍数码管显示器的工作原理及与单片机的接口电路。

8.2.2.1　数码管的工作原理

数码管是由 8 个发光二级管构成的显示器件，其外形如图 8 – 29（a）所示。a~g 和 h 为 8 个发光二极管。在数码管中，将二级管的阳极连在一起，就称为共阳极数码管；将二极管的阴极连在一起，就称为共阴极数码管，如图 8 – 29（b）所示。当发光二极管导通时，它就会发光。每个二极管就是一个笔划，若干个二极管发光时，就构成了一个显示字符。若将单片机的 I/O 口与数码管的 a~g 及 h 相连，高电平的位对应的发光二极管发光，这样，由 I/O 口输出不同的代码，就可以控制数码管显示不同的字符。例如：当 I/O 口输出的代码为 0011 1111 时，数码管显示的字符为 0。这样形成的显示字符的代码称为显示代码或段选码，简称段码。表 8 – 5 为共阴极十六进制数字的显示代码。

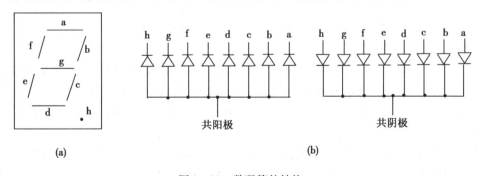

图 8 – 29　数码管的结构

（a）显示器件；（b）共阳极和共阴极数码管

表 8-5　十六进制数字的显示代码（共阴极）

十六进制数	h	g	f	e	d	c	b	a	显示代码
0	0	0	1	1	1	1	1	1	3FH
1	0	0	0	0	0	1	1	0	06H
2	0	1	0	1	1	0	1	1	5BH
3	0	1	0	0	1	1	1	1	4FH
4	0	1	1	0	0	1	1	0	66H
5	0	1	1	0	1	1	0	1	6DH
6	0	1	1	1	1	1	0	1	7DH
7	0	0	0	0	0	1	1	1	07H
8	0	1	1	1	1	1	1	1	7FH
9	0	1	1	0	1	1	1	1	6FH
A	0	1	1	1	0	1	1	1	77H
B	0	1	1	1	1	1	0	0	7CH
C	0	0	1	1	1	0	0	1	39H
D	0	1	0	1	1	1	1	0	5EH
E	0	1	1	1	1	0	0	1	79H
F	0	1	1	1	0	0	0	1	71H
·	1	0	0	0	0	0	0	0	80H

8.2.2.2　数码管显示器与单片机的接口电路

数码管显示器有两种工作方式，即静态显示方式和动态显示方式。

所谓静态显示，就是当显示器显示某一字符时，相应段的发光二极管恒定地导通或截止。例如，七段 LED 显示器的 a，b，c，d，e，f 段导通，g 段截止，则显示 0。这种显示方法的每一位都需要有一个 8 位输出口控制。图 8-30 为三位静态共阳极 LED 显示器接口电路。静态显示时，较小的驱动电流就能得到较高的显示亮度，所以可由 8255A 芯片直接驱动。

由于静态显示所需的 I/O 口太多，开销太大，故当显示器位数较多时，一般采用动态显示的方法。

静态显示方式的每位数码管都需要一个数据锁存器，因此，其硬件电路较为复杂。但它的显示程序非常简单。在动态显示方式中，各位数码管的 a～h 端并连在一起，与单片机系统的一个 I/O 口相连，从该 I/O 口输出显示代码。每只数码管的共阳极或共阴极则与另一 I/O 口相连，控制被点亮的位。动态显示的特点是：每一时刻只能有 1 位数码管被点亮，各位依次轮流被点亮；对于每一位来说，每隔一段时间点亮一次。为了每位数码管能够充分被点亮，二极管应持续发光一段时间。利用发光二极管的余辉和人眼的驻留效应，通过适当地调整每位数码管被点亮的时间间隔，可以观察到稳定的显示输出。

例 8.5　图 8-31 是通过 8155 扩展的 6 位动态数码管显示器的接口电路。由 PB 口输出显示代码，PA 口输出位选码。设显示数据的缓冲区为 79H～7EH，由前面的分析可知，显示程序的流程框图如图 8-32 所示。

程序如下（其中 DL1 为延时 2ms 子程序）：

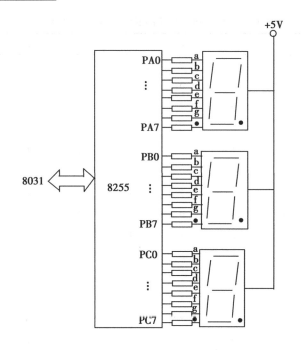

图 8-30 3 位静态 LED 显示器接口电路

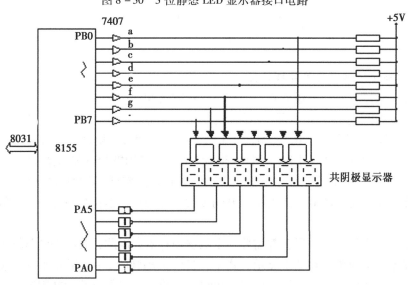

图 8-31 6 位动态显示器的接口电路

```
DIR:    MOV     R0, #79H        ; 置显示缓冲区首地址
        MOV     R3, #01H        ; 置位选码初值
LD0:    MOV     A, R3
        MOV     DPTR, #7F01H    ; DPTR←PA 口地址
        MOVX    @DPTR, A        ; 输出位选码
        INC     DPTR            ; 指向 PB 口
        MOV     A, @R0          ; 取被显示的数据
```

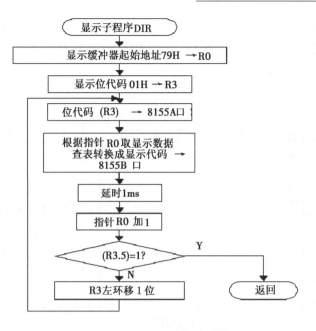

图 8 – 32　显示程序框图

	ADD	A，#12H	；形成查表的偏移地址
	MOVC	A，@ A + PC	；求出显示代码
	JNB	PSW. 5，DIR1	
	SETB	ACC. 7	
DIR1：	MOVX	@ DPTR，A	；输出显示代码
	ACALL	DL1	；延时
	INC	R0	；指向下一个显示数据
	MOV	A，R3	
	JB	ACC. 5，LD1	；判断 6 位是否显示完毕
	RL	A	；形成下一个位代码
	MOV	R3，A	
	AJMP	LD0	
LD1：	RET		
DSEG：DB	3FH，06H，5BH，4FH，66H，6DH		；段码数据表
	DB	7DH，07H，7FH，6FH，77H，7CH	；段码数据表
	DB	39H，5EH，79H，71H，73H，3EH	；段码数据表
	DB	31H，6EH，1CH，23H，40H，03H	；段码数据表
	DB	18H，00H，00H，00H	；段码数据表
DL1：	MOV	R7，#04H	
DL：	MOV	R6，#0FFH	
DL6：	DJNZ	R6，DL6	
	DJNZ	R7，DL	
	RET		

上面我们分别介绍了键盘接口电路和数码管显示器接口电路。在单片机应用系统中，往往同时需要扩展键盘和显示器，图8-33为8031通过8155扩展32键键盘和6位动态数码管显示器接口电路，供参考。

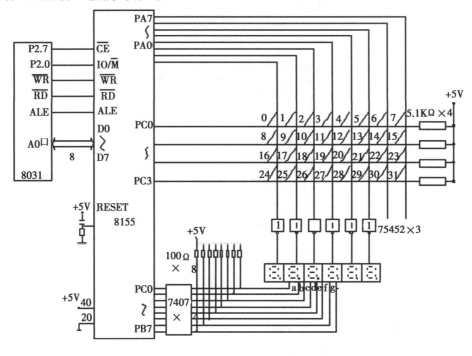

图8-33 键盘/显示器的接口电路

8.3 MCS-51 的串行口扩展并行 I/O 口

MCS-51单片机的串行口有4种工作方式，在第7章中，我们介绍了异步串行通讯的应用。这里介绍利用串行口的同步串行通讯方式（方式0），进行并行数据的输入/输出接口的扩展。这种扩展方法不占用外部数据存储器地址空间，占用硬件资源少，并且同时可以扩展多个8位接口；但其操作速度较慢，且扩展的接口数量越多，速度越慢。

8.3.1 串行口扩展的并行输入接口

74LS165是8位并行输入串行输出移位寄存器，其引脚如图8-34所示。D7～D0为8位并行数据输入端，D_{SR}为串行数据输入端，CP_A和CP_B为时钟脉冲输入端，SH/LD为串行移位/并行输入控制信号输入端，Q7为串行数据输出端。图8-35为采用74LS165扩展的二个8位并行输入口电路。8031的串行输入端RXD（P3.0）与74LS165的串行数据输入端Q7相连，移位脉冲输出端TXD（P3.1）与两片74LS165的时钟脉冲输入端CP_A相连，P1.0与74LS165的SH/LD端相连用于控制串行移位和并行数据的输入，后一片74LS165的串行数据输出端与前一片的串行数据输入端相连，实现多位并行数据端口的扩展。

例8.6 根据图8-35中两个并行的8位数据端口中输入10H个字节的数据，并存入

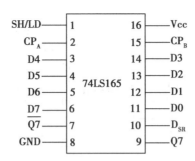

图 8-34 74LS165 的引脚图

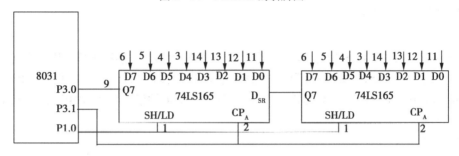

图 8-35 采用 74LS165 扩展的两个 8 位并行输入口电路

内部数据存储器以 30H 单元开始的缓冲区中，程序代码如下：

```
        MOV     R7, #10H        ; 设置循环次数
        MOV     R0, #30H        ; 设置缓冲区的首地址
        SETB    F0              ; 读八字节的奇偶标志
RCV0:   CLR     P1.0            ; 将并行数据锁存到 74LS165
        SETB    P1.0            ; 允许串行移位
RCV1:   MOV     SCON, #00010000B; 串行口工作方式设置为方式 0，允许接收
STP:    JNB     RI, STP         ; 等待接收一个字节的数据
        CLR     RI
        MOV     A, SBUF         ; 接收的数据送 A
        MOV     @R0, A          ; 数据送数据缓冲器
        INC     R0              ; 指向下一个字节单元
        CPL     F0              ; 奇偶标志转换
        JB      F0, RCV2        ; 若读入了偶数个数据，转去读下一个数据
        SJMP    RCV1            ; 若读入了奇数个数据，转去读下一个数据
RCV2:   DJNZ    R7, RCV0
        …
```

8.3.2 串行口扩展的并行输出接口

74LS164 是 8 位串入并出移位寄存器，其引脚如图 8-36 所示。各引脚功能如下：

D_{SA}，D_{SB}：串行数据输入端；

Q7～Q0：并行数据输出端口；

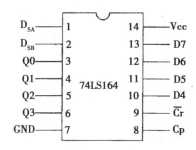

图 8 – 36 74LS164 的引脚图

CP：时钟脉冲信号输入端；

$\overline{Cr}$：清除信号输入端。

图 8 – 37 为采用 74LS164 扩展的二个 8 位并行输出接口电路。8031 串行数据输出端 RXD（P3.0）与 74LS164 的串行数据的输入端相连，移位脉冲输出端 TXD（P3.1）与 74LS164 的时钟脉冲输入端 CP 相连，P1.0 口与 74LS164 的清除信号端相连，控制清除并行端口的数据。

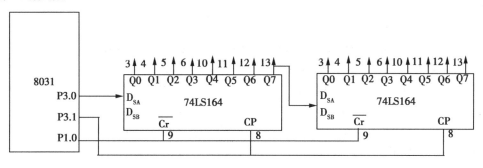

图 8 – 37 串行口扩展的并行输出接口电路

图 8 – 37 为串行口扩展的并行输出接口的应用——8031 串行口扩展的键盘、显示器接口。在图 8 – 38 中，用 8 片 74LS164 扩展了 8 位数码管显示器，用 1 片 74LS164 扩展一个 2×8 的行列式键盘。P3.4，P3.5 与键盘的行相连，扫描码与 74LS164 的并行数据输出端口相连。

P3.3 用来区别键盘扫描码和段选码。键盘扫描显示子程序如下。

显示子程序：

```
DIR：    SETB    P3.3         ；允许数据送入显示器
         CLR     TI
         MOV     R7, #08H
         MOV     R0, #78H      ；置显示数据缓冲区首地址
DL0：    MOV     A, @R0        ；取显示数据
         ADD     A, #0DH
         MOVC    A, @A + PC    ；查表求出段选码
         CPL     A
         MOV     SBUF, A       ；段选码送串行口
```

DLl:	JNB	TI，DLl	；等待串行发送一帧数据结束
	CLR	TI	
	INC	R0	
	DJNZ	R7，DL0	
	CLR	P3.3	；禁止数据送入显示器
	RET		
SEGTAB：	DB	3FH，06H，5BH，4FH，66H，6DH	；1，2，3，4，5，6
	DB	7DH，07H，7FH，6FH，77H，7CH	；7，8，9，A，B，C
	DB	39H，5EH，79H，71H，73H，0C8H，00H；E，E，F，—，P

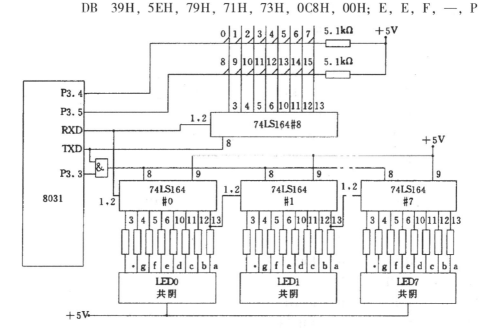

图 8-38 串行口扩展的键盘、显示器接口电路

暗键盘扫描子程序：

KEY：	MOV	A，#00H	
	MOV	SBUF，A	；由 74LS164（8）输出 00H
KL0：	JNB	TI，KL0	；等待串行数输出结束
	CLR	TI	
KLl：	JNB	P3.4，PK1	；判断第一排是否有键按下
	JB	P3.5，KL1	；判断第 H 排是否有键闭合
PK1：	ACALL	DL10	
	JNB	P3.4，PK2	；去抖动
	JB	P3.5，KLl	
PK2：	MOV	R7，#08H	；确定有键闭合
	MOV	R6，0FEH	；R6 键盘扫描代码
	MOV	R3，#00H	
	MOV	A，R6	

KL5：	MOV	SUBF，A	
KL2：	JNB	TI，KL2	
	CLR	TI	
	JNB	P3.4，PKONE	；第一排有键闭合转 PKONE
	JB	P3.5，NEXT	；本列无键闭合转下一列
	MOV	R4，#08H	；第二排有键按下
	AJMP	PK3	
PKONE：	MOV	R4，# 00H	
PK3：	MOV	SBUF，#00H	
KL3：	JNB	TI，KL3	
	CLR	TI	
KL4：	JNB	P3.4，KL4	
	JNB	P3.5，KL4	；等待闭合键释放
	MOV	A，R4	
	ADD	A，R3	；求键码
NC：	RET		
NEXT：	MOV	A，R6	
	RL	A	；键盘扫描码左移
	MOV	R6，A	
	INC	R3	
	DJNZ	R7，KL5	
	AJMP	NC	
DL10：	MOV	R7，#0AH	
DL：	MOV	R6，#0FFH	
DL6：	DJNZ	R6，DL6	
	DJNZ	R7，DL	
	RET		

8.4　单片机与 D/A 和 A/D 转换器的接口

在测控系统中，除了数字量之外，还存在着大量的模拟量，如温度、压力、流量、速度、电压、电流等。而计算机只能处理数字量，要实现对模拟量的测量和控制，必须先将模拟量转换成数字量（A/D 转换）。相反，计算机输出时，有时也需要将数字量转换成模拟量（D/A 转换）。目前，A/D 转换和 D/A 转换电路都已集成化，它们具有体积小、功能强、可靠性高、误差小、功耗低、与计算机接口简单等特点。

8.4.1　单片机与 D/A 转换器的接口

D/A 转换器（DAC）输入的是数字量，经转换输出的是模拟量。DAC 的技术指标很多，如分辨率、满刻度误差、线性度、绝对精度、相对精度、建立时间、输入/输出特性等。这里只介绍几种主要的技术性能指标。

8.4.1.1 DAC 的主要技术指标

（1）分辨率。DAC 的分辨率反映了它的输出模拟电压的最小变化量，其定义为输出满刻度电压与 2^n 的比值，其中 n 为 DAC 的位数，如 8 位 DAC 的满刻度输出电压为 5V，则其分辨率为 $5/2^8 = 5/256$（V）；10 位 DAC 的分辨率为 $5/2^{10} = 5/1024$（V）。可见，DAC 的位数越高，分辨率越小。

（2）建立时间。建立时间是描述 DAC 转换速度快慢的参数，其定义为从输入数字量变化到输出达到终值误差（$\pm 1/2$）LSB（最低有效位）所需的时间。高速 DAC 的建立时间可达 $1\mu s$。

（3）接口形式。接口形式是 DAC 输入/输出特性之一，包括输入数字量的形式：十六进制或 BCD，输入是否带有锁存器等。

8.4.1.2 DAC0832

DAC0832 为 8 位 D/A 转换器，单电源供电，范围为 + 5V ~ + 15V，基准电压范围为 $\pm 10V$。电流的建立时间为 $1\mu s$，CMOS 工艺功耗为 20mW，输入设有两级缓冲锁存器。

DAC0832 为 20 引脚，采用双列直插封装，其引脚如图 8 – 39 所示。

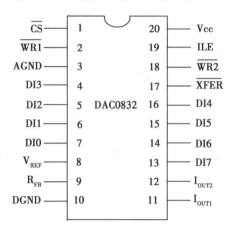

图 8 – 39 DAC0832 的引脚图

各引脚的功能如下：

DI7 ~ DI0：数字量输入端；

$\overline{CS}$：片选信号，低电平有效；

ILE：数据锁存允许信号，高电平有效；

$\overline{WR1}$：第一写信号，低电平有效；

$\overline{WR2}$：第二写信号，低电平有效；

$\overline{XFER}$：数据传送控制信号，低电平有效；

I_{OUT1}：电流输出端 1；

I_{OUT2}：电流输出端 2；

R_{FB}：反馈电阻端；

V_{REF}：基准电压，基电压范围为 – 10 ~ + 10V；

DGND：数字地；

AGND：模拟地。

DAC0832 的内部结构如图 8 - 40 所示，它主要包括输入寄存器、DAC 寄存器、D/A 转换器和控制逻辑电路。

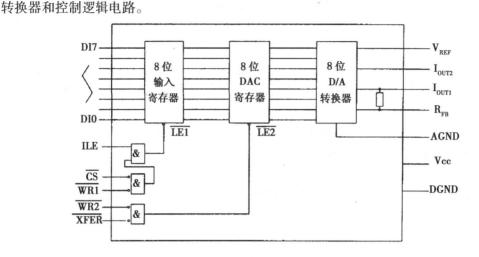

图 8 - 40　DAC0832 的内部结构

图 8 - 40 中，$\overline{\text{LE1}}$ 是输入寄存器锁存选通信号，其逻辑表达式为

$$\overline{\text{LE1}} = \overline{\text{WR1}} \cdot \overline{\text{CS}} \cdot \text{ILE},$$

$$\overline{\text{LE2}} = \overline{\text{WR2}} \cdot \overline{\text{XFER}}$$

为 DAC 寄存器的锁存选通信号。

DAC0832 是电流输出型 D/A 转换器，要得到电压信号，输出端需接运算放大器进行转换，其电路如图 8 - 41 所示。

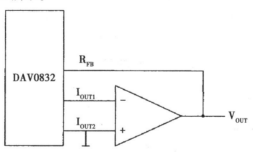

图 8 - 41　DAC0832 的输出电路

根据数据输入的过程，DAC0832 有三种连接方式：二级缓冲器、单级缓冲器和直通连接方式，如图 8 - 42 所示。

8.4.1.3　单片机与 DAC0832 的接口

根据需要，单片机与 DAC0832 的接口可按二级缓冲器方式、单缓冲器方式和直通方式连接。

（1）单缓冲器连接方式接口电路。图 8 - 43 是 DAC0832 的单缓冲器连接方式与 8031

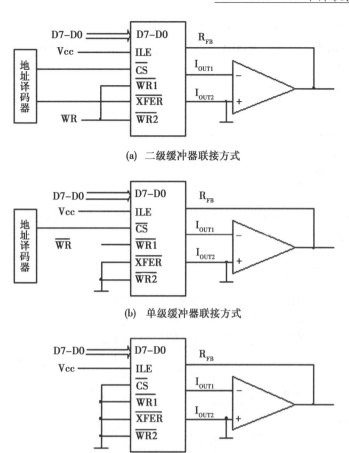

(a) 二级缓冲器联接方式

(b) 单级缓冲器联接方式

(c) 直通联接方式

图 8-42　DAC0832 的三种连接方式

的接口电路。从图中得到 DAC0832 的输入寄存器和 DAC 寄存器的端口地址为 FEFFH。

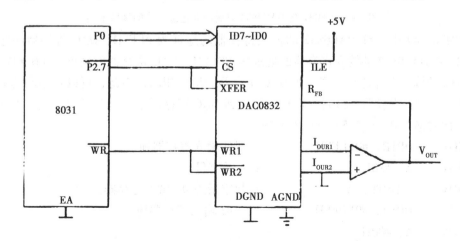

图 8-43　DAC0832 的单缓冲器连接方式与 8031 的接口电路

当数据写入输入寄存器后，同时也写入了 DAC 寄存器，因此称为单缓冲连接方式。

例8.7　设计产生一个锯齿波信号的程序。

```
DIRE:       MOV     DPTR, #0FEFFH        ;DAC 寄存器的地址
            MOV     R0, # 00H            ;输出数字量的初值
NEXT:       MOV     A, R0
            MOV     @DPTR, A
            INC     R0                   ;下一个数字量
            NOP                          ;延时
            NOP
            NOP
            AJMP    NEXT
```

（2）双缓冲器连接方式接口电路。图 8-44 是 DAC0832 双缓冲器连接方式与 8031 的接口电路，利用此电路可以输出一对同步信号，如从 X，Y 输出一组同步的锯齿波和正弦波信号。

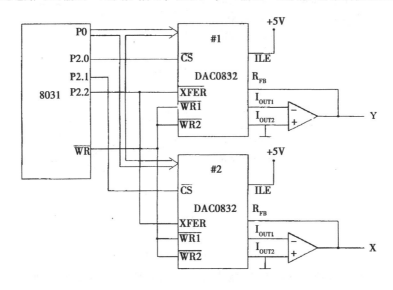

图 8-44   8031 与 DAC0832 双缓冲器连接方式的接口电路

在图 8-44 中，#1 DAC0832 的输入寄存器的地址为 FEFFH，DAC 寄存器的地址为 FBFFH。#2DAC0832 的输入寄存器的地址为 FDFFH，DAC 寄存器的地址为 FBFFH。2 个 DAC0832 的输入寄存地址不同，而 DAC 寄存器的地址相同，因此，可以将不同的数据分别写入 2 个输入寄存器，再同时将它们输入到 DAC 寄存器中，同时进行转换。下面是从 X 和 Y 同时输出 0V 和 2.5V 电压的程序。

```
MOV     DPTR, #0FEFFH        ;置#1 输入寄存器地址
MOV     A, #80H              ;A 数字量
MOV     @DPTR, A             ;数字量送 #1 输入寄存器
MOV     DPTR, #0FDFFH        ;置#2 输入寄存器地址
MOV     A, #00H
MOV     @DPTR, A
MOV     DPTR, #0FBFFH        ;置#1，#2DAC 寄存器地址
MOV     @DPTR, A             ;数据送 DAC 寄存器
```

8.4.2 单片机与 A/D 转换器的接口

A/D 转换是把模拟量转换为数字量的过程。A/D 转换的方法很多,如频率法、双斜积分法、逐次逼近法等。A/D 转换的性能指标也很多,如分辨率、转换时间、转换精度、电源、输出特性等。

8.4.2.1 A/D 转换器 (ADC) 0809

ADC0809 是一种典型的 A/D 转换器。它采用逐次逼近方法的 8 位 8 通道 A/D 转换器, +5V 单电源供电,转换时间在 $100\mu s$ 左右。

ADC0809 为 28 引脚、双列直插芯片,其引脚如图 8 –45 所示。

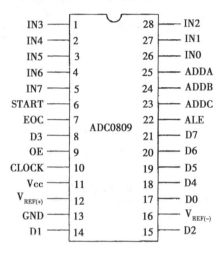

图 8 –45　ADC0809 的引脚图

各引脚功能如下:

IN7 ~ IN0:8 路模拟量输入端;

D7 ~ D0:8 位数字量输出端口;

START:A/D 转换启动信号输入端;

ALE:地址锁存允许信号,高电平有效;

EOC:转换结束信号,高电平有效;

OE:输出允许控制信号,高电平有效;

CLK:时钟信号输入端;

A、B、C:转换通道的地址;

$V_{REF(+)}$:参考电源的正端;

$V_{REF(-)}$:参考电源的负端;

Vc c:电源正端;

GND:地。

ADC0809 由一个 8 位 A/D 转换器、一个 8 路模拟量开关、8 路模拟量地址锁存译码器和一个三态数据输出锁存器组成,如图 8 –46 所示。各通道的地址如表 8 –6 所示。当 ALE 为高电平时,通道地址输入到地址锁存器中,下降沿将地址锁存,并译码。在 START 上跳沿时,所有的内部寄存器清 0,在下降沿时,开始进行 A/D 转换,此期间

START 应保持低电平。需要注意的是，在 START 下降沿后 10μs 左右，转换结束信号 EOC 变为低电平，EOC 低电平时，表示正在转换；变为高电平时，表示转换结束。OE 为输出允许信号，控制三态输出锁存器输出数据，OE = 0 时，输出数据端口线为高阻状态；OE =1，允许转换结果输出。

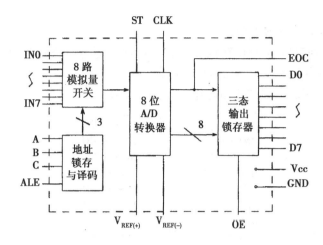

图 8 – 46 ADC0809 的内部结构

表 8 – 6 通道地址

C	B	A	通道
0	0	0	INT0
0	0	1	INT1
0	1	0	INT2
0	1	1	INT3
1	0	0	INT4
1	0	1	INT5
1	1	0	INT6
1	1	1	INT7

ADC0809 内部没有时钟电路，需外部提供时钟信号，CLK 为时钟信号输入端。

8.4.2.2 ADC0809 与 8031 的接口

图 8 – 47 为 ADC0809 与 8031 之间的接口电路。时钟信号由单片机的 ALE 信号 4 分频获得。由于 ADC0809 内部设有地址锁存器，所以通道地址由 P0 口的低 3 位直接与 ADC0809 的 A，B，C 相连。

START 信号和 OE 信号的逻辑表达式为：

$$STRT = ALE = \overline{P2.0 + \overline{WR}}$$

$$OE = \overline{P2.0 + \overline{RD}}$$

启动一次转换过的控制信号之间的关系如图 8 – 48 所示。

读转换结果时控制信号之间的关系如图 8 – 49 所示。

例 8.8 设计启动一次转换，转换结束后，将结果读入单片机内部数据存储器的程序。查询方式：

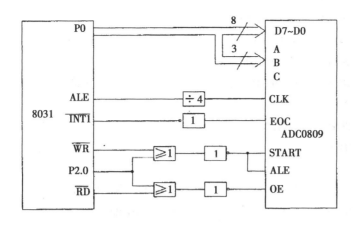

图 8-47 ADC0809 与 8031 之间的接口电路

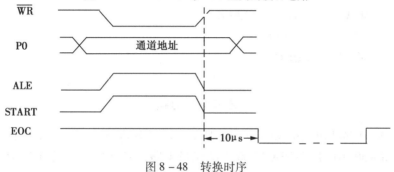

图 8-48 转换时序

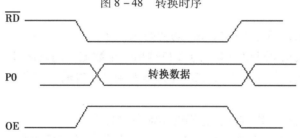

图 8-49 读转换结果时控制信号的关系

```
ADT:    MOV    A, #00H           ; 设置通道地址
        MOV    DPTR, #0FEFFH     ; 设置 ADC0809 的口地址
        MOVX   @DPTR, A          ; 启动转换
WAIT:   JB     P3.3, WAIT        ; 等待转换结束
        MOVX   A, @DPTR          ; 读入转换结果
        MOV    30H, A
        RET
DLT:  （延时 10μs 子程序）
中断方式:
ADINT:  PUSH   DPL
        PUSH   DPH
        MOV    DPTR, #0FEFH
```

```
        MOVX    A，@DPTR
        MOV     30H，A
        MOV     A，#00H
        MOVX    @DPTR，A          ；启动下一次转换
        POP     DPH
        POP     DPL
        RET
主程序：
MAIN：   SETB    IT1              ；INT1 下降沿触发
        SETB    EA               ；开总中断
        SETB    EX1              ；开外部中断 1
        MOV     DPTR，#0FEFFH
        MOV     A，#00H
        MOVX    @DPTR，A
        ……
```

思考题与习题

（1）简述 I/O 接口电路的基本功能，MCS–51 单片机 I/O 接口扩展的主要方法。

（2）图 8–50 为两片 8255A 与 8031 的接口电路，8255A（1）的 A 口为工作方式 1，编写下列程序：

①按图中的要求，编写两片 8255A 的初始化程序；

②采用中断方式从 B255A（1）的 A 口输出一个数据，同时从 B 口输出一个数据；

③采用查询方式，将从 8255A（2）的 PB 口和 PC 口输入的数据，由 8255A（1）的 A 口输出。

（3）8255A 有几种工作方式？它们的功能各是什么？

（4）当 8255A 的 A 口工作在方式 2 时，C 口各位的功能是什么？

（5）若设 8255A 的 口为工作方式 2，B 口为工作方式 0 输入，C 口剩余口线为方式 0 输出，试确定工作方式控制字的内容。

（6）若将 8255A 的 PC.5 置位，写入按位操作寄存器的内容应是什么？

（7）设 8255A 与 8031 的接口电路如图 8–13 所示，试编写一段程序（包括 8255A 的 100μs 初始化）从 PC.0 输出一个 100μs 的正脉冲。

（8）8255A 与 8031 之间的接口电路如图 8–14 所示，采用查询方式，当外设数据准备好时，从 A 口读入数据，存放在 8031 的内部数据存贮器中，试编写有关程序。

（9）8155 有几种工作方式？如何选择其工作方式？

（10）8155 定时器有几种工作方式？如何选择其工作方式？

（11）设 8155A 口为选择输入，B 口为基本输出工作方式，允许 A 口中断，启动定时器计数，试确定 8155 命令寄存器的内容。

（12）8155 与 8031 之间的接口电路如图 8–21 所示，将从 8155A 口和 B 口输入的数据存放在其数据存贮器中，试编写程序。

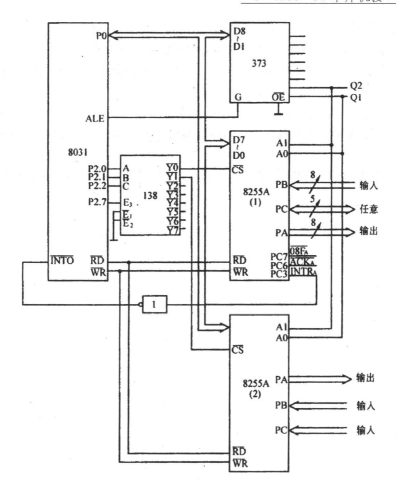

图8－50　两片8255A与8031的接口电路

（13）如图8－51所示，独立式按键的电路中的键号分别为0～7，试编写程序扫描方式的键盘处理程序，键号放入A中。

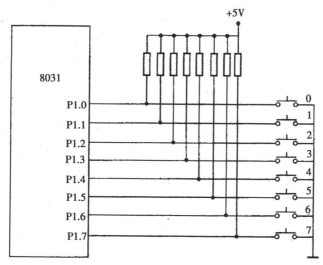

图8－51　独立式按键的电路

（14）什么是抖动？为什么要消除抖动？消除抖动的方法有几种？

（15）在非编码键盘的程序扫描方式中，包括哪几部分工作？

（16）试设计一个8031通过8155扩展一个具有16键和4位数码管的键盘显示系统，并编写键盘处理子程序和显示子程序。

（17）用串行口扩展键盘显示器时，串行口应工作在什么状态？它有什么优缺点？

（18）什么是A/D，D/A转换？它们各有哪些技术指标？它们的分辨率是由什么决定的？

（19）设8031与ADC0809的接口电路如图8-44所示，试编写从通道IN0~IN7循环采集数据的程序。

9 单片机系统的抗干扰技术

9.1 干扰源及其分类

9.1.1 干扰的含义

所谓干扰，一般是指有用信号以外的噪声，在信号输入、传输和输出过程中出现的一些有害的电气变化现象。这些变化迫使信号的传输值、指示值或输出值出现误差，出现假像。干扰对电路的影响，轻则降低信号的质量，影响系统的稳定性；重则破坏电路的正常功能，造成逻辑关系混乱，控制失灵。

9.1.2 干扰源的分类

（1）从干扰的来源划分。

① 内部干扰。内部干扰是应用系统本身引起的各种干扰，包括固定干扰和过渡干扰两种。固定干扰是指信号间的相互串扰、长线传输阻抗失配时反射噪声、负载突变噪声以及馈电系统的浪涌噪声等。过渡干扰是指电路在动态工作时引起的干扰。

②外部干扰。外部干扰是由系统外部窜入到系统内部的各种干扰，包括某些自然现象（如闪电、雷击、地球或宇宙辐射等）引起的自然干扰和人为干扰（如电台、车辆、家用电器、电器设备等发出的电磁干扰，以及电源的工频干扰）。一般来说，自然干扰对系统影响不大，而人为干扰则是外部干扰的关键。

外部干扰主要包括以下方面：

装置开口或隙缝处进入的辐射干扰（辐射）；

电网变化干扰（传输）；

周围环境用电干扰（辐射、传输、感应）；

传输线上的反射干扰（传输）；

系统接地不妥引入的干扰（传输、感应）；

外部线间串扰（传输、感应）；

逻辑线路不妥造成的过渡干扰（传输）；

线间串扰（感应、传输）；

电源干扰（传输）；

强电器引入的接触电弧和反电动势干扰（辐射、传输、感应）；

内部接地不妥引入的干扰（传输）；

漏磁感应（感应）；

传输线反射干扰（传输）；

漏电干扰（传输）。

内部和外部干扰示意图如图9-1所示。

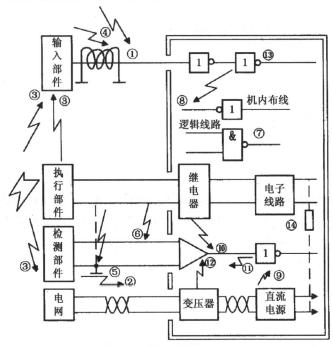

图9-1 内部和外部干扰示意图

（2）从干扰与输入信号的关系划分。

①串模干扰，又称为常态干扰或差模干扰，它是叠加在被测信号上的干扰信号。

②共模干扰，又称共态干扰或纵向干扰，是指放大器或ADC的两个输入端上共有的干扰电压。

在单片机控制产生过程时，被控和被测得的参量往往分散在生产现场的各处，一般都用很长的传输线把单片机发出的控制信号传输到现场中的某个控制对象，或者把安装在某个装置中的传感器所产生的被测信号传送到测控系统的ADC，传送距离往往较长，如几米或者几百米。这样被测信号的Vs的参考接地点和单片机的输入信号的参考接地点之间就会存在一定的压差，这就是共模干扰电压。如果在单片机的应用系统中，被测信号有单端接地和双端不对称接地两种输入方式，对于存在共模干扰的场合，不能采用单端对地的输入方式，因为此时的共模干扰全部变为串模干扰电压。

串模干扰和共模干扰引入的原理图如图9-2所示。

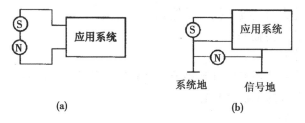

图9-2 串模干扰和共模干扰引入的原理图
（a）串模干扰；（b）共模干扰

　　串模干扰和共模干扰的波形及其相互作用如图9－3所示。常见干扰的种类见表9－1所示。

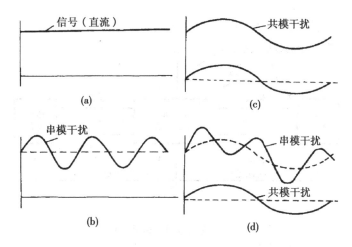

图9－3　串模干扰与共模干扰波形
（a）直流信号；（b）串模干扰；（c）共模干扰；（d）串模干扰与共模干扰共同作用

表9－1　常见干扰的种类

分类方式		干扰种类	
按干扰来源分	内部干扰	①过渡干扰 ③电源干扰 ⑤接地系统干扰 ⑦传输线反射干扰	②线间串扰 ④电弧和反电势干扰 ⑥漏磁干扰 ⑧漏电干扰
	外部干扰	①辐射干扰 ③周围用电干扰 ⑤传输线反射干扰	②电网干扰 ④接地干扰 ⑥外部线间串扰
按干扰出现规律分		①固定干扰 ③随机干扰	②半固定干扰 （②③可合称为随机干扰）
按干扰传播方式分		①静电干扰 ③电磁辐射干扰 ⑤漏电耦合干扰	②磁场耦合干扰 ④共阻抗干扰
按干扰与输入关系分		①串模干扰	②共模干扰
按干扰的形式分		①交流干扰 ③不规则噪声干扰	②直流干扰 ④机内调制干扰

9.2　干扰对单片机系统的影响

干扰入侵单片机系统的途径如图 9-4 所示。

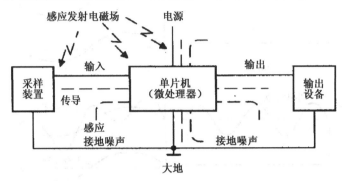

图 9-4　干扰入侵单片机系统的途径

根据此原理编写的程序代码如下：

13F4	A274	MOV	C，2EH. 4
13F6	E544	MOV	A，44H
13F8	3402	ADDC	A，#2
13FA	13	RRC	A
13FB	F544	MOV	44H，A
13FD	9274	MOV	2EH. 4，C

如果干扰使程序计数器 PC 出错，在某时刻变为 13F5H，CPU 将执行如下程序片段，掉进一个死循环而不能自拔：

13F5	74E5	MOV	A，#0E5H
13F7	4434	ORL	A，#34H
13F9	02113F5	LJMP	13F5H

9.3　硬件抗干扰技术

9.3.1　串模干扰的抑制方法

采用二极管、三极管光电耦合器进行串模干扰抑制的方法如图 9-5 所示。

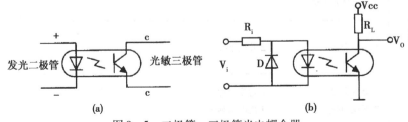

图 9-5　二极管、三极管光电耦合器

（a）光电耦合器；（b）应用原理图

9.3.1.1 输入输出隔离

（1）脉冲电路的应用。门电路将不同电位的信号，加到光电耦合器上，构成简单的逻辑电路，可方便地用于各种逻辑电路相连的输入端，能把信号送到输出端，而输入端的噪声不会送出。

（2）整形放大。在测量微弱电流时，常常采用由光电耦合器构成的整形放大器。若放大器中使用机械换流器（或场效应管）时，响应速度慢，有尖峰干扰，影响电路工作。采用光电耦合器就没有这样的问题，尖峰噪声可以去掉，如图 9-6 所示。

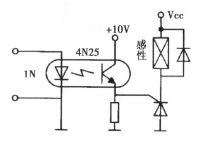

图 9-6　光电耦合整形放大

9.3.1.2 硬件滤波电路

图 9-7 为四种滤波器的结构图，其中（a）（b）（c）分别是常见的 RC 低通滤波器、Ⅱ型滤波器和双 T 型滤波器，这三种均是无源滤波器；（d）是有源二阶低通滤波器。

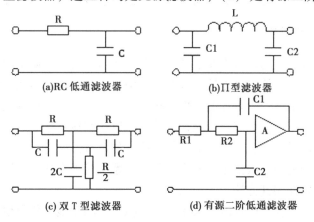

图 9-7　四种滤波器的结构图

9.3.1.3 过压保护电路

在输入通道上采用一定的过压保护电路，以防引入高压，损坏系统电路。过压保护电路由限流电阻和稳压管组成，稳压值以略高于最高传送信号电压为宜。对于微弱信号（0.2V 以下），采用两支反并联的二极管，也可起到过压保护作用。

9.3.1.4 调制解调技术

有时有效信号的频谱与干扰的频谱相互交错，使用一般硬件滤波很难分离，可采用调制解调技术。先用已知频率的信号对有效信号进行调制，调制后的信号频谱应远离干扰信号的频谱区域。传输中各种干扰信号很容易被滤波器滤除，被调制的有效信号经解调器解调后，恢复原状。有时不用硬件解调，运用软件中的相关算法，也可以达到解调的目的。

9.3.1.5 抗干扰稳压电源

（1）应用系统的供电线路和产生干扰的用电设备分开供电。

（2）通过低通滤波器和隔离变压器接入电网，如图 9 - 8 所示。

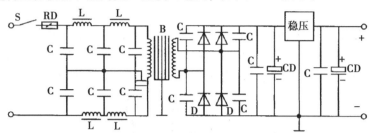

图 9 - 8　抗干扰稳压电源

（3）整流组件上并接滤波电容。滤波电容选用 1000 pF ~ 0.01 μF 的瓷片电容，接法参见图 9 - 8 所示。

（4）采用高质量的稳压电源。

9.3.1.6 数字信号采用负逻辑传输

干扰源作用于高阻线路上，容易形成较大幅度的干扰信号，而对低阻线路影响要小一些。在数字系统中，输出低电平时内阻较小，而输出高电平时内阻较大。如果我们采用负逻辑传输，就可以减少干扰引起的误动作，提高数字信号传输的可靠性。

9.3.2 共模干扰的抑制方法

常用的共模干扰的抑制方法主要包括平衡对称输入、选用高质量的差动放大器、良好的接地系统和系统接地点的正确连接四方面。其中平衡对称输入是在设计信号源时尽可能做到平衡和对称，否则会产生附加的共模干扰；选用高质量的差动放大器，要求差动放大器具有高增益、低噪声、低漂移、宽频带等特点，以便获得足够高的共模抑制比；良好的接地系统，接地不良时将形成较明显的共模干扰。如没有条件进行良好接地，将系统浮置起来，再配合采用合适的屏蔽措施，效果也不错。系统接地点的正确连接和屏蔽是两个重要的环节，下面主要介绍其方法。

单片机应用系统中存在的地线有数字地、模拟地、功率地、信号地和屏蔽地。

（1）一点接地和多点接地的应用原则。

①一般高频电路应就近多点接地，低频电路应一点接地。在高频电路中，地线上具有电感，因而增加了地线阻抗，而且地线变成了天线，向外辐射噪声信号，因此，要多点就近接地。在低频电路中，接地电路若形成环路，对系统影响很大，因此应一点接地。

②交流地、功率地与信号地不能公用。流过交流地和功率地的电流较大，会造成数毫伏，甚至几伏电压，这会严重地干扰低电平信号的电路，因此信号地应与交流地、功率地分开。

③信号地与屏蔽地的连接不能形成死循环回路，否则会感生出电压，形成干扰信号。

④数字地与模拟地应分开，最后单点相连。

（2）印制板的地线布置。在印制板的地线布置设计过程中，导线的长度与宽度的关系如图 9 - 9 所示。芯片的布置示意图如图 9 - 10 所示。

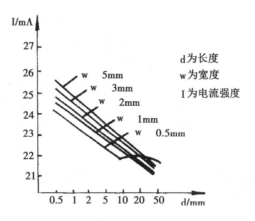

图 9 - 9　导线的长度与宽度

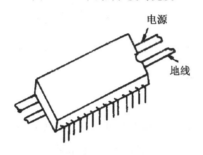

图 9 - 10　芯片的布置

　　屏蔽的方法是用金属外壳将整机或部分元器件包围起来，再将金属外壳接地，这样的屏蔽的作用，对于各种通过电磁感应引起的干扰特别有效。屏蔽外壳的接地点要与系统的信号参考点相接，而且只能单点接地，所有具有同参考点的电路必须装在同一屏蔽盒内。如有引出线，应采用屏蔽线，其屏蔽层应和外壳在同一点接系统参考点。参考点不同的系统应分别屏蔽，不可共处一个屏蔽盒内。

9.4　软件抗干扰技术

9.4.1　数字量 I/O 通道中的软件抗干扰

　　如果干扰作用在系统的 I/O 上，且 CPU 工作正常，则用如下方法减小或消除干扰。

　　干扰信号多呈现毛刺状，作用时间短。利用这一特点，我们在采集某一状态信号时可以多次重复采集，直到连续两次或以上采集结果完全一致时才视为有效。若多次采集后信号总是变化不定，可停止采集，给出报警信号。由于状态信号主要是来自各类开关型状态传感器，对这些信号采集不能用多次平均的方法，必须绝对一致才行。典型的程序流程图如图 9 - 11 所示。

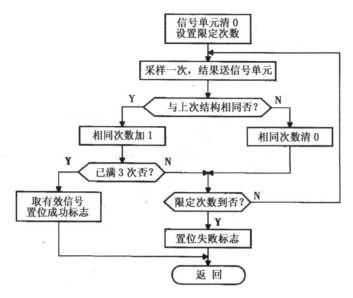

图 9 – 11　开关量信号采集流程图

9.4.2　程序执行过程中的软件抗干扰

9.4.2.1　指令冗余

当 CPU 受到干扰后往往将一些操作数当作指令码来执行，引起程序的混乱。这时，我们首先要尽快地将程序纳入正轨，即执行真正的指令序列。MCS – 51 系统中所有的指令都不超过 3 个字节，而且有很多的单字节指令。当程序弹飞到某一单字节指令时，便自动纳入正轨。当程序弹飞到双字节指令上时，有可能落到其操作数上，因此程序会出错；当程序弹飞到三字节指令上时，因它有两个操作数，出错的几率就越大，因此我们应该多采用单字节的指令，并在关键的地方加入 nop 指令，或将有效单字节指令重复书写，这便是指令冗余。

指令冗余会降低系统的效率，但是大多数情况下还是允许的，故这种方法还是被普遍使用。

9.4.2.2　软件陷阱

所谓软件陷阱，就是一条引导指令，强行将捕获的程序引向一个指定的地址，在那里有一段专门对指令出错进行处理的程序，如果我们把这段程序的入口标号称为 ERR，则软件陷阱为一条 LJMP ERR 指令。为加强其捕捉效果，一般还在它前面加两条 NOP 指令，因此，真正的软件陷阱由三条指令构成。

下面三条指令即组成一个"软件陷阱"：

    NOP
    NOP
    LJMP　ERR

"软件陷阱"一般安排在下列四种地方。

（1）未使用的中断向量区。MCS – 51 单片机的中断向量区为 0003H～002FH，如果系统程序未使用完全部中断向量区，则可在剩余的中断向量区安排"软件陷阱"，以便能捕捉到错误的中断。如某系统使用了两个外部中断 INT0，INT1 和一个定时器溢出中断 T0，它们的中断服务子程序入口地址分别为 FUINT0，FUINT1 和 FUT0，即可按下面的方式来设置中断向量区。

0000H				
0000H	START：	LJMP	MAIN	；引向主程序入口
0003H		LJMP	FUINT0	；INT0 中断服务程序入口
006H		NOP		；冗余指令
007H		NOP		
008H		LJMP	ERR	；陷阱
0013H		LJMP	FUT0	；T0 中断服务程序入口
00EH		NOP		；冗余指令
00FH		NOP		
0010H		LJMP	ERR	；陷阱
0013H		LJMP	FUINT1	；INT1 中断服务程序入口
0016H		NOP		；冗余指令
0017H		NOP		
0018H		LJMP	ERR	；陷阱
001BH		LJMP	ERR	；未使用 T1 中断，设陷阱
001EH		NOP		；冗余指令
001FH		NOP		
0020H		LJMP	ERR	；陷阱
0023H		LJMP	ERR	；未使用串口中断，设陷阱
0026H		NOP		；冗余指令
0027H		NOP		
0028H		LJMP	ERR	；陷阱
002BH		LJMP	ERR	；未使用 T2 中断，设陷阱
002EH		NOP		；冗余指令
002FH		NOP		
0030H	MAIN：	⋯		；主程序

（2）未使用的大片 EPROM 空间。程序一般都不会占用 EPROM 芯片的全部空间。对于剩余未编程的 EPROM 空间，一般都维持原状，其内容为 0FFH。0FFH 对于 MCS－51 单片机的指令系统来说是一条单字节的指令：

MOV　R7，A　如果程序"跑飞"到这一区域，则将顺利向后执行，不再跳跃（除非又受到新的干扰）。因此在这段区域内每隔一段地址设一个陷阱，就一定能捕捉到"跑飞"的程序。

（3）表格。有两种表格：一类是数据表格，供 MOVC　A，@A＋PC 指令或 MOVC　A，@A＋DPTR 指令使用，其内容完全不是指令；另一类是散转表格，供 JMP　@A＋DPTR 指令使用，其内容为一系列的 3 字节指令 LJMP 或 2 字节指令 AJMP。由于表格的内容与检索值有一一对应的关系，在表格中间安排陷阱会破坏其连续性和对应关系，因此只能在表格的最后安排陷阱。如果表格区较长，则安排在最后的陷阱不能保证一定能捕捉"跑飞"来的程序，有可能在中途再次"跑飞"，这时只好指望别处的陷阱或冗余指令来捕捉。

（4）程序区。程序区是由一系列的指令构成的，不能在这些指令中间任意安排陷阱，否则会破坏正常的程序流程。但是，在这些指令中间常常有一些断点，正常的程序执行到断点处就不再往下执行了，这类指令有 LJMP，SJMP，AJMP，RET，RETI，这时 PC 的值应发生正常跳变。如果在这些地方设置陷阱就有可能捕捉到"跑飞"的程序。例如，对一个累加器 A 的内容的正、负和零的情况设计三分支的程序，软件陷阱安排如下：

```
            JNZ       XYZ
                      …              ；零处理
            AJMP      ABC            ；断点
            NOP
            NOP
            LJMP      ERR            ；陷阱
XYZ：       JB        ACC.7,  UVW
                      …              ；正处理
            AJMP      ABC            ；断点
            NOP
            NOP
            LJMP      ERR            ；陷阱
UVW：                 …              ；负处理
ABC：       MOV       A，R2          ；取结果
            RET                      ；断点
            NOP
            NOP
            LJMP      ERR            ；陷阱
```

9.4.2.3 WATCHDOG（看门狗）

如果"跑飞"的程序落到一个临时构成的死循环中，冗余指令和软件陷阱都将无能为力，这时可采取 WATCHDOG（俗称"看门狗"）措施（如图 9 - 12 所示）。

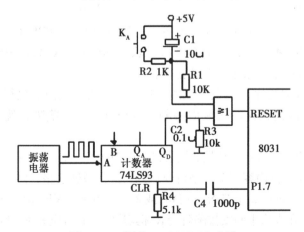

图 9 - 12 硬件 WATCHDOG 电路

WATCHDOG 有如下特性。

（1）本身能独立工作，基本不依赖 CPU。CPU 只在一个固定的时间间隔内与之打一次交道，表明整个系统"目前尚属正常"。

（2）当 CPU 落入死循环后，能及时发现并使整个系统复位。

也可以用软件程序来形成 WATCHDOG。例如，可以采用 8031 的定时器 T0 来形成 WATCHDOG。将 T0 的溢出中断设为高优先级中断，其他中断均设置为低优先级中断，若采用 6MHz 的时钟，则可用以下程序使 T0 定时约 10 ms 来形成软件 WATCHDOG：

```
MOV      TMOD, #01H        ;置 T0 为定时器
SETB     ET0               ;允许 T0 中断
SETB     PT0               ;设置 T0 为高优先级中断
MOV      TH0, #0E0H        ;定时约 10 ms
SETB     TR0               ;启动 T0
SETB     EA                ;开中断
```

9.4.3　系统的恢复

9.4.3.1　系统的复位

如用软件 WATCHDOG 使系统复位时，程序出错有可能发生在中断子程序中，中断激活标志已经置位，它将阻止同级的中断响应，由于软件 WATCHDOG 是高级中断，它将阻止所有的中断响应。由此可见清除中断激活标志的重要性。在所有的指令中，只有 RETI 指令能清除中断激活标志。前面提到的出错处理程序 ERR 主要是实现这一功能。程序流程图如图 9－13 所示。

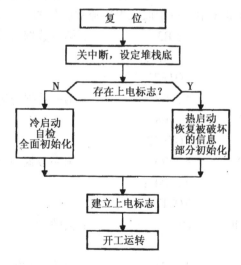

图 9－13　系统复位策略

这部分程序如下：

```
ORG      3000H
ERR：     CLR    EA            ;关中断
         MOV    DPTR, #ERR1    ;准备返回地址
```

```
            PUSH    DPL
            PUSH    DPH
            RETI                        ；清除高优先级中断激活标志
   ERR1：   MOV     66H，#0AAH          ；重建上电标志
            MOV     67H，#55H
            CLR     A                   ；准备复位地址
            PUSH    ACC                 ；压入复位地址
            PUSH    ACC
            RETI                        ；清除低级中断激活标志
```

9.4.3.2　热启动的过程

在进行热启动时，为使启动过程能顺利进行，应首先关中断并重新设置堆栈。即使系统复位的第一条指令应为关中断指令。因为热启动过程是由软件复位（如软件 WATCH-DOG 等）引起的，这时中断系统未被关闭，有些中断请求允许正在排队等待响应；再者，在热启动过程中要执行各种子程序，而子程序的工作需要堆栈的配合，在系统得到正确恢复之前堆栈指针的值是无法确定的，所以在正式恢复之前要先设置好栈底，即第二条指令应为重新设置栈底指令。然后，将所有的 I/O 设备都设置成安全状态，封锁 I/O 操作，以免干扰造成的破坏进一步扩大。接着根据系统中残留的信息进行恢复工作。

9.4.3.3　系统信息的恢复

进行系统信息的恢复过程中，首先将要恢复的单字节信息及它的两个备份信息分别存放到工作寄存器 R2，R3 和 R4 中，再调用表决子程序。子程序出口时，若 F0 = 0，表示表决成功，即三个数据中有两个是相同的；若 F0 = 1，表示表决失败，即三个数据互不相同。表决结果存放在累加器 A 中。三中取二表决流程图如图 9 - 14 所示，程序如下：

```
   OTE3：      MOV     A，R3           ；第一数据与第二数据比较
              XRL     A，R3 ；
              JZ      VOTE32
              MOV     A，R2           ；第一数据与第三数据比较
              XRL     A，R4
              JZ      VOTE32
              MOV     A，R3           ；第一数据与第三数据比较
              XRL     A，R4 ；
              JZ      VOTE31
              SETB    F0             ；失败
              RET
   VOTE31：    MOV     A，R3           ；以第二数据为准
              MOV     R2，A
   VOTE32：    CLR     F0             ；成功
              MOV     A，R2           ；取结果
              RET
```

对于双字节数据，表决前将三份数据分别存入 R2R3，R4R5，R6R7 中，表决成功后，

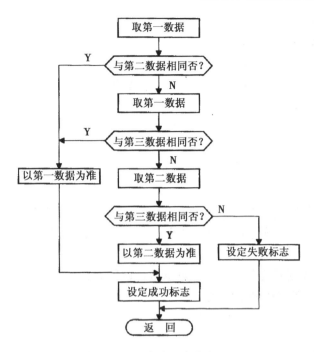

图 9-14 三中取二表决流程图

结果存入 R2R3 中，程序如下：

```
VOTE2:    MOV    A , R2       ；第一数据与第二数据比较
          XRL    A , R4
          JNZ    VOTE21
          MOV    A , R3
          XRL    A , R5
          JZ     VOTE25
VOTE21:   MOV    A , R2       ；第一数据与第三数据比较
          XRL    A , R6
          JNZ    VOTE22
          MOV    A , R3
          XRL    A , R7
          JZ     VOTE25
VOTE22:   MOV    A , R4       ；第二数据与第三数据比较
          XRL    A , R6
          JNZ    VOTE23
          MOV    A , R5
          XRL    A , R7
          JZ     VOTE24
VOTE23:   SETB   F0           ；失败
          RET
VOTE24:   MOV    A , R4       ；以第二数据为准
```

```
            MOV        R2，A
            MOV        A，R5
            MOV        R3，A
VOTE25：     CLR        F0              ；成功
            RET
```

9.5　数字滤波

数字滤波有如下优点：

（1）数字滤波是通过软件程序来实现的，不需要硬件，因此不存在阻抗匹配的问题。

（2）对于多路信号输入通道，可以共用一个软件"滤波器"，从而降低设备的硬件成本。

（3）只要适当改变滤波器程序或运算参数，就能方便地改变滤波特性，这对于低频脉冲干扰和随机噪声的克服特别有效。

9.5.1　低通滤波

若一阶 RC 模拟低通滤波器的输入电压为 X（t），输出为 Y（t），它们之间存在如下关系：

$$RC \frac{dY（T）}{dt} + Y（t）= X（t） \tag{9-1}$$

为了进行数字化，必须应用它们的采样值，即

$$Y_n = Y（n\Delta t），X_n = X（n\Delta t） \tag{9-2}$$

如果采样间隔 Δt 足够小，则式（9-1）的离散值近似为

$$RC \frac{Y（n\Delta t）- Y[（n-1）\Delta t]}{\Delta t} + Y（n\Delta t）= X（n\Delta t）$$

即

$$\left(1 + \frac{RC}{\Delta t}\right) Y_n = X_n + \frac{RC}{\Delta t} Y_{n-1} \tag{9-3}$$

令 $a = 1 / \left(1 + \dfrac{RC}{\Delta t}\right)$，则式（9-3）可化为

$$Y_n = aX_n +（1-a）Y_{n-1}$$

若采样间隔 Δt 足够小，则 $a = \dfrac{\Delta t}{RC}$，滤波器的截止频率为

$$f_c = \frac{1}{2\pi RC} = \frac{a}{2\pi \Delta t}$$

低通滤波器程序流程图如图 9-15 所示。

为计算方便，a 取一整数，（1-a）用 256-a 来代替。计算结果舍去最低字节即可，设 Y_{n-1} 存放在 30H（整数）和 31H（小数）两单元中，Y_n 存放在 32H（整数）和 33H（小数）中，程序如下：

```
F1：     MOV        30H，32H              ；更新 Y_{n-1}
         MOV        31H，33H
```

ACALL	INPUT	；采样 X_n
MOV	B, #8	；计算 $a \times X_n$
MUL	AB	
MOV	32H, B	；临时存入 Y_n 中
MOV	33H, A	
MOV	B, #248	；计算 $(1-a) Y_{n-1}$
MOV	A, 31H	
MUL	AB	
RLC	A	
MOV	A, B	
ADDC	A, 33H	；累加到 Y_n 中
MOV	33H, A	
INC	F11	
INC	32H	
F11: MOV	B, #248	
MOV	A, #30H	
MUL	AB	
ADD	A, 33H	
MOV	33H, A	
MOV	A, B	
ADDC	A, 32H	
MOV	32, A	
RET		

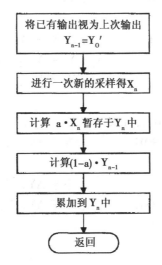

图 9-15 低通滤波器程序流程图

9.5.2 限幅滤波

限幅滤波程序流程图如图 9 - 16 所示。

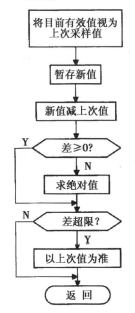

图 9 - 16　限幅滤波程序流程图

根据该流程编写的程序代码如下：

```
            PUSH    ACC             ; 保护现场
            PUSH    PSW
            MOV     A, #30H         ; Yn→A
            CLR     C
            SUBB    A, 31H          ; 求 Yn − Yn−1 − 1
            JNC     LP0             ; Yn − Yn−1 ≥0 吗?
            CPLA                    ; Yn < Yn−1，求补
    LP0：    CLR     C
            CJNE    A, #01H, LP2    ; Yn − Yn−1 > ΔY?
    LP1：    MOV     32H, 30H        ; 等于 ΔY，本次采样值有效
            SJMP    LP3
    LP2：    JC      LP1             ; 小于 ΔY，本次采样值有效
            MOV     32H, 31H        ; 大于 ΔY，Yn = Yn−1
    LP3：    POP     PSW
            POP     ACC
            RET
```

9.5.3 中值滤波

中值滤波是对某一被测参数连续采样 n 次（一般 n 取奇数），然后把 n 次采样值按大

小排列，取中间值为本次采样值。中值滤波能有效地克服偶然因素引起的波动或采样器不稳定引起的误码等脉冲干扰。

设 SAMP 为存放采样值的内存单元首地址，DATA 为存放滤波值的内存单元地址，N 为采样值个数。中值滤波程序如下：

F3：	MOV	R3，#N－1	;置循环初值
SORT：	MOV	R2，R3	;循环次数送 R2
	MOV	R0，SAMP	;采样值首地址 R0
LOP：	MOV	A，@ R0	
	INC	R0	
	CLR	C	
	SUBB	A，@ R0	;$Y_n － Y_{n-1} \rightarrow A$
	JC	DONE	;$Y_n < Y_{n-1}$转 DONE
	ADD	A，@ R0	;恢复 A
	XCH	A，@ R0	;$Y_n \geqslant Y_{n-1}$，交换数据
	DEC	R0	
	MOV	@ R0，A	
	INC	R0	
DONE：	DJNE	R2，LOP	;R2≠0，继续比较
	DJNE	R3，SORT	;R3≠0，继续循环
	MOV	A，R0	
	ADD	A，SAMP ；	计算中值地址
	CLR	C	
	RRC	A	
	MOV	R0，A	
	MOV	DATA，@ R0	;存放滤波值
	RET		

9.5.4　算术平均滤波

对目标参数进行连续采样，然后求取算术平均值作为有效采样值。该算法适用于抑制随机干扰。

按输入的 N 个采样数据 X_i（$i = 1 \sim N$），寻找一个 Y，使 Y 与各采样值之间的偏差的平方和最小，即

$$E = \min \left[\sum_{i=1}^{N} (Y - X_i)^2 \right]$$

由一元函数求极值原理可知

$$Y = \frac{1}{N} \sum_{i=1}^{N} X_i$$

设第 i 次测量的采样值包含信号成分 S_i 和噪声成分 n_i，则进行 N 次测量的信号成分之和为

$$\sum_{i=1}^{N} S_i = N \cdot S$$

噪声的强度是用均方根来衡量的，当噪声为随机信号时，进行 N 次测量的噪声强度之和为

$$\sqrt{\sum_{i=1}^{N} m_i^2} = \sqrt{N}\,n$$

$$\frac{NS}{\sqrt{N}\,n} = \sqrt{N}\,\frac{S}{n}$$

程序如下：

F4:	CLR	A	；清累加器
	MOV	R2，A	
	MOV	R3，A	
	MOV	R0，#30H	；指向第一个采样值
FL40:	MOV	A，@R0	；取一个采样值
	ADD	A，R3	；累加到 R2，R3 中
	MOV	R3，A	
	CLR	A	
	ADDC	A，R2	
	MOV	R2，A	
	JNC	R0	
	CJNC	R0，#08H，FL40	；累加完 8 次
FL41:	SWAP	A	；（R2R3）/8
	RLA		
	XCH	A，R3	
	SWAP	A	
	RL	A	
	ADD	A，#80H	；四舍五入
	ANL	A，#1FH	
	ADDC	A，R3	
	RET		

10　单片机的 C 语言应用程序设计

10.1　C 语言与 MCS – 51

　　用汇编程序设计 MCS – 51 系列单片机应用程序时，必须考虑其存储器结构，尤其要考虑其片内数据存储器与特殊功能寄存器正确、合理的使用以及按实际地址处理端口数据。用 C 语言编写 MCS – 51 单片机的应用程序，虽然不像用汇编语言那样具体地组织、分配存储器资源和处理端口数据，但在 C 语言编程中，对数据类型与变量的定义，必须与单片机的存储结构相关联，否则编译器不能正确地映射定位。用 C 语言编写单片机应用程序与编写标准的 C 语言程序的不同之处就在于根据单片机存储结构及内部资源定义相应的 C 语言中的数据类型和变量，其他的语法规定、程序结构及程序设计方法都与标准的 C 语言程序设计相同。

　　用 C 语言编写的应用程序必须经单片机的 C 语言编译器（简称 C51）转换生成单片机可执行的代码程序。支持 MCS – 51 系列单片机的 C 语言编译器有很多种，如 American Automation，Auocet，BSO/TASKING，DUNFIELD SHAREWARE，KEIL/Franklin 等。其中 KEIL/Franklin 以它的代码紧凑和使用方便等特点优于其他编译器。本章是针对这种编译器介绍 MCS – 51 单片机 C 语言程序设计。

10.2　C51 数据类型及在 MCS – 51 中的存储方式

10.2.1　C51 的数据类型

　　Franklin C51 编译器具体支持的数据类型有位型（bit）、无符号字符（unsigned char）、有符号字符（singed char）、无符号整型（unsigned int）、有符号整型（signed int）、无符号长整型（unsigned long）、有符号长整型（signed long）、浮点型（float）和指针类型等。Franklin C51 编译器具体支持的数据类型见表 10 – 1。

表 10 – 1　Franklin C51 的数据类型

数据类型	长度（bit）	长度（byte）	值　域
bit	1	1	0，1
unsigned char	8	1	0 ~ 255
signed char	8	1	– 128 ~ 127
unsigned int	16	2	0 ~ 65535
signed int	16	2	– 32768 ~ 32767
unsigned long	32	4	0 ~ 4294967295

续表 10 - 1

数据类型	长度（bit）	长度（byte）	值 域
signed long	32	4	- 2147483648 ~ 2147483647
float	32	4	± 1. 176E - 38 ~ ± 3. 40E + 38（6 位数字）
double	64	8	± 1. 176E - 38 ~ ± 3. 40E + 38（10 位数字）
一般指针	24	3	存储空间 0 ~ 65535

10. 2. 2 C51 数据在 MCS - 51 中的存储方式

（1）位变量（bit）。与 MCS - 51 硬件特性操作有关的可以定义成位变量。位变量必须定位在 MCS - 51 单片机片内 RAM 的位寻址空间中。

（2）字符变量（char）。字符变量的长度为 1 byte 即 8 位。这很合适 MCS - 51 单片机，因为 MCS - 51 单片机每次可处理 8 位数据。对于无符号变量（unsigned char）的值域范围是 0 ~ 255。对于有符号字符变量（signed char），最具有重要意义的位是最高位上的符号标志位（msb）。此位为 1 代表"负"，为 0 代表"正"。有符号字符变量和无符号字符变量在表示 0 ~ 127 的数值时，其含义是一样的，都是 0 ~ 0x7F。负数一般用补码表示，即用 11111111 表示 - 1，用 11111110 表示 - 2……当进行乘除法运算时，符号问题就变得十分复杂，而 C51 编译器会自动地将相应的库函数调入程序中来解决这个问题。

（3）整型变量（int）。整型变量的长度为 16 位。与 8080 和 8086 CPU 系列不同，MCS - 51 系列单片机将 int 型变量的高位字节数存放在低地址字节中，低位字节数存放在高地址字节中。有符号整型变量（signed int）也使用 msb 位作符号标志位，并使用二进制补码表示数值。可直接使用几种专用的机器指令来完成多字节的加、减、乘、除运算。整型变量值以图 10 - 1 所示的方式存放在内存中。长整型变量值以图 10 - 2 所示的方式存放在内存中。

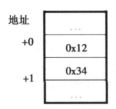

图 10 - 1 整型数的存储结构

（4）浮点型变量（float）。浮点型变量为 32 位，占 4 个字节，许多复杂的数学表达式都采用浮点变量数据类型。用符号位表示数的符号，用阶码和尾数表示数的大小。

用它们进行任何数学运算都需要使用由编译器决定的各种不同效率等级的库函数。Franklin C51 的浮点变量数据类型的使用格式与 IEEE - 754 标准有关，具有 24 位精度，尾数的高位始终为"1"，因而不保存。位的分布如下：

1 位符号位，8 位指数位，23 位尾数。其中符号位是最高位，尾数为低 23 位，内存中按字节存储顺序如下：

地址	+0	+1	+2	+3
内容	MMMMMMMM	MMMMMMMM	EMMMMMMM	SEEEEEEE

其中，S 为符号位，1 表示负，0 表示正；E 为阶码；M 为 23 位尾数，最高位为"1"。

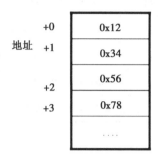

图 10 - 2　长整型变量的存储结构

浮点变量值 - 12. 5 的十进制为 0xC1480000，并按图 10 - 3 所示方式存于内存中。

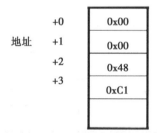

图 10 - 3　浮点数的存储结构

在编程时，如果只强调运算速度而不进行负数运算时，最好采用无符号（unsigned）格式。

无符号字符类型的使用：无论何时，应尽可能使用无符号字符变量，因为它能直接被 MCS - 51 所接受。基于同样的原因，也应尽量使用位变量。有符号字符变量虽然也只占用一个字节，但需要进行额外的操作来检测测试代码的符号位。这无疑会降低代码效率。

使用简化形式定义数据类型，其方法是在源程序开头使用#define 语句自定义简化的类型标识符。例如：

#define uchar unsigned uchar

#define uint unsigned uint

这样，在编程中，就可以用 uchar 代替 unsigned char，用 uint 代替 unsigned int 来定义变量。

10. 3　C51 数据的存储类型与 MCS - 51 存储结构

变量或参数的存储类型可由存储模式指定缺省类型，也可由关键字直接声明指定。各类型分别用 code，data，idata，xdata，pdata 说明。表 10 - 2 说明了 C51 存储类型与 MCS - 51 存储空间的对应关系，表 10 - 3 说明了 C51 存储类型及其数据长度和值域。

表 10 – 2 C51 存储类型与 MCS – 51 存储空间的对应关系

存储类型	与存储空间的对应关系
data	直接寻址片内数据存储区，访问速度快（128 字节）
bdata	可位寻址片内数据存储区，允许位与字节混合访问（16 字节）
idata	间接寻址片内数据存储区，可访问片内全部 RAM 地址空间（256 字节）
pdata	分页寻址片外数据存储区（256 字节）由 MOV @ Ri 访问（i = 0, 1）
xdata	片外数据存储区（64 KB）由 MOVX @ DPTR 访问
code	程序存储器 64 KB 空间，由 MOVC @ DPTR 访问

表 10 – 3 C51 存储类型及其数据长度和值域

存储类型	长度（bit）	长度（byte）	值域范围
data	8	1	0 255
idata	8	1	0 ~ 255
pdata	8	1	0 ~ 255
xdata	16	2	0 ~ 65 535
code	16	2	0 ~ 65 535

带存储类型的变量的定义的一般格式为：

数据类型 存储类型 变量名

带存储类型的变量定义举例：

char   data   var1；

bit   bdata   flags；

float   idata   x, y, z；

unsigned   int   pdata   var2；

unsigned   char   vector ［3］［4］；

如果在变量说明时略去存贮器类型的标志符，编译器就会自动选择默认的存贮器类型。默认的存贮器类型进一步由控制指令 SMALL，COMPACT 和 LARGE 限制。例如：如果声明 char charvar，则默认的存贮器模式为 SMALL，charvar 放在 data 存贮器；如果使用 COMPACT 模式，则 charvar 放入 idata 存贮区；在使用 LARGE 模式的情况下，charvar 被放入外部存贮区或 xdata 存贮区。

存贮器模式决定了自动变量和默认存贮器的类型、参数传递区和无明确存贮区类型的说明。在固定的存贮器地址变量参数传递是 C51 的一个标准特征，在 SMALL 模式下参数传递是在内部数据存贮区中完成的。LARGRE 和 COMPACT 模式允许参数在外部存贮器中传递。C51 同时也支持混合模式，如在 LARGE 模式下生成的程序可将一些函数分页放入 SMALL 模式中从而加快执行速度。存储模式说明见表 10 – 4。

表 10 – 4 　存储模式说明

存储模式	说　明
SMALL	默认的存储类型是 data，参数及局部变量放入可直接寻址片内 RAM 的用户区中（最大 128 字节）。另外，所有对象（包括堆栈）都必须嵌入片内 RAM。栈长很关键，因为实际栈长依赖于函数嵌套调用层数
COMPACT	默认的存储类型是 pdata，参数及局部变量放入分页的外部数据存储区，通过 @ R0 或 @ R1 间接访问，栈空间位于片内数据存储区中
LARGE	默认的存储类型是 xdata，参数及局部变量直接放入片外数据存储区，使用数据指针 DPTR 来进行寻址。用此数据指针进行访问效率较低，尤其对两个或多个字节的变量，这种数据类型的访问机制直接影响代码的长度

10.4 　MCS – 51 特殊功能寄存器（SFR）的 C51 定义

在 MCS – 51 单片机中，除了程序计数器 PC 和 4 组工作寄存器组外，其他所有的寄存器均为特殊功能寄存器（SFR），分散在片内 RAM 区的高 128 字节中，地址范围为 80H ~ 0FFH。SFR 中有 11 个寄存器具有位寻址能力，它们的字节地址都能被 8 整除，即字节地址是以 8 或 0 为尾数的。

为了能直接访问这些 SFR，Franklin C51 提供了一种自主形式的定义方法，这种定义方法与标准 C 语言不兼容，只适用于对 MCS – 51 系列单片机进行 C 语言编程。特殊功能寄存器 C51 定义的一般语法格式如下：

sfr　sfr – name　=　int　constant；

"sfr" 是定义语句的关键字，其后必须跟一个 MSC – 51 单片机真实存在的特殊功能寄存器名，" = " 后面必须是一个整型常数，不允许带有运算符的表达式，是特殊功能寄存器 "sfr – name" 的字节地址，这个常数值的范围必须在 SFR 地址范围内，位于 0x80 ~ 0xFF。

例如：

sfr　SCON = 0x98；　　/ ∗ 串口控制寄存器地址 98H ∗ /

sfr　TMOD = 0x89；　/ ∗ 定时器/计数器方式控制寄存器地址 89H ∗ /

MCS – 51 系列单片机的特殊功能寄存器的数量与类型不尽相同，因此我们建议将所有特殊的 "sfr" 定义放入一个头文件中，该文件应包括 MCS – 51 单片机系列机型中的 SFR 定义。C51 编译器的 "reg51. h" 头文件就是这样一个文件。

在新的 MCS – 51 系列产品中，SFR 在功能上经常组合为 16 位值，当 SFR 的高字节地址直接位于低字节之后时，对 16 位 SFR 的值可以直接进行访问，如 52 子系列的定时器/计数器 2 就是这种情况。为了有效地访问这类 SFR，可使用关键字 "sfr16" 来定义，其定义语句的语法格式与 8 位 SFR 相同，只是 " = " 后面的地址必须用 16 位 SFR 的低字节地址，即低字节地址作为 "sfr16" 的定义地址。

例如：

sfr16　T2　= 0xCC/ ∗ 定时器/计数器 2：T2 低 8 位地址为 0CCH，T2 高 8 位地址为

0CDH ∗/

这种定义适用于所有新的 16 位 SFR，但不能用于定时器/计数器 0 和 1。

对于位寻址的 SFR 中的位，C51 的扩充功能支持特殊位的定义，像 SFR 一样不与标准 C 兼容，使用"sbit"来定义位寻址单元。

第一种格式：sbit bit – name = sfr – name^int constant;

"sbit"是定义语句的关键字，后跟一个寻址位符号名（该位符号名必须是 MCS – 51 单片机中规定的位名称），"="后的"sfr – name"必须是已定义过的 SFR 的名字，"^"后的整常数是寻址位在特殊功能寄存器"sfr – name"中的位号，必须是 0 ~ 7 范围中的数。例如：

> sfr PSW = 0xD0; /∗ 定义 PSW 寄存器地址为 D0H ∗/
>
> sbit OV = PSW^2; /∗ 定义 OV 位为 PSW. 2，地址为 D2H ∗/
>
> sbit CY = PSW^7; /∗ 定义 CY 位为 PSW. 7，地址为 D7H ∗/

第二种格式：sbit bit – name = int constant^int constant;

"="后的 int constant 为寻址地址位所在的特殊功能寄存器的字节地址，"^"符号后的 int constant 为寻址位在特殊功能寄存器中的位号。例如：

> sbit OV = 0XD0^2; /∗ 定义 OV 位地址是 D0H 字节中的第 2 位 ∗/
>
> sbit CY = 0XD0^7; /∗ 定义 CY 位地址是 D0H 字节中的第 7 位 ∗/

第三种格式：sbit bit – name = int constant;

"="后的 int constant 为寻址位的绝对位地址。例如：

> sbit OV = 0XD2; /∗ 定义 OV 位地址为 D2H ∗/
>
> sbit CY = 0XD7; /∗ 定义 CY 位地址为 D7H ∗/

特殊功能位代表了一个独立的定义类，不能与其他位定义和位域互换。

10.5 MCS – 51 并行接口的 C51 定义

MCS – 51 系列单片机并行 I/O 接口除了芯片上的 4 个 I/O 口（P0 ~ P3）外，还可以在片外扩展 I/O 口。MCS – 51 单片机 I/O 口与数据存储器统一编址，即把一个 I/O 口当作数据存储器中的一个单元来看待。

使用 C51 进行编程时，MCS – 51 片内的 I/O 口与片外扩展的 I/O 可以统一在一个头文件中定义，也可以在程序中（一般在开始的位置）进行定义，其定义方法如下：

对于 MCS – 51 片内 I/O 口按特殊功能寄存器方法定义。例如：

sfr P0 = 0x80; /∗ 定义 P0 口，地址为 80H ∗/

sfr P1 = 0x90; /∗ 定义 P1 口，地址为 90H ∗/

对于片外扩展 I/O 口，则根据硬件译码地址，将其视为片外数据存储器的一个单元，使用#define 语句进行定义。例如：

#include < absacc. h >

#define PORTA XBYTE [0xFFC0]

absacc. h 是 C51 中绝对地址访问函数的头文件，将 PORTA 定义为外部 I/O 口，地址为 FFC0H，长度为 8 位。

一旦在头文件或程序中对这些片外 I/O 口进行定义后，在程序中就可以自由使用变量名与其实际地址的联系，以便使程序员能用软件模拟 MCS – 51 的硬件操作。

10.6 位变量的 C51 定义

（1）位变量 C51 定义。使用 C51 编程时，定义了位变量后，就可以用定义了的变量来表示 MCS – 51 的位寻址单元。

位变量的 C51 定义的一般语法格式如下：

位类型标识符（bit）　位变量名；

例如：

bit　direction_ bit；/ ＊ 把 direction_ bit 定义为位变量 ＊/

bit　look_ pointer；/ ＊ 把 look_ pointer 定义为位变量 ＊/

（2）函数可包含类型为"bit"的参数，也可以将其作为返回值。例如：

　　　　bit　func（bit b0，bit b1）　　/ ＊ 变量 b0，b1 作为函数的参数 ＊/

　　　　　　　　{

　　　　　　　　　　　return（b1）；　/ ＊ 变量 b1 作为函数的返回值 ＊/

　　　　　　　　}

需要注意的是，使用（#pragma disable）或包含明确的寄存器组切换（using n）的函数不能返回位值，否则编辑器将会给出一个错误的信息。

（3）对位变量定义的限制。位变量不能定义成一个指针，如不能定义：bit　＊ bit_ pointer。不存在位数组，如不能定义：bit　b_ array［ ］。

在位定义中，允许定义存储类型，位变量都被放入一个位段，此段总位于 MCS – 51 片内的 RAM 区中。因此，存储类型限制为 data 和 idata，如果将位变量的存储类型定义成其他存储类型会使编译出错。

例 10.1　先定义变量的数据类型和存储类型：

bdata int ibase；　 / ＊ 定义 ibase 为 bdata 整型变量 ＊/

bdata char　bary［4］；/ ＊ bary［4］定义为 bdata 字符型数组 ＊/

然后可使用"sbit"定义可独立寻址访问的对象位：

sbit　mybit0　= ibase^0；/ ＊ mybit0 定义为 ibase 的第 0 位 ＊/

sbit　mybit15　= ibase^15；/ ＊ mybit0 定义为 ibase 的第 15 位 ＊/

sbit　Ary07　= bary［0］^7；/ ＊ Ary07 定义为 abry［0］的第 7 位 ＊/

sbit　Ary37　= bary［3］^7；/ ＊ Ary37 定义为 abry［3］的第 7 位 ＊/

对象 ibase 和 bary 也可以字节寻址：

ary37 = 0；　　/ ＊ bary［3］的第 7 位赋值为 0 ＊/

bary［3］　= 'a'；/ ＊ 字节寻址，bary［3］赋值为'a' ＊/

sbit 定义要位寻址对象所在字节基址对象的存储类型为"bdata"，否则只有绝对的特殊位定义（sbit）是合法的。"^"操作符后的最大值依赖于指定的基类型，对于 char/uchar 而言是 0 ~ 7，对于 int/uint 而言是 0 ~ 15，对于 long/ulong 而言是 0 ~ 31。

10.7 C51 构造数据类型

10.7.1 基于存储器的指针

基于存储器的指针以存储器类型为参量，它在编译时才被确定。因此，为指针选择存储器的方法可以省掉，以便这些指针的长度为一个字节（idata＊，data＊，pdata＊）或2个字节（code＊，xdata＊）。编译时，这类操作一般被"行内"（inline）编码，而无需进行库调用。

基于存储器的指针定义举例：

> char xdata ＊px；

在 xdata 存储器中定义了一个指向字符型（char）的指针变量 px。指针自身在默认存储区（决定于编译模式），长度为2个字节（值为0～0xFFFF）。

> char xdata ＊data pdx；

除了明确定义指针位于 MCS－51 内部存储区（data）外，其他与上例相同，它与编译模式无关。

> data char xdata ＊pdx；
> struct time
>
>   { char hour；
>   char min；
>   char sec；
>   struct time xdata ＊pxtime；
>   }

在结构 struct time 中，除了其他结构成员外，还包含有一个具有和 struct time 相同的指针 pxtime，time 位于外部数据存储器（xdata），指针 pxtime 具有两个字节长度。

> struct time idata ＊ptime；

这个声明定义了一个位于默认存储器中的指针，它指向结构 time，time 位于 idata 存储器中，结构成员可以通过 MCS－51 的@R0 或@R1 进行间接访问，指针 ptime 为1个字节长。

> ptime→pxtime→hour ＝ 12；

使用上面的关于 struct time 和 struct idata ＊ptime 的定义，指针"pxtime"被从结构中间接调用，它指向位于 xdata 存储器中的 time 结构。结构成员 hour 被赋值为12。

10.7.2 一般指针

一般指针包括3个字节：1个字节存储类型和2个字节偏移地址，即

地 址	+0	+1	+2
内容	存储器类型	偏移地址高位字节	偏移地址低位字节

其中，第一字节代表了指针的存储器类型，存储器类型编码如下：

存储器类型	idata	xdata	pdata	data	code
值	1	2	3	4	5

例如，以 xdata 类型的 0x1234 地址为指针可以表示如下：

地　址	+0	+1	+2
内容	0x02	0x12	0x34

当用常数作指针时，必须注意正确定义存储器类型和偏移量。

例如，将常数值 0x41 写入地址为 0x8000 的外部数据存储器。

　　#define　XBYTE（（char ∗）0x20000L）

　　XBYTE［0x8000］= 0x41；

其中，XBYTE 被定义为（char ∗）0x20000L，0x20000L 为一般指针，其存储类型为 2，偏移量为 0000H，这样 XBYTE 成为指向 xdata 零地址的指针。而 XBYTE［8000］则是外部数据存储器的 0x8000 绝对地址。

10.8　模块化程序开发过程

模块化的开发过程如图 10 - 4 所示，主要步骤包括：

（1）项目规划；

（2）采用相关的语言编写代码；

（3）将源程序代码经编译连接后形成目标文件；

（4）将目标文件固化到或者下载到 EPROM 中；

（5）进行调试和修改，直至项目完成。

10.8.1　混合编程

（1）命名规则。函数名的转换规则如表 10 - 5 所示。

例 10.2　用汇编语言编写函数"toupper"，参数传递发生在寄存器 R7 中。

表 10 - 5　函数名的转换

说　明	符号名	转换规则
void func（void）	FUNC	无参数传递或不含寄存器参数的函数名不作改变转入目标文件中，名字只是简单地转换为大写形式
void func（void）	_ FUNC	带寄存器参数的函数名加入"_"字符前缀，表明这类函数包含寄存器的参数传递
void func（void） reentrant	_ ? FUNC	对于重入函数加上"_?"字符串前缀，表明这类函数包含栈内的参数传递

```
UPPER      SEGMENT CODE；程序段
PUBLIC     _ TOUPPER；入口地址
```

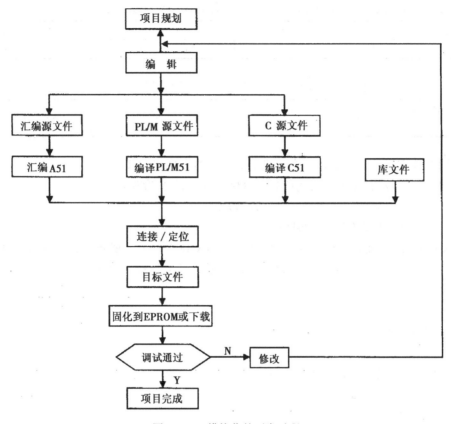

图 10 - 4 模块化的开发过程

```
PSEG            UPPER；程序段
_ TOUPPER：MOV   A，R7                ；从 R7 中取参数
CJNE    A，# 'a'，  $ + 3
JC      UPPERET
CJNE    A，# 'z' + 1 ，  $ + 3
JNC     UPPERET
CLR     ACC ，5
  UPPERET：   MOV   R7 ，A            ；返回值放在 R7 中
RET                                  ；返回到 C
```

（2）参数传递规则。

func1（int a）："a" 是第一个参数，在 R6，R7 中传递。

func2（int b，int c，int ∗ d）："b" 是第一个参数，在 R6，R7 中传递；"c" 是第二个参数，在 R4，R5 中传递；"d" 是第三个参数，在 R1，R2，R3 中传递。

func3（long e，long f）："e" 是第一个参数，在 R4 ~ R7 中传递；"f" 是第二个参数，不能在寄存器中传递，只能在参数传递段中传递。

func4（float g，char h）："g" 是第一个参数，在 R4 ~ R7 中传递；"h" 是第二个参数，必须在参数传递段中传递。

表 10 - 6 说明了参数传递的寄存器选择，表 10 - 7 说明了函数返回值的寄存器。

表 10 – 6　参数传递的寄存器选择

参数类型	char	int	long, float	一般指针
第一个参数	R7	R6, R7	R4 ~ R7	R1, R2, R3
第二个参数	R5	R4, R5	R4 ~ R7	R1, R2, R3
第三个参数	R3	R2, R3	无	R1, R2, R3

表 10 – 7　函数返回值的寄存器

返回值	寄存器	说　明
bit	C	进位标位
(unsigned) char	R7	
(unsigned) int	R6, R7	高位字节在 R6，低位字节在 R7
(unsigned) long	R4 ~ R7	高位字节在 R4，低位字节在 R7
float	R4 ~ R7	32 位 IEEE 格式，指数和符号位在 R7
指针	R1, R2, R3	R3 放存储器类型，高位在 R2，低位在 R1

在汇编子程序中，当前选择的寄存器组及寄存器 ACC，B，DPTR 和 PSW 都可能改变。当被 C 调用时，必须无条件地假设这些寄存器的内容已被破坏。如果已在连接/定位程序时选择了覆盖，那么每个汇编子程序包含一个单独的程序段是必要的，因为在覆盖过程中，函数间参量通过子程序各自的段参量计算。汇编子程序的数据区甚至可包含在覆盖部分中，但应注意下面两点：

（1）所有段名必须以 C51 类似的方法建立。

（2）每个有局部变量的汇编程序必须指定自己的数据段，这个数据段只能为其他函数访问作参数传递用。所有参数一个接一个被传递，由其他函数计算的结果保存入栈。

10.8.2　覆盖和共享

（1）覆盖。单片机片内存储空间有限，连接器/定位器通常重新启用程序不再用的位置。这就是说，若一个程序不再调用，也不由其他程序调用（甚至间接调用），那么在其他程序执行完之前，这个程序不再运行。这个程序的变量可以放在与其他程序完全相同的 RAM 空间，很像可重用的寄存器。这种技术就是覆盖。在汇编中直接通过手工完成的这些空间分配，C 语言中可以由连接器自动管理。若有几个不相关联的程序时，它可以使 RAM 单元比手工汇编要用的少，节省 RAM 空间。

（2）共享。

①共享变量。共享变量的类型见表 10 – 8。

表 10 – 8　共享变量的类型

类　型	汇编语言	C 语言
动态变量		y（）｛ 　　｝;
静态变量		static int x;
公用变量	PUBLIC　X X：ds 2	Int x;
外部变量	EXTERN DATA（X） MOV DPTR, # X	extern int　x;
静态子程序/函数	Y：…	static y（）｛ 　　…｝;
公共子程序/函数	PUBLIC Y Y:	y（）｛ 　　… 　　｝;
外部子程序/函数	EXTERN　CODE（Y） LCALL　Y	y（）

　　②共享函数/子程序。C 中函数若是全局的（公用的），可以放在调用的函数之后。若函数是模块专用的，它可以定义为静态函数，这样它不能被其他模块调用。C 语言的 ANSI 标准建议所有函数在主函数前要有原型（进行说明），然后实际函数可在主函数之后或其他模块中。这符合自顶向下编程的规则。

　　在汇编语言中，子程序使用标号可在给定模块的任何位置。汇编器首先扫描得到所有的符号名，然后值就可填入 LCALL 或 LJMP。一个模块或另一模块共享子程序，一个使用 PUBLIC 而另一个使用 EXTERN。当指定为 EXTERN，符号类型（CODE, DATA, XDATA, IDATA, BIT 或 NUMBER）必须特别加以指定，以便连接器可以确定放在一起的正确类型。

10. 8. 3　Franklin C – 51 编译器

10. 8. 3. 1　库

　　Franklin C – 51 编译器包含 6 个不同的编译库，可根据不同函数的需要进行优化，这些库几乎支持所有的 ANSI 函数调用。因此，用此标准的 C 程序可在编译和连接后立即运行。C – 51 的编译库如表 10 – 9 所示。

表 10 – 9　Franklin C – 51 的编译库

库	说　明
C51S. LIB	SMALL 模式，无浮点运算
C51FPS. LIB	浮点数学运算库（SMALL 模式）

续表 10 – 9

库	说　明
C51C. LIB	COMPACT 模式，无浮点运算
C51FPC. LIB	浮点运算库（COMPACT 模式）
C51L. LIB	LARGE 模式，无浮点运算
C51FPL. LIB	浮点运算库（LARGE 模式）

10.8.3.2　连接器/定位器

（1）组合程序模块。将几个不同程序模块组合为一个模块，并自动从库中挑选模块嵌入目标文件。输入文件按命令行中出现的顺序处理。通常的程序模块是由 C – 51 编译器或 A51 宏汇编生成的可重入的目标文件。

（2）组合段。将具有相同段名的可重定位段组合成单一的段。在一个程序模块中定义的一个段称为部分段。一个部分段在源文件中以下列形式指定。

①名字。每个重定位段有一个名字，它可与来自其他模块的同名的可重定位段组合。绝对段没有名字。

②类型。类型表明段所属的地址空间 CODE，XDATA，DATA 或 BIT。

③定位方式。可重定位段的定位方式有 PAGE，INPAGE，INBLOCK，BITADDRESSABLE 或 UNIT。INPAGE 表明段必须放入一页（高 8 位地址相同）中以使用短转移和调用指令。INBLOCK 段应使用 ACALL，必须放在 2 048 字节块中。因为没有连接器可以灵活地判知调用和转移是否在块内。可重定位的其他限制是：PAGE——不能超过 256 字节；BITADDRESSABLE——必须放在可位寻址的内部 RAM 空间；UNIT——允许段从任意字节开始（对位变量寻址）。

④长度。一个段的长度。

⑤基址。段的首址。对于绝对段，地址由汇编器赋予，对于可重定位段，地址由 L51 决定。在处理程序模块时，L51 自动产生段表（MAP），该表包含了每个段的类型、基址、长度、可重定位性和名字。L51 自动将所具有相同名字的所有部分段组合到单一可重定位段中。例如，三个程序模块包含字段 VAR，在组合时，三个段的长度相加，从而组合段的长度也增加了。组合段有下列规则：

第一，所有具有相同名的部分段必须是相同类型（CODE，DATA，IDATA，XDATA 或 BIT）；

第二，组合段的长度不能超过存储区的物理长度；

第三，每个组合的部分段的定位方法也必须相同；

第四，绝对段相互不组合，它们被直接拷贝到输出文件。

（3）存储器分配。存储器有片内和片外之分。片内存储器集成在芯片内部，片外存储器是专门的存储器芯片，通过三总线与 MCS – 51 连接。MCS – 51 的存储器在物理结构上有四个存储空间，即片内程序存储器、片外程序存储器、片内数据存储器、片外数据存储器。物理存储区的分配见表 10 – 10 所示。

表 10 – 10　MCS – 51 系列的物理存储区

物理存储区	最大长度	地址区	段类型
程序	64 KB	0 ~ 0FFFFH	CODE
外部数据	64 KB	0 ~ 0FFFFH	XDATA
直接寻址片内数据	128 字节	0 ~ 7FH	DATA
间接寻址片内数据	256 字节	0 ~ 0FFH	IDATA
片内数据的位空间	128 位	0 ~ 7FH	BIT

（4）采用覆盖技术使用数据存储器。通过采用一定的覆盖技术，MCS – 51 系列少量的片内数据存储器可由 L51 有效地使用。由 C – 51 编译器或是 A51 汇编器生成的参数和局部变量（若使用它们的函数不相互调用）可在存储器中被覆盖。这样，所用的存储器得到相当程度地减少。

为完成数据覆盖，L51 分析所有不同函数间的调用，使用该信息可以确定哪个数据和位段可以被覆盖。使用控制参数 OVERLAY 和 NOOVERLAY 可允许或禁止覆盖。OVERLAY 是默认值，用它可产生非常紧凑的数据区。

（5）决定外部参考地址。具有相同名的外部符号（EXTERN）和公用符号（PUBLIC）被确定后，外部符号指向其他模块中的地址。一个已声明的外部符号由具有相同名字的功用符号确定，外部参考地址由其公共参考地址确定。这还与类型（DATA，IDATA，XDATA，CODE，BIT 或 NUMBER）有关，如果类型不符或未发现外部符号参考地址的公用符号，则会产生错误。公用符号的绝对地址在段定位后决定。

（6）绝对地址计算。定义绝对地址并计算可重定位段的地址。在段分配和外部公用参考地址处理完后，程序模块中所有可重定位地址和外部地址要进行计算，此时生成的目标文件中的符号信息（DEBUG）被改变以反映新的值。

（7）产生绝对目标文件。可执行程序以绝对目标格式产生。该绝对目标文件可包含附加的符号信息（DEBUG），从而使符号调试成为可能。符号信息可用参数 NODEBUG-SYMBOLS，NODEBUGPUBLICS 和 NODEBUGLINES 禁止。输出文件是可执行的，并可由仿真器装入调试或被 OHS51 翻译为 Intel HEX 格式文件以供 EPROM 固化。

（8）产生映像文件。产生一个反映每个处理步骤的映像文件，它显示有关连接/定位过程的信息和程序符号，并包含一个公用和外部符号的交叉参考报告。映像文件包含下列信息：

① 文件名和命令行参数；

② 模块的文件名和模块名；

③ 一个包含段地址、类型、定位方法和名字的存储器分配表，该表可在命令行中用 NOMAP 参考禁止；

④ 段和符号的所有错误列表，列表文件末尾显示出所有出错的原因；

⑤ 一个包含输入文件中符号信息的符号表，该信息由 MODULES，SYMBOLS，PUBLICS 和 LINES 名组成，LINES 是 C 编译器产生的行号。符号信息可用参数 NOSYMBOLS，NOPUBLICS 和 NOLINES 完全或部分禁止；

⑥ 一个按字母顺序排列的有关所有 PUBLIC 和 EXTERN 符号的交叉参考报告，其中

显示出符号类型和模块名，第一个显示的模块名是定义了 PUBLIC 符号的模块，后面的模块名是定义了 EXTERN 符号的模块，在命令行输入参数 IXREF 可产生此报告；

⑦ 在连接器/定位器运行期间检测到的错误同时显示在屏幕和文件尾部。

10.8.4　程序优化

以下选择对提高程序效率有很大影响：

（1）尽量选择小存储模式以避免使用 MOVX 指令。

（2）使用大模式（COMPACT/LARGE）应仔细考虑要放在内部数据存储器的变量是经常用的或是用于中间结果的。访问内部数据存储器要比访问外部数据存储器快得多。内部 RAM 由寄存器组、位数据区和其他用户用 "data" 类型定义的变量共享。由于内部 RAM 容量的限制（128～256 字节，由使用的单片机决定），必须权衡利弊以解决访问效率和这些对象的数量之间的矛盾。

（3）要考虑操作顺序，完成一件事后再做一件事。

（4）注意程序编写细则。例如，若使用 for（；；）循环，DJNZ 指令比 CJNE 指令更有效，可减少重复循环次数。

（5）若编译器不能使用左移和右移完成乘除法，应立即修改，例如，左移为乘 2。

（6）用逻辑 AND/& 取模比用 MOD／% 操作更有效。

（7）因计算机基于二进制，仔细选择数据存储器和数组大小可节省操作。

（8）尽可能使用最小的数据类型，MCS－51 系列是 8 位机，显然对具有 "char" 类型的对象的操作比对具有 "int" 或 "long" 类型的对象的操作要方便得多。

（9）尽可能使用 "unsigned" 数据类型。MCS－51 系列 CPU 并不直接支持有符号数的运算，因而 C51 编译器必须产生与之相关的更多的程序代码以解决这个问题。

（10）尽可能使用局部函数变量。编译器总是尝试在寄存器里保持局部变量。这样，将循环变量（如 for 和 while 循环中的计数变量）说明为局部变量是最好的。使用 "unsigned char/int" 的对象通常能获得最好的结果。

10.9　MCS－51 内部资源使用的 C 语言编程

10.9.1　中断应用的 C 语言编程

C－51 编译器支持在 C 源程序中直接开发中断程序。中断服务程序是按规定语法格式定义的一个函数。MCS－51 中断源编号如表 10－11 所示。

表 10－11　MCS－51 中断源编号

0	外部中断 0	0003H
1	定时器/计数器 0	000BH
2	外部中断 1	0013H
3	定时器/计数器 1	001BH
4	串行口中断	0023H

中断服务程序的函数定义的语法格式如下：

返回值　函数名（［参数］）　interrupt　m［using n］{

　　　　　　　　　}

using n 选项用于实现工作寄存器组的切换，n 是中断服务子程序中选用的工作寄存器组号（0 ~ 3）。在许多情况下，响应中断时需保护有关现场信息，以便中断返回后，能使中断前的源程序从断点处继续正确地执行下去。这在 MCS – 51 单片机中，能很方便地利用工作寄存器组的切换来实现，即在进入中断服务程序前的程序中使用一组工作寄存器，进入中断服务程序后，由 "using n" 切换到另一组寄存器，中断返回后又恢复到原寄存器组。这样互相切换的两组寄存器中的内容彼此都没有被破坏。

　　例 10.3　图 10 – 5 所示是利用优先权解码芯片，在单片机 8031 的一个外部中断 INT1 上扩展多个中断源的原理电路图。图中以开关闭合来模拟中断请求信号。由任一中断源产生中断请求，能给 8031 的 INT1 引脚送一个有效中断信号，由 P1 的低 3 位可得对应中断源的中断号。

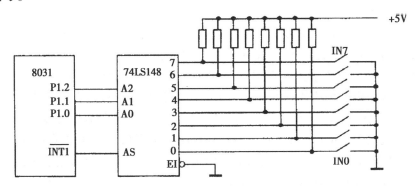

图 10 – 5　扩展多个中断源

在中断服务程序中仅设置标志，并保存 I/O 口输入状态。Franklin C – 51 编译器提供定义特定 MCS – 51 系列成员的寄存器头文件。MCS – 51 头文件为 reg51. h。C – 51 程序如下：

```
# include  <reg51. h >
    unsigned char status;
    bit flag;
    void service_ int1 ( ) interrupt 2 using 2
/* INT1 中断服务程序，使用第二组工作寄存器 */
    { flag = 1;    /* 设置标志 */
      status = p1; /* 存输入口状态 */
    }
        void   main (void)
        { IP = 0x04;      /* 置 INT1 为高优先级中断 */
          IE = – 0x84 ;    /* INT1 开中断, CPU 开中断 */
for (; ;)
```

```
{ if (flag)      / * 有中断 * /
    { switch (status)        / * 根据中断源分支 * /
         { case 0：break ；    / * 处理 IN0 * /
           case 1：break ；    / * 处理 IN1 * /
           case 2：break；     / * 处理 IN2 * /
           case 3：break；     / * 处理 IN3 * /
           default：；
         }
             flag = 0；            / * 处理完成清标志 * /
    }
  }
}
```

10.9.2　定时器/计数器（T/C）应用的 C 语言编程

例 10.4　设单片机采用 fosc = 12 MHz 晶振，要求在 P1.0 脚上输出周期为 2 ms 的方波。

解：周期为 2 ms 的方波要求定时时间隔为 1 ms，每次时间一到 P1.0 取反。机器周期 = 12/fosc = 1μs，需计数次数 = 1000/（12/fosc）= 1000/1 = 1000。由于计数器是加 1 计数，为得到 1 000 个计数之后的定时器溢出，必须给定时器置初值为 − 1 000（即 1 000 的补数）。

①用定时器 0 的方式 1 编程，采用查询方式，程序如下：

```
# include  < reg51. h >
sbit P1_ 0 = P1^0；
void main （void)
  { TMOD = 0x01；           / * 设置定时器 1 为非门控制方式 1 * /
    TR0 = 1；               / * 启动 T/C0 * /
    for （ ；；)
       { TH0 = − （1000/256）  ；/ * 装载计数器初值 * /
         TL0 = − （1000%256）；
         do { } while (! TF0)；/ * 查询等待 TF0 置位 * /
         P1_ 0 = ! P1_ 0；            / * 定时时间到 P1.0 反相 * /
         TF0 = 0；                   / * 软件清 TF0 * /
       }      }
```

②用定时器 0 的方式 1 编程，采用中断方式。程序如下：

```
# include   < reg51. h >
sbit  P1_ 0 = P1^0；
void  time （void) interrupt 1 using 1  / * T/C0 中断服务程序入口 * /
   { P1_ 0 = ! P1_ 0；              / * P1.0 取反 * /
     TH0 = − （1000/256）；          / * 重新装载计数初值 * /
```

```
TL0 = - (1000%256);
    }
void  main (void)
    {  TMOD = 0x01;              /* T/C0 工作在定时器非门控制方式 1 */
        P1_ 0 = 0;
        TH0 = - (1000/256);     /*  预置计数初值 */
TL0 = - (1000%256);
        EA = 1;                 /* CPU 中断开放 */
        ET0 = 1;                /* T/C0 中断开放 */
        TR0 = 1;                /* 启动 T/C0 开始定时 */
        do {  } while (1);      /* 等待中断 */
    }
```

例 10.5 采用 10 MHz 晶振，在 P1.0 脚上输出周期为 2.5 s，占空比 20% 的脉冲信号。

解：10 MHz 晶振，使用定时器最大定时几十毫秒。取 10 ms 定时，周期 2.5 s 需 250 次中断，占空比 20%，高电平应为 50 次中断。10 ms 定时，晶振 fosc = 10 MHz。需定时器计数次数 $= 10 \times 10^3 \times 10/12 = 8333$。中断服务程序流程图如图 10 - 6 所示，程序如下：

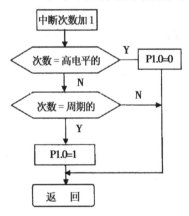

图 10 - 6 中断服务程序流程图

```
# include  <reg51.h>
# define uchar unsigned char
uchar period = 250, timer = 0;
uchar high = 50;
voidtimer0 ( ) interrupt 1 using 1   /* T/C0 中断服务程序 */
{TH0 = - 8333/256;       /* 重置计数值 */
TL0 = - 8333%256;
if ( + +time = = high) P1 = 0;   /* 高电平时间到变低 */
else if (time = = period)     /* 周期时间到变高 */
{time = 0;
P1 = 1;
```

```
        }
    }
main (  )
    {  TMOD = 0x01;        /* 定时器 0 方式 1 */
       TH0 = - 8333/256 ;  /* 预置计数初值 */
       TL0 = - 8333%256 ;
       EA = 1;             /*   开 CPU 中断 */
       ET0 = 1;            /*   开 T/C0 中断 */
       TR0 = 1;            /*   启动 T/C0 */
       do { } while (1) ;
}
```

产生一个占空比变化脉冲信号的程序，它产生的脉宽调制信号用于电机变速控制。

```
# include  < reg51. h >
# define uchar unsigned char
# define uint unsigned int
unchar time, status, percent, period;
bit one_ round;
uint oldcount, target = 500;
void pulse (void) interrupt 1 using 1       /* T/C0 中断服务程序 */
{ TH0 = - 8333/256 ;                         /* 1ms, 10 MHz */
      TL0 = - 8333%256 ;
        ET0 = 1;
        if ( + + time = percent) P1 = 0 ;
        else if (time =  = 100 )
             {  time = 0; P1 = 1;
}
    }
void tachmeter ( void ) interrupt 2 using 2  /* 外中断 1 服务程序 */
    { union
        { unit word;
      struct  { uchar hi; uchar lo ; }
           byte; } newcount ;
    newcount. byte. hi = TH1;
    newcount . byte . lo = TL1;
    period = newcount . word - oldcount ; /* 测得周期 */
    oldcount = newcount . word;
    one_ round = 1;                          /* 每转一圈，引起中断，设置标志 */
    }
void main ( void )
```

```
    {  IP = 0x04 ;                          /＊ 置 INT1 为高位优先级 ＊/
       TMOD = 0x11 ;                        /＊ T0，T1  16 位方式 ＊/
       TCON = 0x54 ;                        /＊ T0，T1 运行，IT1 边沿触发 ＊/
  TH1 = 0；TL1 = 0；                        /＊ 设置初始计数值 ＊/
  IE = 0x86；                               /＊ 允许中断 EX1，ET0   ＊/
  for（；；）
  {  if（one_ round）                       /＊ 每转一圈，调整 ＊/
             {  if（period ＜target）
                   {if（percent ＜100）＋＋percent；/＊ 占空比增 ＊/
             }
           else if（percent ＞0）—— percent；/＊ 占空比减 ＊/
             one_ round = 0；
             }
         }
    }
}
```

10.9.3　串行口使用的 C 语言编程

例 10.6　单片机 fosc = 11.059 2 MHz，波特率为 9 600，各设置 32 字节的队列缓冲区用于发送接收。设计单片机和终端或另一计算机通信的程序。

解：单片机串行口初始化成 9600 波特，中断程序双向处理字符，程序双向缓冲字符。背景程序可以"放入"和"提取"在缓冲区的字符串，而实际传入和传出 SBUF 的动作由中断完成。

Loadmsg 函数加载缓冲数组，标志发送开始。缓冲区分发（t）和收（r）缓冲，缓冲区通过两种指示（进 in 和出 out）和一些标志（满 full，空 empty，完成 done）管理。队列缓冲区 32 字节接收缓冲（r_ buf）区满，不能再有字符插入。当 t_ in = t_ out，发送缓冲区（t_ buf）空，发送中断清除，停止 UART 请求，具体程序如下：

```
# include  ＜reg51. h＞
# define uchar unsigned char
uchar xdata r_ buf ［32］;               /＊ item1 ＊/
uchar xdata t_ buf ［32］;
uchar  r_ in，r_ out，t_ in，t_ done ;    /＊ 队列指针 ＊/
bit  r_ full，t_ empty，t_ done ;         /＊ item2 ＊/
code uchar m ［ ］ = { " this is a test program \ r \ n "};
serial（ ）interrupt 4 using 1           /＊ item3 ＊/
   {if（RI && ～ r_ full）
     {r_ buf ［r_ in］ = SBUF;
    RI = 0;
    r_ in = ＋＋r_ in & ox1f;
      if（r_ in = = r_ out）r_ full = 1;
```

```
        }
    else if（TI && ~t_ empty）
        {SBUF = t_ buf［t_ out］;
        TI = 0;
        t_ out = + + t_ out & 0x1f;
        i f（t_ out = = t_ in）t_ empty = 1;
        }
    else if（TI）
        { TI = 0;
        t_ done = 1;
        }
    }
void  loadmsg（uchar code * msg）          /*  item4 */
{while（（*msg !  = 0）&&（（（（t_ in + 1）^t_ out）& 0x1f）!  = 0））
/*测试缓冲区满 */
    {  t_  buf［t_ in］ = * msg;
    msg + +;
    t_ in = + + t_ in & 0x1f;
    if（t_ done）
        {TI = 1;
    t_ empty = t_ done = 0;                       /* 完成重新开始 */
}
}
}

        void process（uchar ch）    { return;}      /* item5 */
            /*用户定义 */
        void processmsg（void）               /* item6 */
        {while（（（r_ out + 1）^ r_ in）!  = 0）
                /*接收非缓冲区 */
            {process（r_ buf［r_ out］）;
            r_ out = + + r_ out & 0x1f;
            }
        }

    main（）                       /* item7 */
        {TMOD = 0x20;                 /* 定时器 1 方式 2 */
        TH1 = 0xfd;                   /* 9600 波特 11.0592 MHz */
        TCON = 0x40;                 /* 启动定时器 1 */
        SCON = 0x50;                 /* 允许接收 */
        IE = 0x90;                   /*  允许串行口中断 */
```

```
                t_ empty = t_ done = 1;
                r_ full = 0;
                r_ out = t_ in = 0;
                r_ in = 1;                    /* 接收缓冲和发送缓冲置空 */
                for ( ; ; )
                    {loadmsg ( & m );
                     processmsg ( );
                    }              }
```

item1：背景程序"放入"和"提取"字符队列缓冲区。

item2：缓冲区状态标志。

item3：串行口中断服务程序，从 RI，TI 判别接收或发送中断，由软件清除。判别缓冲区状态（满 full，空 empty）和全部发送完成（done）。

item4：此函数把字符串放入发送缓冲区，准备发送。

item5：接受字符的处理程序，实际应用自定义。

item6：此函数逐一处理接收缓冲区的字符。

item7：主程序即背景程序，进行串行口的初始化，载入字符串，处理接收的字符串。

10.10 MCS-51 片外扩展的 C 语言编程

10.10.1 8255 与 8031 接口 C 应用程序举例

例 10.7 8255 控制打印机。

图 10-7 是 8031 扩展 8255 与打印机接口的电路。8255 的片选线为 P0.7，打印机与 8031 采用查询方式交换数据。打印机的状态信号输入给 PC7，打印机忙时 BUSY = 1，微型打印机的数据输入采用选通控制，当 $\overline{STB}$ 上负跳变时数据被输入，8255 采用方式 0 由 PC0 模拟产生 $\overline{STB}$ 信号。

按照接口电路，A 口地址为 7CH，C 口地址为 7EH，命令口地址为 7FH，PC7 ~ PC4 输入，PC3 ~ PC0 输出。方式选择命令字为 8EH。

向打印机输出字符串"WELCOME"的程序如下：

```
# include < absacc. h >
# include < reg51. h >
# define uchar unsigned char # define COM8255 XBYTE [0x007f] /* 命令口地址 */
# define PA8255 XBYTE [0x007c] /* 口 A 地址 */
# define PC8255 XBYTE [0x007e] /* 口 C 地址 */
void  toprn ( uchar *p )                /* 打印字符串函数 */
    { while ( *p! = '\0')
      {while ( ( 0x80 & PC8255)! =0 ) ; /* 查询等待打印机的 BUSY 状态 */
       PA8255 = *p;                      /* 输出字符 */
```

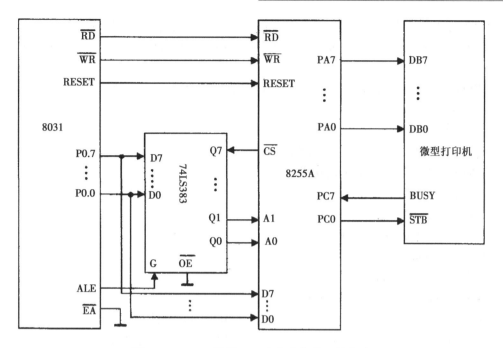

图 10 − 7 8031 扩展 8255 与打印机接口的电路

```
    COM8255 = 0x00;                    /* 模拟STB脉冲 */
    COM8255 = 0x01;
    p + + ;
    }
}
void main ( void )
    {  uchar idata prn [ ] = " WELCOME";   /* 设测试用字符串 */
COM8255 = 0x8e ;                    /*  输出方式选择命令 */
    toprn ( prn );                     /*  打印字符串 */
    }
```

例 10.8 EPROM 编程器。

解：由 8031 扩展 1 片 EPROM2716，2 片 SRAM6116 及 1 片 8255 构成 EPROM 编程器，编程对象是 EPROM2732。扩展编程系统中 2716 用来存放固化用监控程序，用户的待固化程序放在 2 片 6116 中。8255 的 A 口作为编程器数据口，B 口输出 2732 的低 8 位地址，PC3 ~ PC0 输出 2732 高 4 位地址，PC7 作为 2732 启动保持控制器与 PGM 连接。

译码地址如下。

6116（1）：0800H；

6116（2）：1000H ~ 17FFH；

8255 的 A 口：07FCH；

B 口：07FDH；

C 口：07FEH；

命令口：07FFH。

8255 的 A 口、B 口、C 口均工作在方式 0 输出，方式选择命令字为 80H；2732 的启动编程和停止编程，由 PC7 的复位/置位控制，当 PC7 = 0 时启动编程，PC7 = 1 时编程无效。

EPROM 编程如下所示，参数为 RAM 起始地址、EPROM 起始地址和编程字节数。

```
# include < absacc. h >
# include <reg51. h >
# define COM8255    XBYTE [0x07ff]
# define    PA8255    XBYTE [0x07fc]
# define    PB8255    XBYTE [0x07fd]
# define    PC8255    XBYTE [0x07fe]
# define    uchar    unsigned char
# define    uint    unsigned int
void    d1_ ms ( unit x ) ;
void program ( ram , eprom , con )
uchar  xdata * ram;                      /* RAM 起始地址 */
uint eprom, con ;                        /* EPROM 起始固化地址，固化长度*/
    { int  i;
        COM8255 = 0x08 ;                 /* 送方式选择命令字 */
COM8255 = 0x0f ;                 /* PC7 = 1 */
    for ( i = 0 ; i < con ; i + + )
        { PA8255 = * ram;               /* 固化内容 A 口锁存 */
            PB8255 = eprom % 256 ;      /* 2732 地址低 8 位 */
            PC8255 = eprom /256 ;       /* 2732 地址高 4 位 */
        eprom + + ;
        ram + + ;
        COM8255 = 0x0e;                 /* PC7 = 0 */
        d1_ ms ( 50 ) ;
        COM8255 = 0x0f;                 /* PC7 = 1 */
    }
        }
main ( )
        { program ( 0x1000, 0x0000, 0x0100 );
}
```

10.10.2 MCS – 51 数据采集的 C 语言编程

例 10.9 ADC0809 与 8031 接口的数据采集程序举例。接口电路如图 10 – 8 所示。
程序如下：

```
# include < absacc. h >
    # include < reg51. h >
```

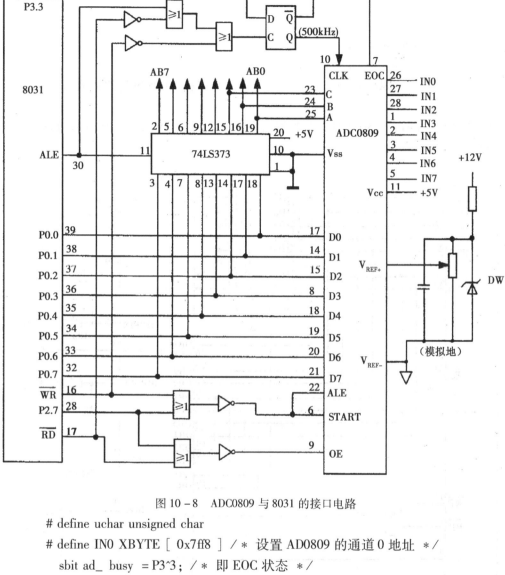

图 10 - 8   ADC0809 与 8031 的接口电路

```
# define uchar unsigned char
# define IN0 XBYTE［0x7ff8］/＊设置 AD0809 的通道 0 地址＊/
    sbit ad_ busy = P3^3；/＊即 EOC 状态＊/
void ad0809（uchar idata ＊x）/＊采样结果放指针中的 A/D 采集函数＊/
        ｛ uchar  i；
uchar xdata  ＊ad_ adr；
        ad_ adr = ＆ IN0；
        for（i ＝0；i ＜8；i ＋＋）      /＊处理 8 通道＊/
        ｛ ＊ad_ adr ＝0；         /＊启动转换＊/
    i ＝i；              /＊延时等待 EOC 变低＊/
        i ＝i；
        while（ad_ busy = ＝0）；/＊查询等待转换结束＊/
        x［i］＝ ＊ ad_ adr；     /＊存转换结果＊/
```

```
                    ad_ adr ++;              /* 下一通道 */
                }
            }
        void main ( void )
            { static uchar idata ad [ 10 ];
                ad0809 ( ad );               /* 采样 AD0809 通道的值 */
            }
```

例 10. 10　AD574 与 8031 接口的数据采集程序举例。AD574 与 8031 的接口电路如图 10 - 9 所示。

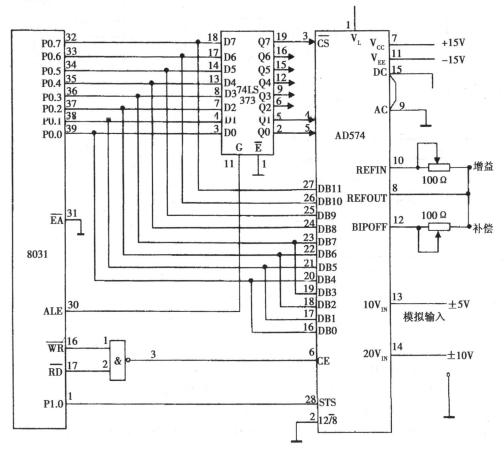

图 10 - 9　AD574 与 8031 的接口电路

源程序如下:

```
# include < absacc. h >
# inlucde < reg51. h >
# define uint unsigned int
# define ADCOM XBYTE [ 0xff7c ] /*  使 A0 = 0 , R/C = 0, CS = 0  */
# define ADLO  XBYTE [ 0xff7f ] /*  使 R/C = 1, A0 = 1, CS = 0  */
# define ADHI  XBYTE [ 0xff7d ] /*  使 R/C = 1, A0 = 0, CS = 0  */
```

```
sbit r = P3 ^ 7;
sbit w = P3 ^ 6;
sbit adbusy = P1 ^ 0;
uint ad574 ( void )                    /* AD574 转换器 */
{   r = 0;                             /* 产生 CE =1 */
    w = 0;
    ADCOM = 0;     /* 启动转换 */
    while ( adbusy = =1 );             /*  等待转换  */
    return ( ( uint ) ( ADHI < <4 )  +  ( ADLO &0x0f ) );
/* 返回 12 位采样值 */
}
main ( )
    {   uint idata result;
        result = ad574 ( );    /* 启动 AD574 进行一次转换, 得转换结果 */
}
```

10. 10. 3　MCS –51 输出控制的 C 语言编程

例 10. 11　8031 与 DAC0832 双缓冲接口的数据转换程序举例。接口电路如图 10 – 10 所示。

将 data1 和 data2 数据同时转换为模拟量的 C – 51 程序如下:

```
# include < absacc. h >
# include < reg51. h >
# define INPUTR1 XBYTE [ 0x8fff ]
# define INPUTR2 XBYTE [ 0xa7ff]
# define DACR   XBYTE [0x2fff ]
# define uchar   unsigned char
void dac2b ( data1 , data2 )
uchar data1 , data2; {
INPUTR1 = data1 ;              /* 送数据到一片 0832 */
   INPUTR2 = data2;               /* 送数据到另一片 0832 */
DACR = 0 ;                    /* 启动两路 D/A 同时转换 */
}
```

例 10. 12　8031 与 DAC0832 单缓冲区接口的数据转换举例。

解: 按片选线确定 FFFEH 为 DAC0832 的端口地址。DAC0832 与 8031 单缓冲接口电路如图 10 – 11 所示。使运行输出端输出一个锯齿波电压信号的 C – 51 程序如下:

```
# include < absacc. h >
# include < reg51. h >
# define DA0832 XBYTE [ 0xfffe ]
# define uchar unsigned char
```

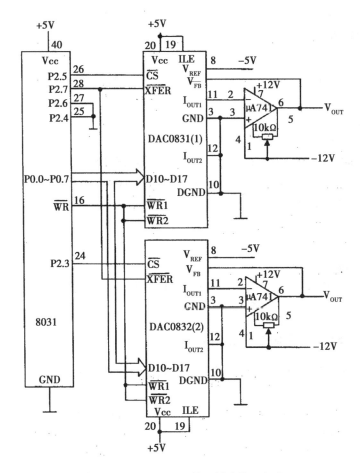

图 10 – 10   DAC 0832 的双缓冲接口电路

```
# define uint unsigned int
void stair（void）
｛
uchar i；
    while（1）
        ｛for（i=0；i<=255；i=I++）/*形成锯齿波输出值，最大值为255 */
        ｛ DA0832 = i；              /* D/A 转换输出 */
        ｝
    ｝
｝
```

例 10.13 8031 与 AD7521 接口的数据转换程序举例。AD7521 与 8031 的接口电路如图 10 – 12 所示。

解：使 AD7521 输出梯形波的 C – 51 程序如下：

```
# include  < absacc. h >
# include  < reg51. h >
# define DA7521L XBYTE［0x7fff］
```

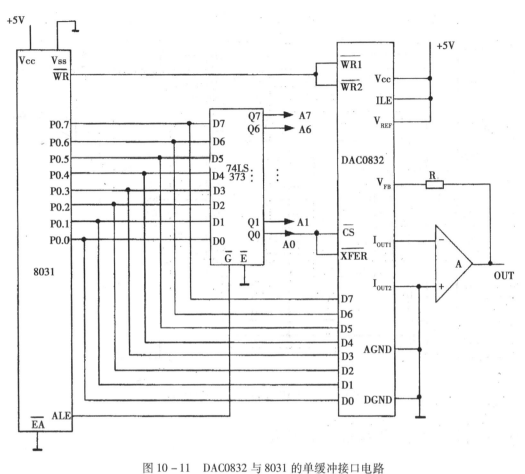

图 10－11　DAC0832 与 8031 的单缓冲接口电路

```
# define DA7521H XBYTE [0xbfff]
# define UP 0x010
# define T 1000
# define uint unsigned int
void dlms (uint a);
void stair (void)
{   uint   i;
    for (i=0; i< =4095; i=i+UP)
/* 以阶高增量增值，形成梯形波输出值，最大 4095 */
{
DA7521L = i % 256;    /* 送低 8 位数据到第一级缓冲器 */
  DA7521H = i /256;
/* 送高 4 位数据到高 4 位缓冲器，同时送低 8 位到第二级缓冲 */
  dlms (T);              /* 延时 */
  }
}
```

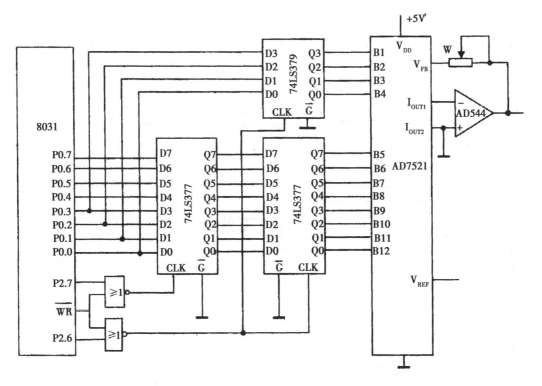

图 10 – 12　AD7521 与 8031 的接口电路

10. 11　频率量测量的 C 语言编程

10. 11. 1　测量频率法

测量频率法最简单的接口电路可将频率脉冲直接连接到 MCS – 51 的 T1 端，将 8031 的 T/C0 用作定时器 T/C1 用作计数器，在 T/C0 定时时间里对频率脉冲进行计数。T/C1 的计数值便是单位定时时间里的脉冲个数。测量频率中的脉冲丢失的方法如图 10 – 13 所示。

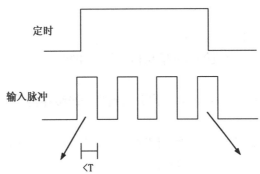

图 10 – 13　测量频率中的脉冲丢失

例 10. 14　带同步控制的频率测量。接口电路如图 10 – 14 所示。

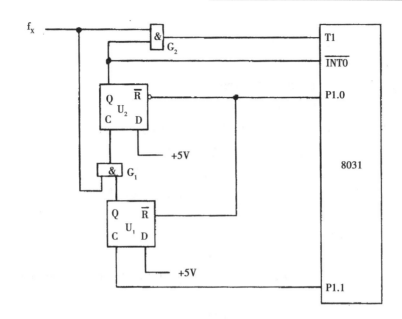

图 10 - 14　带同步控制的频率测量法接口电路

控制时，首先 P1.0 发一个清零负脉冲，使 U1，U2 两个 D 触发器复位，其输出封锁与门 G1 和 G2。接着由 P1.1 发一个启动正脉冲，其有效上升沿使 U1 = 1，门 G1 被开放。之后，被测脉冲上升沿通过 G2 送 T1 计数；同时 U2 输出的高电平使 INT0 = 1，定时器 0 的门控 GATE 有效，启动 T/C0 开始定时。直到定时结束时，从 P1.0 发一负脉冲，清零 U2，封锁 G2，停止 T/C1 计数，完成一次频率采样过程。

测量 T/C 定时时间为 500 ms，这样长的时间定时，先由 T/C0 定时 100 ms，之后软件 5 次中断后的时间即为 5 × 100 ms = 500 ms。中断次数的计数值在 msn 中。

T/C0 定时 100 ms 的计数初值：03B0H。计数器 1 采用 16 位计数。设 T/C0 为高优先级，允许计数中断过程定时中断，即定时时间到就中止计数。tf 为 500 ms 定时时间到标志。程序如下：

```c
#include < reg51. h >
#define uchar unsigned char
#define uint unsigned int
#define A   5/ * 500 ms 的中断次数 */
sbit P1_ 0 = P1^0;
sbit P1_ 1 = P1^1;
uchar msn = A;
bit idata tf = 0;        / * 500 ms 时间到标志 */
uint count (void)
{
  P1_ 0 = 0;
P1_ 0 = 1;    / * 产生清零用负脉冲 */
  TMOD = 0x59;
```

```
     TH1 = 0x00;
   TL1 = 0x00; /＊ T/C1 计数器 ＊/
     TH0 = 0x3c;
   TL0 = 0xb0;        /＊ T/C0 定时器 100 ms ＊/
     TR0 = 1; TR1 = 1; PT0 = 1;
   ET0 = 1; ET1 = 1; EA = 1;    /＊启动 T/C, 开中断 ＊/
     P1_ 1 = 0; P1_ 1 = 1 ;      /＊ 产生启动正脉冲 ＊/
     while (tf! = 1)   ;          /＊ 等待 500 ms 定时到 ＊/
     P1_ 0 = 0; P1_ 0 = 1 ;        /＊ 产生负脉冲, 封锁 G2 ＊/
     TR0 = 0; TR1 = 0 ;      /＊ 关 T/C ＊/
     return (TH1 ＊ 256 + TL1);     /＊ 返回计数值 ＊/
   }
 void timer0 ( void )   interrupt 1 using 1   /＊ 100 ms 定时中断服务 ＊/
 {
 TH0 = 0x3c;                   /＊ 重置初值 ＊/
     TL0 = - 0xb0 ;
     msn - - ;
     if ( msn = = 0) { msn = A ; tf = 1 ; }   /＊ 500 ms 定时时间到设标志 ＊/
 }
 void timer 1 ( void ) interrupt 3 { }
 void main ( void )
 {
     float rate;
     rate = ( 10/A ) ＊ count ( ); /＊ 得每秒的计数率 ＊/
 }
```

10.11.2 频率脉冲的测量周期法

频率与周期波的示意图如图 10－15 所示。

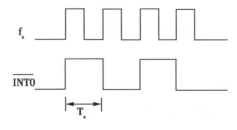

图 10－15 频率与周期波示意图

例 10.15 测量周期的程序举例。周期测量接口电路如图 10－16 所示。

解：设 fosc = 6 MHz, 机器周期为 2μs, 周期的测量值为计数值乘以 2。用 C 语言编写的程序如下：

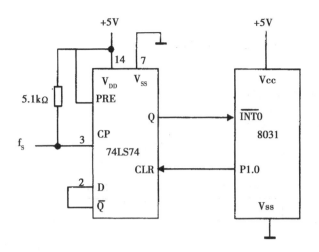

图 10 - 16 周期测量接口电路

```c
#include < reg51. h >
#define uint unsigned int
sbit P1_ 0 = P1^0;
uint count, period;
bit rflag = 0;                  /* 周期标志 */
void control (void)
{
TMOD = 0x09;                 /* 定时器/计数器 0 为方式 1 */
  IT0 = 1; TR0 = 1;
  TH0 = 0; TL0 = 0;
  P1_ 0 = 0; P1_ 0 = 1;       /* 触发器清零 */
  TR0 = 1; ET0 = 1; EA = 1; /* 启动 T/C0 开中断 */
  }
      void int_ 0 (void) interrupt 0 using 1 /* INT0 中断服务 */
      { EA = 0; TR0 = 0;
count = TL0 + TH0 * 256;     /* 取计数值 */
  rflag = 1;                   /* 设标志 */
  EA = 1;
}
void main (void)
{
  control ( );
  while (rflag = =0);          /* 等待一周期 */
  period = count * 2;          /* fosc = 6 MHz, 2μs 计数增 1, 周期值单位 μs */
}
```

10.12 MCS-51 机间通信的 C 语言编程

10.12.1 点对点的串行异步通信

10.12.1.1 通信双方的硬件连接

8031 间 RS-232C 电平信号的传输如图 10-17 所示。

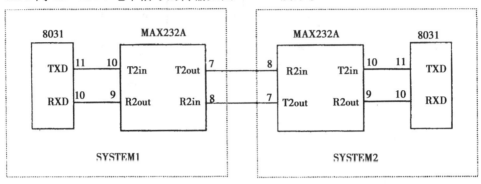

图 10-17 8031 间 RS-232C 电平信号的传输

10.12.1.2 通信双方的约定

点对点通信双方基本等同，只是人为规定一个为发送，一个为接收。要求两机串行口的波特率相同，因而发送和接收方串行口的初始化相同。点对点通信的程序框图如图 10-18 所示。

10.12.1.3 点对点通信编程

点对点通信时，可编制含有初始化函数、发送函数、接收函数的程序，在主函数中根据程序的发送、接收设置 TR，采用条件判别决定使用发送函数还是接收函数。这样点对点通信的双方都可运行此程序，只需在程序运行之前人为设置选择 TR，一个令 TR = 0，另一个令 TR = 1，然后分别编译，在两机上分别装入，同时运行。

例 10.16 点对点通信流程图如图 10-18 所示，试编程。

点对点通信的程序如下：

```
#include < reg51. h >
#define uchar unsigned char
#define TR 1/ * 发送接收差别值 TR = 0 发送 */
uchar idata buf [10];
uchar pf;
void init (void)        / *串行口初始化 */
{   TMOD = 0x20; / *设 T/C1 为定时方式 2 */
    TH1 = 0xe8;        / *设定波特率 */
    TL1 = 0xe8;
    PCON = 0x00;
    TR1 = 1;          / *启动 T/C1 */
    SCON = 0x50;       / *串行口工作在方式 1 */
```

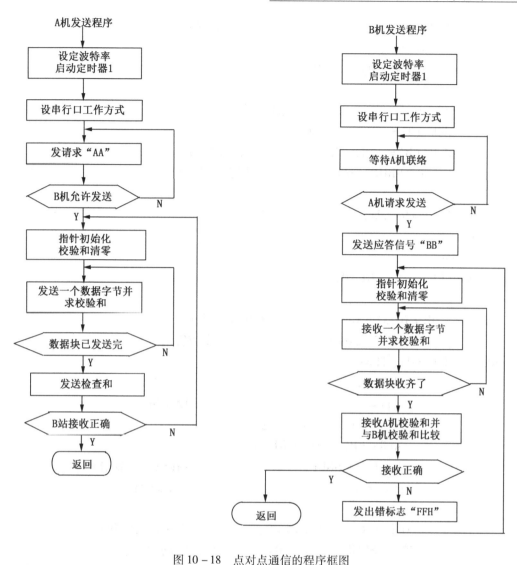

图 10 - 18 点对点通信的程序框图

```
}
    void send （uchar idata ＊d）
{ uchar i;
    do ｛
    SBUF ＝0xaa;            ／＊发送联络信号＊／
    while （TI ＝ ＝0）;          ／＊等待发送出去＊／
    TI ＝0;
while （RI ＝ ＝0）;          ／＊等待 B 机回答＊／
    RI ＝0;
    ｝ while （（SBUF^0xbb）！ ＝0）;    ／＊B 机未准备好，继续联络＊／
do ｛
    pf ＝0;                  ／＊清校验和＊／
    for （i ＝0; i ＜16; i ＋ ＋）
```

```
        ｛SBUF = d［i］;              /＊发送一个数据＊/
         pf + = d［i］;               /＊求校验和＊/
         while（TI = = 0）; TI = 0;
        ｝
         SBUF = pf;                 /＊发送校验和＊/
         while（TI = = 0）; TI = 0;
         while（RI = = 0）; RI = 0;   /＊等待 B 机回答＊/
        ｝while（SBUF! = 0）;          /＊回答出错，则重发＊/
        ｝
void receive（uchar idata ＊d）
｛   uchar i;
         do｛
   while（RI = = 0）; RI = 0;
            ｝
while（（SBUF'0xaa）! = 0）;          /＊判 A 机请求否＊/
             SBUF = 0xbb;           /＊发应答信号＊/
while（TI = = 0）; TI = 0;
             while（1）
              ｛pf = 0;             /＊清校验和＊/
             for（i = 0; i < 16; i + +）
             ｛while（RI = = 0）; RI = 0;
             d［i］= SBUF;                 /＊接收一个数据＊/
             pf + = d［i］;                /＊求校验和＊/
             ｝
             while（RI = = 0）; RI = 0;   /＊接收 A 机校验和＊/
             if（（SBUF^ pf）= = 0）       /＊比较校验和＊/
                ｛SBUF = 0x00;
break;
｝          /＊校验和相同发"00"＊/
             else
                ｛SBUF = 0xff;              /＊出错发"FF"，重新接收＊/
while（TI = = 0）;
TI = 0;
                ｝
             ｝
｝
          ｝
       void main（void）
          ｛init（）;
             if（TR = = 0）
```

```
        { send（buf）;
        }
        else
        { receive（buf）;
        }
    }
```

10.12.2　多机通信

10.12.2.1　通信接口

总线式主从式多机系统如图 10 – 19 所示。

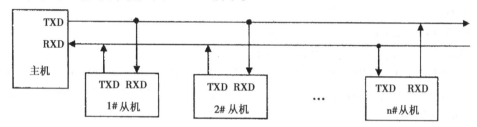

图 10 – 19　总线式主从式多机系统示意图

10.12.2.2　通信协议

根据 MCS – 51 串行口的多机通信能力，多机通信可以按照以下协议进行。

（1）首先使所有从机的 SM2 位置 1 处于只接收地址帧的状态。

（2）主机先发送一帧地址信息，其中 8 位地址，第九位为地址/数据信息的标志位，该位置 1 表示该帧为地址信息。

（3）从机接收到地址帧后，各自将接收的地址与本机的地址比较。对于地址相符的那个从机，使 SM2 位清零，以接收主机随后发来的所有信息；对于地址不符的从机，仍保持 SM2 = 1，对主机随后发来的数据不予理睬，直至发送新的地址帧。

（4）当从机发送数据结束后，发送一帧校验和，并置第 9 位（TB8）为 1，作为从机数据传送结束标志。

（5）主机接收数据时先判断数据结束标志（RB8），若 RB8 = 1，表示数据传送结束，并比较此帧校验和，若正确，则会发送正确信号 00H，此信号令该从机复位（即重新等待地址帧）；若校验和出错，则发送 0FFII，令该从机重发数据。若接收帧的 RB8 = 0，则原数据到缓冲区，并准备接收下帧信息。

（6）若主机向从机发送数据，从机在第（3）步中比较地址相符后，从机令 SM2 = 0，同时把本站地址发回主机。作出应答之后才能收到主机发送来的数据，其从机（SM2 = 1）无法收到数据。

（7）主机收到从机的应答地址后，确认地址是否相符。如果地址不符，发复位信号（数据帧中 TB8 = 1）；如果地址相符，则清 TB8，开始发送数据。

（8）从机接收到复位命令后回到监听地址状态（SM2 = 1）。否则开始接收数据和命令。

10. 12. 2. 3   通信程序

例 10. 17 设主机发送的地址联络信号 00H, 01H, 02H 为从机设备地址, 地址 FFH 是命令各从机恢复 SM2 为 1 的状态, 即复位。主机的命令编码为:

D7	D6	D5	D4	D3	D2	D1	D0
ERR	0	0	0	0	0	TRDY	RRDY

01H 请求从机接收主机的数据命令;

02H 请求从机向主机发送数据命令。

其他都按从机向主机发送数据命令 02H 对待。

从机的状态字节格式如下。

RRDY = 1: 从机准备好接收主机的数据。

TRDY = 1: 从机准备好向主机发送数据。

ERR = 1: 从机接收到的命令是非法的。

通常从机以中断方式控制和主机的通信。程序可分成主机程序和从机程序, 约定一次传送的数据为 16 个字节, 以 02H 地址的从机为例, 多机通信主机程序流程图如图 10 - 20 所示。

①主机程序。

主机程序如下:

```
#include  <reg51. h>
#define uchar unsigned char
#define SLAVE 0x02    /* 从机地址 */
#define BN 16
uchar idata rbuf [16];
uchar idata tbuf [16]  =  {" master transmit"};
void err (void)
{
SBUF = 0xff;
while (TI! =1); TI =0;
uchar master (char addr, uchar command)
{uchar aa, i, p;
while (1)
    {SBUF = SLAVE;              /* 发呼叫地址 */
    while (TI! =1); TI =0;
    while (RI! =1); RI =0;      /* 等待从机回答 */
    if (SBUF! = addr) err ();   /* 若地址错, 发复位信号 */
      else {/* 地址相符 */
    TB8 =0;                     /* 清地址标志 */
}
    SBUF = command;            /* 发命令 */
    while (TI! =1); TI =0;
```

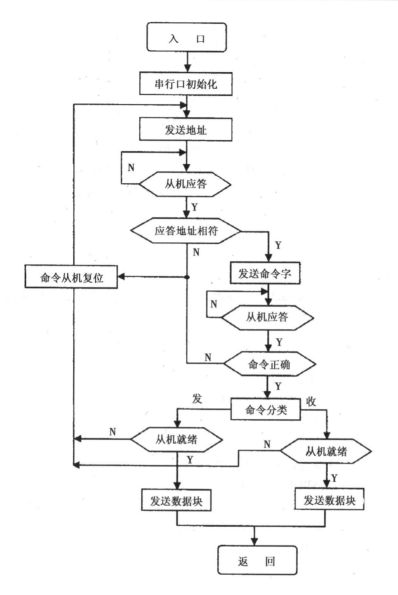

图 10-20 多机通信主机程序流程图

```
  while （RI！ =1）；RI =0；
aa =SBUF；                /* 接收状态 */
  if （ （aa&0x08） = =0x08)
{TB8 =1；err （ ）；}   /* 若命令未被接收，发复位信号 */
  else ｛
      if （ command = =0x01)              /* 是发送命令 */
        ｛if （ （aa&0x01） = =0x01)            /* 从机准备好接收 */
            ｛do ｝
                p =0；                    /* 清校验和 */
                for （i =0；i <BN；i + +）
```

```
                        ｜  SBUF = tbuf［i］;        /＊ 发送一数据 ＊/
                            p + = tbuf［i］;
                while （TI！ =1）; TI =0;
                                ｜
                            SBUF = p;              /＊ 发送校验和 ＊/
                            while （TI = =0）; TI =0;
                            while （RI = =0）; RI =0;
                        ｜ while （SBUF！ =0）;     /＊ 接收不正确, 重新发送 ＊/
                        TB8 =1;                    /＊ 置地址标志 ＊/
                        return （0）
                    ｜
                ｜
            else ｜
                    if （（aa&0x02） = =0x02）     /＊ 是接收命令, 从机准备好发送 ＊/
                    ｜while （1）
                        ｜ p =0;                          /＊ 清校验和 ＊/
        for （i =0; i < BN; i + +）
        ｜  while （RI！ =1）; RI =0;
                            rbuf［i］ = SBUF;              /＊ 接收一数据 ＊/
                            P + = rubf［i］;
                        ｜
                        while （RI = =0）; RI =0;
                        if （SBUF = =p）
                            ｜ SBUF =0X00;                /＊ 校验和相同发"00" ＊/
                            while （TI = =0）; TI =0;
                            break;
                    ｜
        else
                    ｜ SBUF =0xff;                    /＊ 校验和不同发"0FF", 重新接收 ＊/
                    while （TI = =0）; TI =0;
                    ｜
                ｜
            TB8 =1;                                  /＊ 置地址标志 ＊/
            Retuen （0）;
        ｜
        ｜
    ｜
    ｜
｜
```

```
                }
void main （viod）
                {
                TMOD = 0x20;                                    / * T/C1 定义为方式 2 * /
                TL1 = 0xfd;  TH1 = 0xfd;                        / * 置初值 * /
                PCON = 0x00;
                TR1 = 1;
                SCON = 0xf0;                                    / * 串行口为方式 3 * /
                master （SLAVE，0x01）;
                master （ SLAVE，0x02 ）;
                }
```

多机通信的从机中断程序流程图如图 10 – 21 所示。

从机程序如下：

```
    #include  < reg51. h >
    #define uchar unsigned char
    #define SLAVE   0x02
    #define BN    16
    uchar idata trbuf ［16］;
    uchar idata rebuf ［16］;
    bit tready;
    bit rready;
    void main （void）
      {
     TMOD = 0x20;                      / *T/C1 定义为方式 2 * /
     TL1 = 0xfd;                       / *置初值 * /
     TH1 = 0xfd;
  PCON = 0x00;
     TR1 = 1;
     SCON = 0xf0;                      / *串行口为方式 3 * /
     ES = 1;  EA = 1;                  / *开串行口中断 * /
     while （1）{tready = 1; rready = 1;}    / *假定准备好发送和接收 * /
      }
    void ssio （void ） interrupt 4 using 1
      {    void str （void）;
          void sre （void）;
uchar a，i;
        RI = 0;
        ES = 0;                                      / *关串行口中断 * /
        if （SBUF! = SLAVE）      {ES = 1; goto reti;} / *非本机地址，继续监听 * /
```

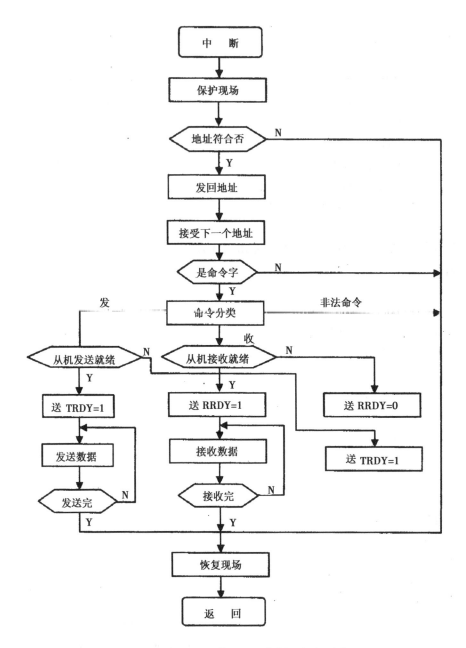

图 10 - 21 多机通信的从机中断程序流程图

```
        SM2 = 0;                /* 取消监听状态 */
SBUF = SLAVE ;
while ( TI ! = 1 ) ; TI = 0 ;
        while ( RI ! = 1 ) ; RI = 0 ;
        if ( RB8 = = 1 )        {
SM2 = 1; ES = 1 ; goto reti ; } /* 是复位信号, 恢复监听 */
        a = SBUF;                /* 接收命令 */
        if ( a = 0x01 )              /* 从主机接收的数据 */
```

```
        ｛if （ rready ＝ ＝1 ） SBUF ＝0x01 ；/ ＊ 接收准备好发状态 ＊/
else    SBUF ＝0x00 ；
while （ TI ！ ＝1 ）；TI ＝0 ；
        while （ RI ！ ＝1 ）；RI ＝0 ；
if （ RB8 ＝ ＝1 ）      ｛ SM2 ＝1 ；ES ＝1 ；goto reti ；｝
        sre （ ） ；                        / ＊ 接收数据 ＊/
    ｝
else ｛
    if （ a ＝ 0x02 ）                / ＊ 从机向主机发送数据 ＊/
        ｛if （ tready ＝ ＝1 ） SBUF ＝0x02 ；/ ＊ 发送准备好发状态 ＊/
else SBUF ＝0x00 ；
        while （ TI ！ ＝ 1 ）；TI ＝0 ；
        while （ RI ！ ＝1 ）；RI ＝0 ；
        if （ RB8 ＝ ＝1 ）｛ SM2 ＝1 ；ES ＝1 ；goto reti ；｝
        str （ ） ；                 / ＊ 发送数据 ＊/
        ｝
else        ｛SBUF ＝ 0x80；            / ＊ 命令非法，发状态 ＊/
        while （ TI ！ ＝1 ）；TI ＝0 ；
        SM2 ＝1；ES ＝1 ；             / ＊ 恢复监听 ＊/
        ｝｝
        reti：；
        ｝
  void   str （ void ）          / ＊ 发数据块 ＊/
    ｛ uchar p, i ；
    tready ＝0；
    do ｛ p ＝0；                      / ＊ 清校验和 ＊/
      for （ i ＝ 0；i＜BN；i＋＋ ）
      ｛ SBUF ＝ trbuf ［ i ］；            / ＊ 发送一数据 ＊/
          p ＋ ＝ trbuf ［ i ］；
          while （ TI ！ ＝1 ）；
          TI ＝0；
｝
      SUBF ＝ p；            / ＊ 发送校验和 ＊/
      while （ TI ＝ ＝0 ）；TI ＝0；
      while （ RI ＝ ＝0 ）；RI ＝0 ；
      ｝
while （ SBUF ！ ＝0 ）；/ ＊ 主机接收不正确，重新发送 ＊/
    SM2 ＝1；
    ES ＝ 1；
```

```
        ｝
    void sre （ void ）                    ／ ＊ 接收数据块 ＊／
    ｛    uchar  p，i ；
         rready = 0；
         while （ 1 ）
            ｛ p = 0；                     ／ ＊ 清校验和 ＊／
                for （ i =0 ；i< BN ；i++）
                    ｛ while （ RI ！ =1 ）；RI =0 ；
                        rebuf［ i ］=SBUF；   ／ ＊ 接收数据 ＊／
                        p+ = rebuf［ i ］；
                        ｝
                    while （ RI ！ =1 ）；RI =0 ；
                if （ SBUF = = p）｛ SBUF = 0x00；break ；｝／ ＊ 校验和相同发"00" ＊／
                    else ｛
                    SBUF =0xff；                  ／ ＊ 校验和不同发"0FF"，重新接收 ＊／
                    while （ TI = = 0 ）；TI =0 ；
                        ｝
        ｝
            SM2 = 1；
            ES = 1；
            ｝
```

10.13 键盘和数码显示人机交互的 C 语言编程

10.13.1 行列式键盘与 8031 的接口

8031 与行列式键盘的接口如图 10 –22 所示。

键盘输入信息的主要过程如下：

（1） 单片机判断是否有键按下；

（2） 确定按下的是哪一个键；

（3） 把此步骤代表的信息翻译成计算机所能识别的代码，如 ASCII 或其他特征码。

例 10.18 4×4 键盘的扫描程序。

扫描程序查询的内容如下。

（1） 查询是否有键按下。首先单片机向行扫描 P1.0 ~ P1.3 输出全为"0"扫描码 F0H，然后从列检查口 P1.4 ~ P1.7 输入列扫描信号，只要有一列信号不为"1"，即 P1 口不为 F0H，则表示有键按下。接着要查出按下键所在的行、列位置。

（2） 查询按下键所在的行列位置。单片机将得到的信号取反，P1.4 ~ P1.7 中的为 1 的位便是键所在的列。接下来要确定键所在的行，需要进行逐行扫描。单片机首先使 P1.0 为"0"，P1.1 ~ P1.7 为"1"，即向 P1 口发送扫描码 FEH，接着输入列检查信号，若全为"1"，表示不在第一行。接着使 P1.1 接地，其余为"1"，再读入列信号……这样

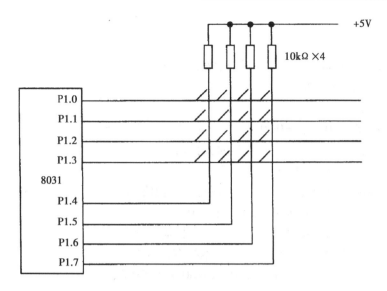

图 10 - 22　8031 与行列式键盘的接口

逐行发"0"扫描码,直到找到按下键所在的行,将该行扫描码取反保留。当各行都扫描后仍没有找到,则放弃扫描,认为是键的误动作。

(3) 对得到的行号和列号译码,得到键值。

(4) 键的抖动处理。当用手按下一个键时,往往会出现所按键在闭合位置和断开位置之间跳几下才稳定到闭合状态的情况。在释放一个键时,也会出现类似的情况,这就是键抖动,抖动的持续时间不一,通常不会大于 10ms。若抖动问题不解决,就会引起对闭合键的多次读入,对于键抖动最方便的解决方法就是当发现有键按下后,不是立即进行逐行扫描,而是延时 10ms 后再进行逐行扫描。由于键按下的时间持续上百毫秒,延时后再进行扫描也不迟。

扫描函数的返回值为键特征码,若无键按下,返回值为 0,程序如下:

```
# include  < reg51. h >
# define uchar unsigned char
# define uint unsigned int
void dlms ( void )
void kbscan ( void ) ;
void main ( void )
{  uchar key;
while ( 1 )
    {  key = kbscan ( ) ;
      dlms ( ) ;
    }
}
void dlms ( void )
{  uchar i;
    for ( i = 200 ; i > 0 ; i —— )      {
```

```
        }
    }
    uchar kbscan ( void )          /* 键扫描函数 */
    { uchar scode , recode ;
      P1 = oxf0;
      if ( ( P1 & 0xf0 )! = 0xf0 )        /* 若有键按下 */
    { dlms ( ) ;                  /* 延时去抖动 */
        if ( ( P1 & 0xf0 )! = 0xf0 )
          { scode = 0xfe;          /* 逐行扫描初值 */
            while ( ( scode & 0x10 )! = 0 )
              { P1 = scode;        /* 输出扫描码 */
    if ( ( P1 & 0xf0 )! = 0xf0 )        /* 本行有键按下 */
                  { recode = ( P1 & 0xf0 ) | 0x0f ;
                    return ( ( ~ scode ) + ( ~ recode ) ) ;
        /* 返回特征字节码 */
                  }
                else
                  scode = ( scode < < 1 ) | 0x01 ;        /* 行扫描左移一位 */
              }
    }
    }
      return ( 0 ) ;
    }
```

10. 13. 2   七段数码显示与 8031 的接口

数码显示器有两种显示方式：静态显示和动态显示。

数码显示器有发光管的 LED 和液晶的 LCD 两种。

LED 显示器工作在静态方式时，其阴极（或其阳极）点连接在一起接地（或 +5 V），每一个的端选线（a，b，c，d，e，f，g，dp）分别与一个 8 位口相连。LCD 数码显示只能工作在静态显示，并要求加上专门的驱动芯片 4056。

LED 显示器工作在动态显示方式时，段选码端口 I/O1 用来输出显示字符的段选码，I/O2 输出位选码。I/O1 不断送出待显示字符的段选码，I/O2 不断送出不同的位扫描码，并使每位显示字符停留显示一段时间，一般为 1 ~ 5 ms，利用眼睛的视觉惯性，从显示器上便可以见到相当稳定的数字显示。

例 10.19　8155 控制的动态 LED 显示。接口电路如图 10 – 23 所示。

确定的 8155 片内 4 个端口地址如下：

命令/状态口：　　FFF0H

A 口：　　　　　　FFF1H

B 口：　　　　　　FFF2H

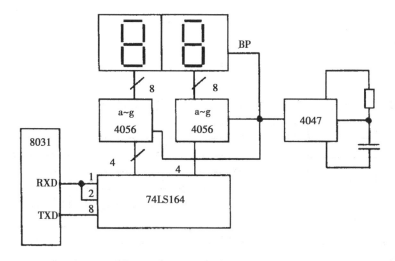

图 10 – 23 经 8155 扩展端口的 6 位 LED 动态显示接口电路

C 口：   FFF3H

6 位待显示字符从左到右依次放在 dis_ buf 数组中，显示次序从右向左顺序进行。程序中的 table 为段选码表，表中段选码表存放的次序为 0 ~ F 等。以下为循环动态显示 6 位字符的程序，8155 命令字为 07H。

```c
# include < absacc. h >
# include < reg51. h >
# define uchar unsigned char
# define COM8155 XBYTE [0xfff0]
# define PA8155    XBYTE [0xfff1]
# define PB8155    XBYTE [0xfff2]
# define PC8155    XBYTE [0xfff3]
uchar idata dis_ buf [6] = {2, 4, 6, 8, 10, 12};
uchar code table [18] = {0x3f, 0x06, 0x5b, 0x4f, 0x66, 0x6d, 0x7d, 0x07,
0x7f, 0x6f, 0x77, 0x7c, 0x39, 0x5e, 0x79, 0x71, 0x40, 0x00};
void dl_ ms (uchar d);
void display (uchar idata * p)
{ uchar sel, i;
    COM8155 = 0x07;    /* 送命令字 */
    sel = 0x01;         /* 选出右边的 LED */
    for (i = 0; i < 6; i ++)
      {PB8155 = table [* p];   /* 送段码 */
      PA8155 = sel;            /* 送位选码 */
      dl_ ms (1);
      p − −;                   /* 缓冲区下移 1 位 */
      sel = sel < < 1/* 左移 1 位 */
      }
```

```
        }
void main ( void )
    {          display ( dis_ buf +5 ) ;
    }
```

例 10. 20   串行口控制的静态 LCD 显示。接口电路如图 10 –24 所示。

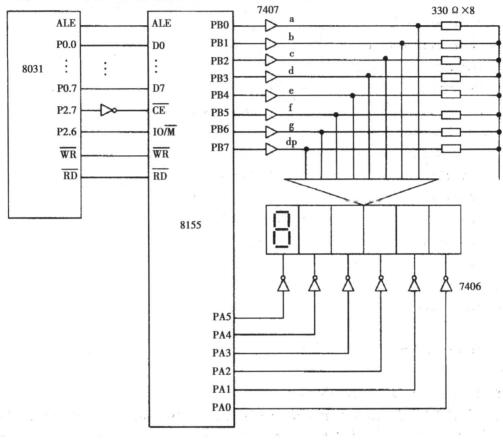

图 10 –24   串行口控制的静态 LCD 显示接口电路

输出两位显示，即一字节的程序如下：

```
# include  < reg51. h >
# define uchar unsigned char
uchar byte = 0x59 ;
void display ( uchar x )
{   SBUF = x ;            /* 由串口输出 */
    while ( TI = =0 ) ;     /* 等待 8 位发送结束 */
    TI = 0 ;
}
void main ( void )
{         display ( byte )
}
```

参考文献

［1＼］　刘瑞新. 单片机原理及应用教程［M］. 北京：机械工业出版社，2003

［2＼］　姚凯学，孟传良. 单片机原理及应用［M］. 重庆：重庆大学出版社，1998

［3＼］　肖金球. 单片机原理与接口技术［M］. 北京：清华大学出版社 2004

［4＼］　涂时亮. 单片微机软件设计技术［M］. 北京：科学技术文献出版社，1988

［5＼］　胡健. 单片机原理及接口技术［M］. 北京：机械工业出版社，2005

［6＼］　孙涵芳，徐爱卿. MCS–51/96 系列单片机原理及应用［M］. 修订版. 北京：北京航空航天大学出版社，2004

［7＼］　周立功. 单片机实验与实践［M］. 北京：北京航空航天大学出版社，2004

附　录

MCS – 51 系列单片机指令表

附表 1　数据传送类指令一览表

助记符	指令代码	功能说明	字节	振荡器周期
MOV　A，Rn	E8 ~ EF	寄存器内容传送到累加器	1	12
MOV　A，direct	E5　direct	直接寻址字节传送到累加器	2	12
MOV　A，@Ri	E6 ~ E7	间接 RAM 传送到累加器	1	12
MOV　A，#data	74　data	立即数传送到累加器	2	12
MOV　Rn，A	F8 ~ FF	累加器内容传送到工作寄存器	1	12
MOV　Rn，direct	A8 ~ AF　direct	直接寻址字节传送到工作寄存器	2	24
MOV　Rn，#data	78 ~ 7F　data	立即数传送到工作寄存器	2	12
MOV　direct，A	F5　direct	累加器内容传送到直接寻址字节	2	12
MOV　direct，Rn	88 ~ 8F　direct	工作寄存器内容传送到直接寻址字节	2	24
MOV　direct，direct	85　direct　direct	直接寻址字节传送到直接寻址字节	3	24
MOV　direct，@Ri	86 ~ 87　direct	间接 RAM 传送到直接寻址字节	2	24
MOV　direct，#data	75 direct data	立即数传送到直接寻址字节	3	24
MOV　@Ri，A	F6 ~ F7	累加器传送到间接寻址 RAM	1	12
MOV　@Ri，direct	A6 ~ A7　direct	直接寻址字节传送到间接寻址 RAM	2	24
MOV　@Ri，#data	76 ~ 77　data	立即数传送到间接寻址 RAM	2	12
MOV　DPTR，#data16	90　$data_{15-8}$　$data_{7-0}$	16 位常数传送到地址寄存器	3	24
MOVX　A，@Ri	E2 ~ E3	外部 RAM（8 位地址）传送到累加器	1	24
MOVX　A，@DPTR	E0	外部 RAM（16 位地址）传送到累加器	1	24
MOVX　@Ri，A	F2 ~ F3	累加器传送到外部 RAM（8 位地址）	1	24
MOVX　@DPTR，A	F0	累加器传送到外部 RAM（16 位地址）	1	24
MOVC　A，@A + DPTR	93	程序存储器字节传送到累加器	1	24
MOVC　A，@A + PC	83	程序存储器字节传送到累加器	1	24
SWAP　A	C4	累加器内半字节交换	1	12
XCHD　A，@Ri	D6 ~ D7	间接寻址 RAM 和累加器低半字节交换	1	12
XCH　A，Rn	C8 ~ CF	寄存器和累加器交换	1	12
XCH　A，direct	C5　direct	直接寻址字节和累加器交换	2	12
XCH　A，@Ri	C6 ~ C7	间接寻址 RAM 和累加器交换	1	12
PUSH　direct	C0　direct	直接寻址字节压入栈顶	2	24
POP　　direct	D0　direct	栈顶弹到直接寻址字节	2	24

附表2　算术运算类指令一览表

助记符	指令代码	功能说明	字节	振荡器周期
ADD　A, Rn	28～2F	寄存器内容加到累加器	1	12
ADD　A, direct	25　direct	直接寻址字节内容加到累加器	2	12
ADD　A, @Ri	26～27	间接寻址 RAM 内容加到累加器	1	12
ADD　A, #data	24　data	立即数加到累加器	2	12
ADDC　A, Rn	38～3F	寄存器内容加到累加器（带进位）	1	12
ADDC　A, direct	35 direct	直接寻址字节内容加到累加器（带进位）	2	12
ADDC　A, @Ri	36～37	间接寻址 RAM 内容加到累加器（带进位）	1	12
ADDC　A, #data	34　data	立即数加到累加器（带进位）	2	12
SUBB　A, Rn	98～9F	累加器内容减去寄存器内容（带借位）	1	12
SUBB　A, direct	95　direct	累加器内容减去直接寻址字节（带借位）	2	12
SUBB　A, @Ri	96～97	累加器内容减去间接寻址 RAM（带借位）	1	12
SUBB　A, #data	94　data	累加器内容减去立即数（带借位）	2	12
DA　A	D4	累加器十进制调整	1	12
INC　A	04	累加器加1	1	12
INC　Rn	08～0F	寄存器加1	1	12
INC　direct	05　direct	直接寻址字节加1	2	12
INC　@Ri	06～07	间接寻址 RAM 加1	1	12
INC　DPTR	A3	地址寄存器加1	1	24
DEC　A	14	累加器减1	1	12
DEC　Rn	18～1F	寄存器减1	1	12
DEC　direct	15　direct	直接寻址地址字节减1	2	12
DEC　@Ri	16～17	间接寻址 RAM 减1	1	12
MUL　AB	A4	累加器 A 和寄存器 B 相乘	1	48
DIV　AB	84	累加器 A 除以寄存器 B	1	48

附表3　逻辑运算类指令一览表

助记符	指令代码	功能说明	字节	振荡器周期
ANL　A, Rn	58～5F	寄存器"与"到累加器	1	12
ANL　A, direct	55　direct	直接寻址字节"与"到累加器	2	12
ANL　A, @Ri	56～57	间接寻址 RAM "与"到累加器	1	12
ANL　A, #data	54　data	立即数"与"到累加器	2	12
ANL　direct, A	52　direct	累加器"与"到直接寻址字节	2	12
ANL　direct, #data	53　direct　data	立即数"与"到直接寻址字节	3	24
ORL　A, Rn	48～4F	寄存器"或"到累加器	1	12
ORL　A, direct	45　direct	直接寻址字节"或"到累加器	2	12
ORL　A, @Ri	46～47	间接寻址 RAM "或"到累加器	1	12

续附表 3

助记符	指令代码	功能说明	字节	振荡器周期
ORL A, #data	44 data	立即数"或"到累加器	2	12
ORL direct, A	42 direct	累加器"或"到直接寻址字节	2	12
ORL direct, #data	43 direct data	立即数"或"到直接寻址字节	3	24
XRL A, Rn	68~6F	寄存器"异或"到累加器	1	12
XRL A, direct	65 direct	直接寻址字节"异或"到累加器	2	12
XRL A. @Ri	66~67	间接寻址 RAM "异或"到累加器	1	12
XRL A, #data	64 data	立即数"异或"到累加器	2	12
XRL direct, A	62 direct	累加器"异或"到直接寻址字节	2	12
XRL direct, #data	63 direct data	立即数"异或"到直接寻址字节	3	24
RL A	23	累加器循环左移	1	12
RLC A	33	经过进位位的累加器循环左移	1	12
RR A	03	累加器循环右移	1	12
RRC A	13	经过进位位的累加器循坏右移	1	12
CLR A	E4	累加器清零	1	12
CPL A	F4	累加器求反	1	12

附表 4 位操作类指令一览表

助记符	指令代码	功能说明	字节	振荡器周期
MOV C, bit	A2 bit	Bit 位内容传送到进位位 CY	2	12
MOV bit, C	92 bit	进位位 CY 内容传送到 Bit 位	2	24
ANL C, bit	82 bit	Bit 位内容与进位位 CY 逻辑与操作，结果送入 CY	2	24
ANL C, ←bit	B0 bit	Bit 位内容取反与进位位 CY 逻辑与操作，结果送入 CY	2	24
ORL C, bit	72 bit	Bit 位内容与进位位 CY 逻辑或操作，结果送入 CY	2	24
ORL C, ←bit	A0 bit	Bit 位内容取反与进位位 CY 逻辑或操作，结果送入 CY	2	24
CLR C	C3	进位位 CY 清 0	1	12
CLR bit	C2	Bit 位内容清 0	2	12
SETB C	D3	进位位 CY 置 1	1	12
SETB bit	D2	Bit 位内容置 1	2	12
CPL C	B3	进位位 CY 取反	1	12
CPL bit	B2	Bit 位内容取反	2	12
JC rel	40 rel	进位标志位（CY）=1，则转移	2	24
JNC rel	50 rel	进位标志位（CY）=0，则转移	2	24
JB bit, rel	20 bit rel	直接寻址的位值为 1，则转移	3	24
JNB bit, rel	30 bit rel	直接寻址的位值为 0，则转移	3	24
JBC bit, rel	10 bit rel	直接寻址的位值为 1，转移，位清 0	3	24

附表 5　控制转移类指令一览表

助记符	指令代码	功能说明	字节	振荡器周期
LJMP　addr16	02addr（15~8）　addr（7~0）	长转移	3	24
AJMP　addrll	A10a9a801　addr（7~0）	绝对转移	2	24
SJMP　rel	80　rel	短转移（相对偏移）	2	24
JMP　@A+DPTR	73	相对 DPTR 的间接转移	1	24
JZ　rel	60　rel	累加器为零则转移	2	24
JNZ　rel	70　rel	累加器为非零则转移	2	24
CJNE　A，drect，rel	B5　direct　rel	比较直接寻址字节和 A 不相等则转移	3	24
CJNE　A，#data，rel	B4　data　rel	比较立即数和 A 不相等则转移	3	24
CJNE　Rn，#data，rel	B8~BF　data　rel	比较立即数和寄存器不相等则转移	3	24
CJNE　@Ri，#data，rel	B6~B7　data　rel	比较立即数和间接寻址 RAM 不相等则转移	3	24
DJNZ　Rn，rel	D8~DF　rel	寄存器减 1 不为零则转移	2	24
DJNZ　direct，rel	B5　direct　rel	直接寻址字节减 1 不为零则转移	3	24
ACALL　addrll	A10a9a811　addr（7~0）	绝对调用子程序	2	24
LCALL　addrl6	12 addr（15~8）　addr（7~0）	长调用子程序	3	24
RET	22	从子程序返回	1	24
RETI	32	从中断返回	1	24
NOP	00	空操作	L	12